# 水利工程设计施工与管理

马海松　刘丽丽　张伟芳　著



吉林科学技术出版社

**图书在版编目（CIP）数据**

水利工程设计施工与管理 / 马海松，刘丽丽，张伟芳著. -- 长春 : 吉林科学技术出版社，2024. 6.
ISBN 978-7-5744-1433-4

Ⅰ. TV222; TV6

中国国家版本馆 CIP 数据核字第 2024MD6123 号

# 水利工程设计施工与管理

著　　马海松　刘丽丽　张伟芳
出 版 人　宛　霞
责任编辑　靳雅帅
封面设计　树人教育
制　　版　树人教育
幅面尺寸　185mm × 260mm
开　　本　16
字　　数　400 千字
印　　张　18
印　　数　1~1500 册
版　　次　2024 年 6 月第 1 版
印　　次　2024 年10月第 1 次印刷

出　　版　吉林科学技术出版社
发　　行　吉林科学技术出版社
地　　址　长春市福祉大路5788 号出版大厦A 座
邮　　编　130118
发行部电话/传真　0431-81629529 81629530 81629531
81629532 81629533 81629534
储运部电话　0431-86059116
编辑部电话　0431-81629510
印　　刷　廊坊市印艺阁数字科技有限公司

书　　号　ISBN 978-7-5744-1433-4
定　　价　90.00元

# 前　言

水资源涉及社会、经济、政治与和平等宏观领域，也与家庭和个人的生活方式、生活习惯、节水意识等个体行为相关；既涉及水文、气象、生态与环境等自然地理问题，也与降水事件、取水许可、污水排放、河道管理等具体事务相关。水利工程是对液态水体的资源化过程进行管理，是帮助水资源管理系统构成“天－地－人－水”互相耦合的复杂巨系统的重要部分。

水利工程施工，是按照设计提出的工程结构、数量、质量、进度及造价等要求修建水利工程的工作。水利工程的运用、操作、维修和保护工作，是水利工程管理的重要组成部分，水利工程建成后，必须通过有效的管理，方能实现预期的效果和验证原来规划、设计的正确性；工程管理的基本任务是保持工程建筑物和设备的完整、安全，使其处于良好的技术状况；正确运用水利工程设备，以控制、调节、分配、使用水资源，充分发挥其防洪、灌溉、供水、排水、发电、航运、环境保护等效益。做好水利工程的施工与管理是发挥工程功能的鸟之两翼、车之双轮。

本书立足于水利工程设计施工与水利工程管理的理论和实践两个方面，首先对水利工程施工的技术与发展进行概述，介绍了水利工程基础工程设计施工、导截流工程设计施工、爆破工程设计施工、土石坝工程设计施工、混凝土坝工程设计施工、渠系工程设计施工等方面知识，然后对水利工程施工管理的相关问题进行梳理和分析，在水利工程施工项目成本与风险管理、质量管理及建设进度管理方面进行探讨。

由于笔者水平有限，本书难免存在不妥甚至谬误之处，敬请广大学界同人与读者朋友批评指正。

# 目 录

# 第一章　水利工程施工综述

## 第一节　水资源概况

### 一、世界水资源概况

从广义上来说，地球上的水资源是指水圈内的总水量。由于海水难以被直接利用，因而通常所说的水资源主要指陆地上的淡水资源。通过水循环，陆地上的淡水得以不断更新、补充，满足人类生产和生活的需要。水是地球上最丰富的资源，覆盖地球表面 71% 的面积。虽然地球上的水数量巨大，但能直接被人们生产和生活利用的却很少。地球上近 98% 的水是既不能供人饮用也无法灌溉农田的海水，淡水资源仅占总水量的 2.53%，而在这极少的淡水资源中，有 70% 以上被冻结在南极和北极的冰盖中，加上难以利用的高山冰川和永冻积雪，有 87% 的淡水资源难以利用。人类真正能够利用的淡水资源是江河湖泊和地下水中的一部分，约占地球淡水量的 0.26%，占地球总水量的 0.007%，即真正可有效利用的全球淡水资源每年约为 9000$km^3$。

世界上不同地区因受自然地理和气象条件的制约，降雨量和径流量有很大差异，因而产生不同的水利问题。

非洲是高温干旱的大陆，其单位面积水资源在各大洲中最少，不及亚洲或北美洲的一半。非洲水资源集中在西部的扎伊尔河等流域。除赤道两侧地区雨量较大外，大部分地区少雨，沙漠面积占陆地的 1/3。非洲尼罗河是世界上最长的河流，其水资源孕育了古埃及文明。

亚洲是面积大、人口多的大陆，雨量分布很不均匀。东南亚及沿海地区受湿润季风气候影响，水量较多，但因季节和年际变化，雨量差异甚大，汛期的连续降雨常造成江河泛滥，如中国的长江、黄河，印度的恒河等，都常给沿岸人民带来灾难，防洪问题是这些地区沉重的负担。中亚、西亚及内陆地区干旱少雨，以致无灌溉即无农业，因此必须采取各种措施开辟水源。

北美洲的雨量自东南向西北递减，大部分地区雨量均匀，只有加拿大的中部、美国的西部内陆高原及墨西哥的北部为干旱地区。密西西比河为该洲的第一大河，洪涝灾害比较严重，美国曾投入巨大的力量整治这一水系，并建成沟通湖海的干支流航道网。美国在西部的干旱地区修建了大量的水利工程，对江河径流进行调节，并跨流域调水，保证了工农业用水的需要。

南美洲以湿润大陆著称，径流模数为亚洲或北美洲的两倍有余，水量丰沛。北部的亚马孙河是世界第二长河，流域面积及径流量均为世界各河之冠，水资源也较丰富，但流域内人烟稀少，水资源有待开发。

欧洲绝大部分地区的气候温暖、湿润，年际与季节降雨量分配比较均衡，水量丰富，河网稠密。欧洲人利用优越的自然条件，发展农业、开发水电、沟通航运，促进了欧洲经济的发展。

全球淡水资源不仅短缺，而且地区分布极不平衡。按地区分布，巴西、俄罗斯、加拿大、美国、印度尼西亚、中国、印度、哥伦比亚和刚果 9 个国家的淡水资源占了世界淡水资源的 60%。而人口数量约占世界人口总数 40% 的 80 个国家和地区则严重缺水。目前，全球有 80 多个国家约 15 亿人口面临淡水不足问题，其中 26 个国家的 3 亿人口完全生活在缺水状态。预计到 2025 年，全世界将有 30 亿人口缺水，涉及的国家和地区达 40 个。水资源正在变成一种宝贵的稀缺资源。水资源问题已不仅仅是资源问题，更成了关系到国家经济、社会可持续发展和长治久安的重大战略问题。

## 二、我国水资源概况

由中华人民共和国水利部《2020 年中国水资源公报》可知，我国水资源情况如下。

### （一）我国水资源总体情况

2020 年，全国降水量和水资源总量比多年平均值明显偏多，大中型水库和湖泊蓄水总体稳定。全国用水总量比 2019 年有所减少，用水效率进一步提升，用水结构不断优化。

2020 年，全国平均年降水量 706.5mm，比多年平均值偏多 10.0%，比 2019 年增加 8.5%。

全国水资源总量 31605.2 亿 $m^3$，比多年平均值偏多 14.0%。其中，地表水资源量 30407.0 亿 $m^3$，地下水资源量 8553.5 亿 $m^3$，地下水与地表水资源不重复量为 1198.2 亿 $m^3$。全国水资源总量占降水总量的 47.2%，平均单位面积产水量为 $3.34 \times 105m^3/km^2$。

全国 705 座大型水库和 3729 座中型水库年末蓄水总量，比年初增加 237.5 亿 $m^3$，62 个湖泊年末蓄水总量比年初增加 47.5 亿 $m^3$。东北平原、黄淮海平原和长江中下游平原浅层地下水水位总体上升，山西及西北地区平原和盆地略有下降。

全国供水总量和用水总量均为 5812.9 亿 $m^3$，受降水偏丰等因素影响，较 2019 年减少 208.3 亿 $m^3$，其中，地表水源供水量 4792.3 亿 $m^3$，地下水源供水量 892.5 亿 $m^3$，其他水源供水量 128.1 亿 $m^3$；生活用水 863.1 亿 $m^3$，工业用水 1030.4 亿 $m^3$，农业用水 3612.4 亿 $m^3$，人工生态环境补水 307.0 亿 $m^3$。全国耗水总量 3141.7 亿 $m^3$。

全国人均综合用水量 412$m^3$，万元国内生产总值（当年价）用水量 57.2$m^3$，耕地实际灌溉亩均用水量 356$m^3$，农田灌溉水有效利用系数 0.565，万元工业增加值（当年价）用水量 32.9$m^3$，城镇人均生活用水量（含公共用水）207L/d，农村居民人均生活用水量 100L/d。按可比价计算，万元国内生产总值用水量和万元工业增加值用水量分别比 2019 年下降 5.6% 和 17.4%。

### （二）降水量

2020 年，从水资源分区看，10 个水资源一级区中有 7 个水资源一级区降水量比多年平均值偏多，其中松花江区、淮河区分别偏多 28.8% 和 26.5%；3 个水资源一级区降水量偏少，其中东南诸河区比多年平均值偏少 4.8%。与 2019 年比较，7 个水资源一级区降水量增加，其中淮河区、海河区、长江区分别增加 73.9%、23.0% 和 21.0%；3 个水资源一级区降水量减少，其中东南诸河区、西北诸河区分别减少 14.2%、12.9%。

从行政分区看，24 个省（自治区、直辖市）降水量比多年平均值偏多，其中上海、安徽、湖北、黑龙江 4 个省（直辖市）分别偏多 30% 以上；7 个省（自治区、直辖市）比多年平均值偏少，其中福建、广东 2 个省分别偏少 10% 以上。

### （三）地表水资源量

2020 年，全国地表水资源量 30407.0 亿 $m^3$，折合年径流深 321.1mm，比多年平均值偏多 13.9%，比 2019 年增加 8.6%。

从水资源分区看，10 个水资源一级区中有 6 个水资源一级区地表水资源量比多年平均值偏多，其中淮河区、松花江区分别偏多 54.0% 和 51.1%；4 个水资源一级区地表水资源量比多年平均值偏少，其中海河区、东南诸河区分别偏少 43.8% 和 16.2%。与 2019 年比较，7 个水资源一级区地表水资源量增加，其中淮河区、辽河区分别增加 217.7% 和 53.8%；3 个水资源一级区地表水资源量减少，其中东南诸河区减少 32.7%。

从行政分区看，18 个省（自治区、直辖市）地表水资源量比多年平均值偏多，其中上海偏多 104.9%，江苏、安徽、黑龙江、湖北 4 个省分别偏多 70% 以上；13 个省（自治区、直辖市）偏少，其中河北、北京 2 个省（直辖市）分别偏少 50% 以上。

2020 年，从国境外流入我国境内的水量 185.1 亿 $m^3$，从我国流出国境的水量 5744.7 亿 $m^3$，流入界河的水量 1876.9 亿 $m^3$；全国入海水量 19071.0 亿 $m^3$。

### （四）地下水资源量

2020 年，全国地下水资源量（矿化度不超过 2g/L）8553.5 亿 $m^3$，比多年平均值偏多 6.1%。其中，平原区地下水资源量 2022.4 亿 $m^3$，山丘区地下水资源量 6836.1 亿 $m^3$，平原区与山丘区之间的重复计算量 305.0 亿 $m^3$。

全国平原浅层地下水总补给量 2093.2 亿 $m^3$，南方 4 区平原浅层地下水计算面积占全国平原区面积的 9%，地下水总补给量 385.8 亿 $m^3$；北方 6 区计算面积占 91%，地下水总补给量 1707.4 亿 $m^3$。其中，松花江区 401.6 亿 $m^3$，辽河区 129.1 亿 $m^3$，海河区 185.7 亿 $m^3$，黄河区 166.5 亿 $m^3$，淮河区 341.4 亿 $m^3$，西北诸河区 483.1 亿 $m^3$。

# 第二节　水利工程施工基础

## 一、水利工程施工理念

查阅《现代汉语词典》，“水利”一词有两种含义：①利用水力资源和防止水灾害的事业；②指水利工程，如兴修水利。“工程”也有两种含义，其中一种是：土木建筑或其他生产、制造部门用较大而复杂的设备来进行的工作。确切地说，水利工程是对天然水资源兴水利、除水害所修建的工程（包括设施和措施）。“设施”是指为进行某项工作或满足某种需要而建立起来的机构、系统、组织、建筑等。“措施”是指针对某种情况而采取的处理办法。“施工”是按照设计的规格和要求建筑房屋、桥梁道路、水利工程等。

水利工程施工就是按照设计的规格和要求，建造水利工程的过程。所以，施工的目的是设计的实现和运用需要的满足。施工的依据是规划设计的成果。施工的特征包括实践性和综合性，实践性是指工程必须经得起实际运用的检验，容不得半点虚假和疏忽，综合性是指单纯靠工程技术难以实现规划设计的目的，需要综合运用自然科学和社会科学的知识及经验。施工的目标要追求安全经济，主要表现在质量和进度上。保证质量才能保证安全，这是一切效益的根本前提，有效益就有“盈利→再生产→再盈利”的良性循环。保证进度才有效益，这需要科学又先进的施工方法和管理方法。

在过去以人力施工为主时，施工技术主要研究工种的施工工艺。现在，随着科学的发展和技术的进步，更加讲究施工机械与工艺及其组合用于各种建筑物时的施工方案与要求，同时对科学、系统的施工管理提出了更高的要求。施工单位负责工程施工，需要建设单位按时进行工程结算，以获得资金财务上的支持，需要设计单位及时提供图纸，需要材料、设备供应单位按质按量适时供应所需的材料和设备，以保证施工的顺利进行。我国又将工程建设纳入基本建设管理，只有工程建设项目列入政府规划，有了获批的项目建议书以后，才能进行初步查勘和可行性研究；只有可行性研究报告经审核通过，才可据以编制设计任务书，落实勘察设计单位，开展相应的勘测、设计和科研工作；只有当开工准备已具有相当程度，场内外交通已基本解决，主要施工场地已经清理平整，风、水、电供应和其他临建工程已能满足初期施工要求时，才能提出开工报告，转入主体工程施工。因此，施工管理又必须符合国家对工程建设管理的要求，笼统地讲就是要按基本建设程序办事。

## 二、水利工程建设程序

任何一个工程的建设过程，都是由一系列紧密联系的工作环节所组成的。为了保证建设项目的正常进行和顺利实现，国家将工程建设过程中各阶段、各环节之间存在的内在程序关系进行科学化和规范化，成为工程建设项目必须遵守的基本建设程序。

水利工程建设也要严格遵守国家的基本建设程序。就水利工程建设项目而言，其工程规模庞大、枢纽建筑布局复杂、涉及施工工种繁多，难免会对工程施工产生较大干扰；复杂的水文、气象、地形、地质等条件，则会给整个施工过程带来许多不确定的因素，进而加大施工难度；工程建设期间涉及建设、设计、施工、监理、供货等众多部门，相互间的组织、协调工作量较大。根据水利工程建设的特点，在总结国内外大量工程建设实践的基础上，我国逐步形成了现行的水利水电工程基本建设程序。

工程项目建设过程，从进度上通常划分为规划、设计、施工三大阶段。就水利工程建设项目的建设过程而言，具体划分为编制项目建议书、可行性研究、设计、开工准备、组织施工、生产准备、竣工验收、投产运行、项目后评价九小阶段。这些阶段既有前后顺序联系，又有平行搭接关系，在每个阶段以及阶段与阶段之间，又由一系列紧密相连的工作环节构成了一个有机整体。

### （一）编制项目建议书

项目建议书是在区域规划和流域规划的基础上，对某建设项目的建议性专业规划。项目建议书主要是对拟建项目作出初步说明，供政府选择并决定是否列入国民经济中长期发展计划。其主要内容为：概述项目建设的依据，提出开发目标和任务，对项目所在地区和附近有关地区的建设条件及有关问题进行调查分析和必要的勘测工作，论证工程项目建设的必要性，初步分析项目建设的可行性与合理性，初选建设项目的规模、实施方案和主要建筑物布置，初步估算项目的总投资。区域规划和流域规划中都包括专业规划和综合规划，专业规划服从综合规划；区域规划、流域规划、国民经济发展规划之间的关系，是前者为后者提供建议，但前者最终要服从后者。

### （二）可行性研究

可行性研究是在项目建议书的基础上，对拟建工程进行全面技术经济分析论证的设计文件。其主要任务是：明确拟建工程的任务和主要效益，确定主要水文参数，查清主要地质问题，选定工程场址，确定工程等级，初选工程布置方案，提出主要工程量和工期。初步确定淹没、用地范围和补偿措施，对环境影响进行评价，估算工程投资，进行经济和财务分析评价，在此基础上提出技术上的可行性和经济上的合理性的综合论证，以及工程项目是否可行的结论性意见。

### （三）设计

#### 1. 初步设计

可行性研究报告经审核通过，即意味着建设项目已初步确定。可根据可行性研究报告编制设计任务书，落实勘察设计单位，开展相应的勘测、设计和科研工作。初步设计是在可行性研究的基础上，在设计任务书的指导下，通过进一步勘察，对工程及其建筑物进行的最基本的设计。

其主要任务是对可行性研究阶段的各种基本资料进行更详细的调查、勘测、试验和补充，确定拟建项目的综合开发目标、工程及主要建筑物等级、总体布置、主要建筑物形式和轮廓尺寸、主要机电设备形式和布置，确定总工程量、施工方法、施工总进度和总概算，进一步论证在指定地点和规定期限内进行建设的可行性和合理性。

#### 2. 招标设计

招标设计是为进行水利工程招标而编制的设计文件，是编制施工招标文件和施工计划的基础。招标设计要在已经批准的初步设计及概算的基础上，对已经确定实行投资包干或招标承包制的大中型水利水电工程建设项目，根据工程管理与投资的支配权限，按照管理单位及分标项目的划分，按投资的切块分配进行分块设计，以便于对工程投资进行管理与控制，并作为项目投资主管部门与建设单位签订工程总承包（或投资包干）合同的主要依据。同时提交满足业主控制和管理所需要的，按照总量控制、合理调整的原则编制的内部预算，即业主预算，也称为执行概算。

#### 3. 施工详图

初步设计经审定核准，可作为国家安排建设项目的依据，进而制订基本建设年度计划，开展施工详图设计以及与有关方面签订协议合同。施工详图是在初步设计和招标设计的基础上，绘制具体施工图的设计，是现场建筑物施工和设备制作安装的依据。

其主要内容为：建筑物地基开挖图，地基处理图，建筑物体形图、结构图、钢筋图，金属结构的结构图和大样图，机电设备、埋件、管道、线路的布置安装图，监测设施布置图、细部图等，并说明施工要求、注意事项、所选用材料和设备的型号规格、加工工艺等。施工详图不用报审。施工详图设计为施工提供能按图建造的图纸，允许在建设期间陆续分项、分批完成，但必须先于工程施工进度的相应准备时期。

### （四）开工准备

初步设计及概算文件获批后，建设项目即可编制年度建设计划，据此进行基本建设拨款、贷款。水利工程的建设周期较长，为此，应根据批准的总概算和总进度，合理安排分年度的施工项目和投资。分年度计划投资的安排，要与长期计划的要求相适应，要保证工程的建设特性和连续性，确保建设项目在预定的周期内能顺利建成投产。

初步设计文件和分年度建设计划获批后，建设单位就可进行主要设备的申请订货。

在建设项目的主体工程开工之前，还必须完成各项施工准备工作，其主要内容如下：①落实工程永久占地与施工临时用地的征用，落实库区淹没范围内的移民安置。②完成场地平整及通水、通电、通信、通路等工程。③建好必需的生产和生活临时建筑工程。④完成施工招投标工作，择优选定监理单位、施工单位和主要材料的供应厂家。

建设单位按照获批的建设文件，组织工程建设，保证项目建设目标的实现；建设单位必须按审批权限，向主管部门提出主体工程开工申请报告，经批准后，主体工程方能正式开工。

### （五）组织施工

施工阶段是工程实体形成的主要阶段，建设、设计、监理、供应和施工各方都应围绕建设总目标的要求，为工程的顺利实施积极协作配合。建设单位（即项目法人）要充分发挥建设管理的主导作用，为施工创造良好的条件。设计单位应按时、按质完成施工详图的设计，满足主体工程进度的要求。监理单位要在建设单位的授权范围内，制订切实可行的监理计划，发挥自己在技术和管理方面的优势，独立负责项目的建设工期、质量、投资的控制及现场施工的组织协调。供应单位应严格遵照供应合同的要求，将所需设备和材料保质、保量、按时供应到位。施工单位应严格遵照施工承包合同的要求，建立现场管理机构及质量保证措施，合理组织技术力量，加强工序管理，服从监理监督，力争按质量要求如期完成工程建设。

### （六）生产准备

生产准备是建设项目投产前所需进行的一项重要工作，是建设阶段转入生产经营阶段的必要条件。建设单位应按照建管结合和项目法人责任制的要求，在施工过程中按时组建专门机构，适时做好各项生产准备工作，为竣工验收后的投产运营创造必要的条件。

生产准备应根据不同类型的工程要求确定，一般应包括如下内容。

1. 生产组织准备

建立生产经营的管理机构及相应管理规章制度。

2. 招收和培训生产人员

按照生产运营的要求，配备生产管理人员，并通过多种形式的培训，提高人员素质，使之满足运营要求。要组织生产管理人员参与工程的施工建设、设备的安装调试及工程验收，使其熟练掌握与工程投产运营有关的生产技术和工艺流程，为顺利衔接基本建设和生产经营做好准备。

3. 生产技术准备

生产技术准备主要包括技术资料的收集汇总、运行方案的制定、岗位操作规程的制定等工作。

4. 生产物资准备

生产物资准备主要是落实投产运营所需要的原材料、工(器)具、备件的制造或订货，以及其他协作配合条件的准备。

## (七)竣工验收

竣工验收是工程完成建设目标的标志，是全面考核基本建设成果、检验设计和工程质量、办理移交手续、交付投产运营的重要环节。当建设项目的建设内容全部完成，并经过所有单位工程验收，符合设计要求时，可向验收主管部门提出申请，根据国家颁布的验收规程，组织单项工程验收。

验收的程序会随工程规模大小而有所不同，一般分两阶段验收，即初步验收和正式验收。工程规模较大、技术较复杂的建设项目可先进行初步验收。初步验收工作由监理单位会同设计、施工、质量监督、主管单位代表共同进行，初步验收的目的是帮助施工单位发现遗漏的质量问题，及时补救；待施工单位对初步验收中发现的问题做出必要的处理后，再申请有关单位进行正式验收。在竣工验收阶段，建设单位要认真清理所有财产和物资，办理工程结算，并编制好工程竣工决算，报上级主管部门审查。

## (八)投产运行

验收合格的项目，办理工程正式移交手续，工程即从基本建设转入生产运营或试运行。

## (九)项目后评价

建设项目竣工投产并已生产运营 1 ~ 2 年后，对项目所做的系统综合评价，称为项目后评价。其主要内容如下:

(1)影响评价，即评价项目投产后对各方面的影响;

（2）效益评价，即对项目投资、国民经济效益、财务效益、技术进步、规模效益、可行性研究深度等进行评价；

（3）过程评价，即对项目的立项、设计、施工、建设管理、竣工投产、生产运营等全过程进行评价。

项目后评价的目的是总结项目建设的成功经验。对于项目管理中存在的问题，及时进行纠正并吸取教训，为今后类似项目的实施，在提高项目决策水平和投资效果方面积累宝贵经验。

上述基本建设程序的组成环节、工作内容、相互关系、执行步骤等，是经过水利工程建设的长期实践总结出来的，反映了基本建设活动应有的、内在的、本质的、必然的联系。由于水利工程建设规模较大，牵涉因素较多，且工作条件复杂、效益显著、施工建造难度大，一旦失事后果严重，因此水利工程建设必须严格遵守基本建设程序和规范规程。

## 三、水利工程施工的任务

在编制项目建议书、可行性研究、初步设计、施工准备和施工阶段，根据其不同要求、工程结构的特点，以及工程所在地区的自然条件，社会经济状况，设备、材料、人力等资源供应情况，编制施工组织设计和投标计价。

建立现代项目管理体系，按照施工组织设计，科学地使用人力、物力、财力，组织施工，按期完成工程建设，保证施工质量，降低工程成本，多快好省地全面完成施工任务。

在施工过程中开展观测、试验和研究工作，推动水利水电建设科学技术的进步。

在生产准备、竣工验收和后评价阶段，完善工程附属设施及施工缺陷部位，并完成相应的施工报告和验收文件。

## 四、水利工程施工的特点

### （一）受自然条件影响大

工程多在露天环境中进行，水文、气象、地形、工程地质和水文地质等自然条件在很大程度上影响着工程施工的难易程度和施工方案的选择。在河床上修建水工建筑物，不可避免地要控制水流，进行施工导流，保证工程施工的顺利进行。在冬季、夏季和雨天施工时，必须采取相应的措施，避免气候影响的干扰，保证施工质量及进度。

### （二）工程量和投资大，工期长

水利枢纽工程量一般都很大，有的甚至巨大，修建时需花费大量的资金，同时施工工期也很长。如中国三峡水利枢纽工程，仅混凝土浇筑总量就为2820万 $m^3$，工程静态投资900多亿元人民币，动态投资2000多亿元人民币，施工总工期17年。又如中国黄河小浪底水利枢纽工程，土石方填筑为5570万 $m^3$，土石方开挖3905万 $m^3$。所以，加快施工进度，缩短建设周期，降低工程造价，对水利水电工程建设具有重大意义。

### （三）施工质量要求高

水利工程多为挡水和泄水建筑物，一旦失事，对下游国民经济和生命财产会造成很大的损失，所以需要提高施工质量要求，稳定、安全、防渗、防冲、防腐蚀等必须得到保证。

### （四）相互干扰限制大

水利工程一般由许多单项工程组成，布置比较集中，工种多，工程量大，施工强度高，再加上地形条件的限制，施工干扰比较大，因此必须统筹规划，重视现场施工与管理。

### （五）多方因素制约施工

修建水利工程会涉及许多部门，如在河道上施工的同时，往往还要满足通航、发电、下游灌溉、工业及城市用水等的需要，这会使施工组织和管理变得复杂化。

### （六）作业安全难保障

在水利水电工程施工中有爆破作业、地下作业、水域作业和高空作业等，这些作业常常平行交叉进行，对施工安全非常不利。

### （七）临建工程修建多

水利工程多建在荒山峡谷河道，交通不便，人烟稀少，常需要修建临时性建筑，如施工导流建筑物、辅助工厂、道路、房屋和生活福利设施，这些都会大大增加工程难度。

### （八）组织管理难度大

水利工程施工不仅涉及许多部门，而且会影响区域的社会、经济、生态甚至气候等因素，施工组织和管理所面临的是一个复杂的系统。因此，必须采取系统分析的方法，统筹兼顾，全局优化。

# 第三节　水利工程施工技术

## 一、土石方施工

土石方施工是水利工程施工的重要组成部分。我国自20世纪50年代开始逐步实施机械化施工，至20世纪80年代以后，土石方施工得到快速发展，在工程规模、机械化水平、施工技术等各方面取得了很大成就，解决了一系列复杂地质、地形条件下的施工难题，如深厚覆盖层的坝基处理、筑坝材料、坝体填筑、混凝土面板防裂、沥青混凝土防渗等施工技术问题。其中，在工程爆破技术、土石方明挖、高边坡加固技术等方面已处于国际先进水平。

### （一）工程爆破技术

炸药与起爆器材的日益更新，施工机械化水平的不断提高，为爆破技术的发展创造了重要条件。多年来，爆破施工从以手风钻为主发展到潜孔钻，并由低风压向中高风压发展，这为加大钻孔直径和提高钻孔速度创造了条件；液压钻机的应用，进一步提高了钻孔效率和精度；多臂钻机及反井钻机的采用，使地下工程的钻孔爆破进入了新阶段。近年来，通过引进开发混装炸药车，实现了现场连续式自动化合成炸药生产工艺和装药机械化，进一步稳定了产品质量，改善了生产条件，提高了装药水平，增强了爆破效果。此外，深孔梯段爆破、洞室爆破开采坝体堆石料技术也日臻完善，既满足了坝料的级配要求，又加快了坝料的开挖速度。

### （二）土石方明挖

挖凿岩机具和爆破器材的不断创新，极大地促进了梯段爆破及控制爆破技术的发展，使原有的微差爆破、预裂爆破、光面爆破等技术更趋完善；施工机具的大型化、系统化、自动化使得施工工艺和施工方法产生了重大变革。

#### 1. 施工机械

我国土石方明挖施工机械化起步较晚，除黄河三门峡工程外，中华人民共和国成立初期兴建的一些大型水电站，都经历了从半机械化逐步向机械化施工发展的过程。直到20世纪60年代末，土石方开挖才具备低水平的机械化施工能力。此时的主要设备有手风钻、1~3m³斗容的挖掘机和5~12t的自卸汽车。该阶段主要依靠进口设备，可供选择的机械类型很少，谈不上选型配套。20世纪70年代后期，施工机械化得到迅速发展，20世纪80年代中期以后发展尤为迅速。此时常用的机械设备有钻孔机械、挖装机械、运输机械和辅助机械四大类，形成了配套的开挖设备。

2. 控制爆破技术

基岩保护层原采用分层开挖，经多个工程试验研究和推广应用，发展到采用水平预裂（或光面）爆破法和孔底设柔性垫层的小梯段爆破法一次爆除，确保了开挖质量，加快了施工进度。特殊部位的控制爆破技术解决了在新浇混凝土结构、基岩灌浆区、锚喷支护区附近进行开挖爆破的难题。

3. 土石方平衡

在大型水利工程施工中，十分重视对开挖料的利用，力求挖填平衡，其常被用作坝（堰）体填筑料、截流用料和加工制作成混凝土沙石骨料等。

### （三）高边坡加固技术

水利工程高边坡常采用抗滑结构或锚固技术等进行处理。

1. 抗滑结构

①抗滑桩。抗滑桩能有效且经济地治理滑坡，尤其是滑动面倾角较小时，效果更好。

②沉井。沉井在滑坡工程中既起抗滑桩的作用，又起挡墙的作用。

③挡墙。混凝土挡墙能有效地从局部解决滑坡体受力不平衡的问题，阻止滑坡体变形和延展。

④框架、喷护。混凝土框架对滑坡体表层坡体起保护作用，并能增强坡体的整体性，防止地表水渗入和坡体风化。框架护坡具有结构物轻、用料省、施工方便、适用面广、便于排水等优点，并可与其他措施结合使用。另外，耕植草本植被也是治理永久边坡的常用措施。

2. 锚固技术

预应力锚索具有不破坏岩体结构、施工灵活、速度快、干扰小、受力可靠、主动承载等优点，在边坡治理中应用广泛。大吨位岩体预应力锚固吨位现已提高到6167kN，张拉设备张拉力提高到6000kN，锚索长度达61.6m，可加固坝体、坝基、岩体边坡、地下洞室围岩等，锚固技术达到了国际先进水平。

## 二、混凝土施工

### （一）混凝土施工技术

目前，混凝土采用的主要技术情况如下。

（1）混凝土骨料人工生产系统达到国际水平。采用混凝土骨料人工生产系统可以调整骨料粒径和级配。该生产系统配备了先进的破碎轧制设备。

（2）为满足大坝高强度浇筑混凝土的需要，在拌和、运输和仓面作业等环节配备大容量、高效率的机械设备。大型塔机、缆式起重机、胎带机和塔带机，这些施工机械代表了我国混凝土运输的先进水平。

（3）大型工程混凝土温度控制主要采用风冷骨料技术，其具有效果好、实用的优点。

（4）为减少混凝土裂缝，工程中广泛采用补偿收缩混凝土。应用低热膨胀混凝土筑坝技术可节省投资、简化温度控制措施、缩短工期。一些高拱坝的坝体混凝土，可外掺氧化镁进行温度变形补偿。

（5）中型工程广泛采用组合钢模板，而大型工程普遍采用大型悬臂钢模板。模板尺寸有2m×3m、3m×2.5m、3m×3m等多种规格。滑动模板在大坝溢流面、隧洞、竖井、混凝土井中应用广泛。牵引动力分为液压千斤顶提升、液压提升平台上升、有轨拉模及无轨拉模等多种类型。

## （二）泵送混凝土技术

泵送混凝土是指将混凝土从混凝土搅拌运输车或储料斗中卸入混凝土泵的料斗，并利用泵的压力将其沿管道水平或垂直输送到浇筑地点的工艺。它具有输送能力强（水平运输距离达800m，垂直运输距离达300m）、速度快、效率高、节省人力、能连续作业等特点。目前，在国外，如美国、日本、德国、英国等都广泛采用此技术，其中尤以日本为甚。在我国，目前的高层建筑及水利工程领域已较广泛地采用了此技术，并取得了较好的效果。泵送混凝土对设备、原材料、操作都有较高的要求。

### 1. 对设备的要求

①混凝土泵有活塞泵、气压泵、挤压泵等类型，目前应用较多的是活塞泵，这是一种较先进的混凝土泵。施工时要合理布置泵车的安放位置，一般应尽量靠近浇筑地点，并能满足两台泵车同时就位，以使混凝土泵连续浇筑。泵的输送能力为80m³/h。

②输送管道一般由钢管制成，直径有100mm、125mm和150mm等，具体型号取决于粗骨料的最大粒径。管道敷设时要求路线短、弯道少、接头密。管道清洗一般选择水洗，要求水压不超过规定，而且人员应远离管道，并设置防护装置以免伤人。

### 2. 对原材料的要求

混凝土应具有可泵性，即在泵压作用下，混凝土能在输送管道中连续稳定地通过而不产生离析，它取决于拌和物本身的和易性。在实际应用中，和易性往往根据坍落度来判断，坍落度越小，和易性就越小，但坍落度太大又会影响混凝土的强度，因此一般认为坍落度为8~20cm较合适，具体值要根据泵送距离、气温来决定。

①水泥。要求选择保水性好、泌水性小的水泥，一般选择硅酸盐水泥或普通硅酸盐水泥。但由于硅酸盐水泥水化热较大，不宜用于大体积混凝土工程，所以施工中一般掺入粉煤灰。掺入粉煤灰不仅对降低大体积混凝土的水化热有利，还能改善混凝土

的黏塑性和保水性，以利于泵送。

②骨料。骨料的种类、形状、粒径和级配对泵送混凝土的性能会产生很大影响，必须予以严格控制。粗骨料的最大粒径与输送管内径之比宜为1∶3(碎石)或1∶2.5(卵石)。另外，要求骨料颗粒级配尽量理想。细骨料的细度模数为2.3～3.2。粒径在0.315mm以下的细骨料所占的比例不应小于15%，以达到20%为优，这对改善可泵性非常重要。

实践证明，掺入粉煤灰等掺合料会显著提高混凝土的流动性，因此要适量添加。

3. 对操作的要求

泵送混凝土时应注意以下规定。

①原材料与试验一致。

②材料供应要连续、稳定，以保证混凝土泵能连续运作，计量自动化。

③检查输送管接头的橡皮密封圈，以保证密封完好。

④泵送前，应先用适量的与混凝土成分相同的水泥浆或水泥砂浆润滑输送管内壁。

⑤试验人员随时检测出料的坍落度，并及时调整，运输时间应控制在初凝之前（45min内）。预计泵送间歇时间超过45min或混凝土出现离析现象时，应对该部分混凝土做废料处理，并立即用压力水或其他方法冲掉管内残留的混凝土。

⑥泵送时，泵体料斗内应有足够的混凝土，防止吸入空气造成阻塞。

## 三、新技术、新材料、新设备的使用

### （一）喷涂聚脲弹性体技术

喷涂聚脲弹性体技术是近年来国外为适应环保需求而研制开发的一种新型无溶剂、无污染的绿色施工技术。该技术具有以下优点。

（1）无毒性，满足环保要求。

（2）力学性能好，拉伸强度最高可达27mPa，撕裂强度为43.9～105.4kN/m。

（3）抗冲耐磨性能强，其抗冲耐磨性能是C40混凝土的10倍以上。

（4）防渗性能好，在2mPa水压作用下，24h不渗漏。

（5）低温柔性好，在–30℃时对折不产生裂纹。

（6）耐腐蚀性强，即使在水、酸、碱、油等介质中长期浸泡，其性能也不会降低。

（7）具有较强的附着力，在混凝土、砂浆、沥青、塑料、铝、木等材料上都能很好地附着。

（8）固化速度快，5s凝胶，1min即可达到步行所需的强度。可在任意曲面、斜面及垂直面上喷涂成型，涂层表面平整、光滑，可以对基材形成良好的保护作用，并有一定的装饰作用。

### （二）喷涂聚脲弹性体施工材料

喷涂聚脲弹性体施工材料可以选用美国的进口 AB 双组分聚脲、中国水利水电科学研究院生产的 SK 手刮聚脲等。双组分聚脲的封边采用 SK 手刮聚脲。

### （三）喷涂聚脲弹性体施工设备

喷涂聚脲弹性体施工设备采用美国卡士马生产的主机和喷枪。这套设备施工效率高，可连续操作，喷涂 100m² 仅需 40min。一次喷涂施工厚度在 2mm 左右，克服了以往需多层施工的弊病。

其辅助设备有空气压缩机、油水分离器、高压水枪（进口）、打磨机、切割机、电锤、搅拌器、黏结强度测试仪等。

除此之外，针对南水北调重点工程建设，我国还研制开发了多种形式的低扬程大流量水泵、盾构机及其配套系统、大断面渠道衬砌机械、斗轮式挖掘机（用于渠道开挖）、全断面岩石隧道掘进机（TBM），以及人工制沙设备、成品沙石脱水干燥设备、特大型预冷式混凝土拌和楼、双卧轴液压驱动强制式拌和楼、塔式混凝土布料机、大骨料混凝土输送泵成套设备等。

# 第四节　水利工程施工管理

## 一、水利工程施工管理的概念及要素

### （一）水利工程施工管理的概念

水利工程施工管理与其他工程施工管理一样，是随着社会的发展进步和项目的日益复杂化，经过水利系统几代人的努力，在总结前人历史经验，吸纳其他行业成功模式和研究世界先进管理水平的基础上，结合本行业特点逐渐形成的一门公益性基础设施项目管理学科。水利工程施工管理的理念在当今社会人们的生产实践和日常工作中起到了极其重要的作用。

对每一个工程，上级主管部门、建设单位、设计单位、科研单位、招标代理机构、监理单位、施工单位、工程管理单位、当地政府及有关部门甚至老百姓等，与工程有关甚至无关的单位和个人，无不关心工程项目的施工管理，因此，学习和掌握水利工程施工管理对从事水利行业的人员有一定的积极作用，尤其对具有水利工程施工资质的企业和管理人员来说，学会并总结水利工程施工管理，将有助于提高工程项目实施效益和企业声誉，从而扩展企业市场，发展企业规模，壮大企业实力，振兴水利事业，更是作为一名水利建造师应该了解和熟悉的一门综合管理学科。

施工管理水平的提高对于中标企业尤其是项目部来说，是缩短建设工期、降低施工成本、确保工程质量、保证施工安全、增强企业信誉、开拓经营市场的关键，历来被各专业施工企业重视。施工管理涉及工艺操作、技术掌控、工种配合、经济运作和关系协调等综合活动，是管理战略和实施战术的良好结合及运用，因此，整个管理活动的主要程序及内容如下。

（1）从制订各种计划（或控制目标）开始，通过制订的计划（或控制目标）进行协调和优化，从而确定管理目标。

（2）按照确定的计划（或控制目标）进行以组织、指挥、协调和控制为中心的连贯活动。

（3）依据实施过程中反馈和收集的相关信息及时调整原来的计划（或控制目标）并形成新的计划（或控制目标）。

（4）按照新的计划（或控制目标）继续进行组织、指挥、协调、控制和调整等核心的具体活动，周而复始，直至达到或实现既定的管理目标。水利工程施工管理是施工企业对其中标的工程项目派出专人，负责在施工过程中对各种资源进行计划、组织、协调和控制，最终实现管理目标的综合活动。这是最基本和最简单的概念理解，它有三层含义：①水利工程施工管理是工程项目管理范畴，更是在管理的大范围内，领域是宽广的，内容是丰富的，知识和经验是综合的；②水利工程施工管理的对象就是水利水电工程施工全过程，对施工企业来说就是企业以往、在建和今后待建的各个工程的施工管理，对项目部而言，就是项目部本身正在实施的项目建设过程的管理；③水利工程施工管理是一个组织系统和实施过程，重点是计划、组织和控制。

由此可见，水利工程施工管理随着工程项目设计的日益发展和对项目施工管理的总结完善，已经从原始的意识决定行为上升到科学的组织管理，以及总结提炼这种组织管理而形成的行业管理学科。也就是说，它既是一种有意识地按照水利工程施工的特点和规律对工程实施组织和管理的活动，又是以水利工程施工组织管理活动为研究对象的一门科学，专门研究和探求科学组织、管理水利工程施工活动的理论和方法，从对客观实践活动进行理论总结到以理论总结指导客观实践活动，二者相互促进，相互统一，共同发展。

基于以上观点，水利工程施工管理的概念为：

水利工程施工管理是以水利工程建设项目施工为管理对象，通过一个临时固定的专业柔性组织，对施工过程进行有针对性和高效率的规划、设计、组织、指挥、协调、控制、落实和总结等动态管理，最终达到管理目标的综合协调与优化的系统管理方法。

所谓实现水利工程施工全过程的动态管理，是指在规定的施工期内，按照总体计划和目标，不断进行资源的配置和协调，不断做出科学决策，从而使项目施工的全过程处于最佳的控制和运行状态，最终产生最佳的效果。所谓施工目标的综合协调与优化，是指施工管理应综合协调好技术、质量、工期、安全、资源、资金、成本、文明、环保、内外协调等约束性目标，在最短的时期内成功达到合同约定的成果性目标，并争取获得最佳的社会影响。水利工程施工管理的日常活动通常是围绕施工规划、施工设计、施工组织、施工质量、安全管理、资源调配、成本控制、工期控制、文明施工和环境保护九项基本任务来展开的，这也是项目经理的主要工作线和面。

水利工程施工管理贯穿项目施工的整个实施过程，它是一种运用既有规律又无定式且经济的方法，通过对施工项目进行高效率的规划、设计、组织、指导、控制、落实等，在时间、费用、技术、质量、安全等综合效果上达到预期目标。

水利工程施工的特点也表明它所需要的管理及其管理办法与一般作业管理不同，一般的作业管理只需对效率和质量进行考核，并注重将当前的执行情况与前期进行比较。在典型的项目环境中，尽管一般的管理办法也适用，但管理结构须以任务（活动）定义为基础来建立，以便进行时间、费用和人力的预算控制，并对技术、风险进行管理。

在水利工程施工管理过程中，管理者并不亲自对资源的调配负责，而是制订计划后通过有关职能部门调配、安排和使用资源，调拨什么样的资源、什么时间调拨、调拨数量多少等，都取决于施工技术方案、施工质量和施工进度等。水利工程施工管理根据工程类型、使用功能、地理位置和技术难度等不同，组织管理的程序和内容有较大的差异。一般来说，建筑物工程在技术上比单纯的土石方工程复杂，工程项目和工程内容比较繁杂，涉及的材料、机电设备、工艺程序、参建人员、职能部门、资源、管理内容等较多，不确定性因素占的比例较重，尤其是一些大型水电站、水闸、船闸和泵站等枢纽工程，其组织管理的复杂程度和技术难度远远高于土石方工程，同时，同一类型的工程在大小、地理位置和设计功能等方面有差别，在组织管理上虽有雷同，但因质量标准、施工季节、作业难度、地理环境等不同也存在很大的差别。因此，针对不同的施工项目制定不同的组织管理模式和施工管理方法是组织和管理好该项目的关键，不能生搬硬套。目前，水利工程施工管理已经在水利工程建设领域中被广泛应用。

水利工程施工管理是以项目经理负责制为基础的目标管理。一般来讲，水利工程施工管理是按任务（垂直结构）而不是按职能（平行结构）组织起来的。

施工管理自诞生以来发展迅速，目前已发展为三维管理体系。

1. 时间维

把整个项目的施工总周期划分为若干个阶段计划和单元计划，进行单元计划和阶段计划控制，各个单元计划实现了就能保证阶段计划的实现，各个阶段计划完成了就能确保整个计划的落实，即常说的“以单元工期保阶段工期，以阶段工期保整体工期”。

2. 技术维

针对项目施工周期的各不同阶段计划和单元计划，制定和采用不同的施工方法及组织管理方法，并突出重点。

3. 保障维

对项目施工的人、财、物、技术、制度、信息、协调等的后勤保障管理。

## （二）水利工程施工管理的要素

要理解水利工程施工管理的定义，就必须理解项目施工管理所涉及的直接和间接要素，资源是项目施工得以实施的最根本保证，需求和目标是项目施工实施结果的基本要求，施工组织是项目施工实施运作的核心实体，环境和协调是项目施工取得成功的可靠依据。

1. 资源

资源的概念和内容十分广泛，可以简单地理解为一切具有现实和潜在价值的东西都是资源，包括自然资源和人造资源、内部资源和外部资源、有形资源和无形资源，诸如人力、人才、材料、资金、信息、科学技术、市场、无形资产、专利、商标、信誉以及社会关系等。在当今科学技术飞速发展的时期，知识经济的时代正在到来，知识作为无形资源的价值表现得更加突出。资源轻型化、软化的现象值得重视。

在工程施工管理中，要及早摆脱仅管好、用好硬资源的历史，尽早学会和掌握学好、用好软资源的方法，这样才能跟上时代的步伐，才能真正组织和管理好各种工程项目的施工过程。水利工程施工管理本身作为管理方法和手段，随着社会的进步和高科技在工程领域的应用及发展，已经成为一种广泛的社会资源，它给社会和企业带来的直接及间接效益不是用简单的数字就可以表达出来的。

由于工程项目固有的一次性特点，其资源不同于其他组织机构的资源，它具有明显的临时拥有和使用特性。资金要在工程项目开工后从发包方预付和计量，特殊情况下中标企业还要临时垫支。人力（人才）需要根据承接的工程情况挑选和组织甚至招聘。施工技术和工艺方法没有完全的成套模式，只能参照以往的经验和相关项目的实施方法，经总结和分析后，结合自身情况和要求制定。施工设备和材料必须根据该工程具体施工方法和设计临时调拨和采购，周转材料和部分常规设备还可以在工程所在地临时租赁。社会关系在当今是比较复杂的，不同工程含有不同的人群环境，需要有尽量适应新环境和新人群的意识，不能我行我素，固执己见，要具备适应新的环境和人群的能力和素质。对于执行的标准和规程，不同项目会有不同的制度，即使同一个企业安排同样数量的管理人员也是数同人不同，即使人同，项目内容和位置等也会不同。

因此，水利工程施工过程中资源需求变化很大，有些资源用尽前或不用后要及时偿还或遣散，如永久材料、人力资源及周转性材料和施工设备等，在施工过程中应根据进度要求随时增减。任何资源积压、滞留或短缺都会给项目施工带来损失，因此，合理、高效地使用和调配资源对工程项目施工管理尤为重要，学会和掌握了对各种施工资源的有序组织、合理使用和科学调配，就掌握了水利工程施工管理的精髓。

2. 需求和目标

水利工程施工中利益相关者的需求和目标是不同和复杂的。通常把需求分为两类：一类是必须满足的基本需求，另一类是附加获取的期望要求。

就工程项目部而言，其基本需求涉及工程项目实施的范围内容、质量要求、利润或成本目标、时间目标、安全目标、文明施工和环境保护目标，以及必须满足的法规要求和合同约定等。在一定范围内，施工质量、成本控制、工期进度、安全生产、文明施工和环境保护这五者是相互制约的。

一般而言，当工期进度要求不变时，施工质量要求越高，则施工成本就越高；当施工成本不变时，施工质量要求越高，则工期进度相对越慢；当施工质量标准不变时，施工进度过快或过慢都会导致施工成本增加。在施工进度相对紧张时，往往会放松安全管理，造成各种事故，延缓施工时间。文明施工和环境保护目标要实现必然会直接增加工程成本，这一目标往往会被一些计较效益的管理者忽视，有的干脆应付或放弃。殊不知，做好文明施工和环境保护工作恰恰能给安全目标、质量目标和工期目标等的实现创造有利条件，还可能会给项目或企业带来意想不到的间接效益和社会影响。施工管理的目的是谋求快、好、省、安全、文明和赞誉等的有机统一，好中求快，快中求省，好、快、省中求安全和文明，并最终获得最佳赞誉，这是每一个工程项目管理者所追求的最高目标。如果把项目实施的范围和规模一起考虑在内的话，可以将控制成本替代追求利润作为项目管理实现的最终目标（施工项目利润 = 施工项目收益 − 施工实际成本）。

工程施工管理要寻求使施工成本最小从而达到利润最大的工程项目实施策略和规划。因而，科学合理地确定该工程相应的成本是实现最好效益的基础和前提。企业常常通过项目的实施树立形象、站稳脚跟、开辟市场、争取支持、减少阻力、扩大影响并获取最大的间接利益。比如，一个施工企业以前从未打入某一地区或一个分期实施的系列工程刚开始实施，有机会通过第一个中标项目进入当地市场或及早进入该系列工程，明智的企业决策者对该项目一定很重视，除了在项目部人员安排和设备配置上花费超出老市场或单期工程的代价，还会要求项目部在确保工程施工硬件的基础上，完善软件效果。

“硬件创造品牌，软件树立形象，硬软结合产生综合效益”，这是任何企业的管理者都应该明白的道理，因此，一个新市场的新项目或一个系列工程的第一次中标对急于开辟该市场或稳定市场的企业来说无异于雪中送炭，重视的绝不仅仅是该工程建设的质量和眼前的效益，而是通过组织管理达到施工质量优良、施工工期提前、安全生产保障、施工成本最小、文明施工和环境保护措施有效、关系协调有力、业主评价良好、合作伙伴宣传、设计和监理放心、运行单位满意、社会影响良好的综合效果。在此强调新市场项目或分期工程，并不是说对一些单期工程或老市场的项目企业就可以不重视，同样应当根据具体情况制订适合工程项目管理的考核目标和计划，只是侧重点不同而已。

而在现实工作中,背离目标或一味地追求目标最终适得其反的工程项目不在少数，成败主要取决于企业对项目制定什么样的政策、选派什么样的项目经理、配备什么样的班子。项目施工的管理者是决定成败的根本，而成功的管理者来源于具有综合能力与素质的人才，施工企业的决策者都应做到重视人才、培养人才、锻炼人才、吸纳人才、利用人才、团结人才、调动人才、凝聚人才。人才的诞生和去留主要取决于企业的政策和行动，与企业风气、领导者的作风、企业氛围、社会环境等也有很大关系。作为企业主管者，要经常思考怎样吸纳和积聚人才，怎样培养和使用人才，怎样激励和发展人才。作为一个管理者，更应抓住人才并用好人才。

对于在工程项目施工过程中项目部所面对的其他利益相关者,如发包方、设计单位、监理单位、地方相关部门、当地百姓、供货商、分包商等，他们的需求又和项目部不同，各有各的需求目标，在此不一一赘述。

总之，一个施工项目的不同利益相关者有不同的需求，有的相差甚远，甚至是互相抵触和矛盾的，这就更需要工程项目管理者对这些不同的需求加以协调，统筹兼顾，分类管理，以取得大局稳定和平衡,最大限度地调动工程项目所有利益相关者的积极性，减少他们给工程项目施工组织管理带来的阻力和消极影响。

### 3. 施工组织

组织就是把多个本不相干的个人或群体联系起来，做一件个人或独立群体无法做成的事，是管理的一项功能。项目施工组织不是依靠企业品牌和成功项目的范例就可以成功的。作为一个项目经理，要管理好一个项目，首要的问题就是要懂得如何组织，而成功的组织又要充分考虑工程建设项目的组织特点，抓不住项目特点的组织将是失败的组织。

例如，工程项目施工组织过程中经常会遇到别的项目不曾出现的问题，这些问题的解决主要依靠项目部本身，但也可以咨询某一个有经验的局外人或企业主管部门，甚至动用私人关系。对工程项目的质量和安全等检查是不同的组织发起的，比如工程主管部门、发包单位、主管部门和发包单位组成的团队。工程项目的验收、审计等可能要委托或组建新的机构，例如，专家、项目法人、审计机构等。总之，项目施工组织是在不断地更替和变化的，必须针对所有更替和变化有一定的预见性和掌控协调能力。要想成功组织好一个项目，应先做好人员组织，人员组织的基本原则是因事设人。

人员的组织和使用必须根据工程项目的具体任务事先设置相应的组织机构，使组织起来的人员各有其位，并根据机构的职能对应选人。事前选好人，事中用活人，事后激励人，是项目管理中的用人之道。

人员组织和使用原则是根据工期进度事始人进，事毕人迁，及时调整。工程项目的一次性特点，决定了它与企业本部和社会常设机构等不同。工程项目机构设置灵活，组织形式实用，人员进出不固定，柔性、变性突出，这就要求项目经理具备一定的预见性和协调能力。安排某个人员来之前就要考虑其走的时候，考虑走的人员又要调整来的人员。对人员的组织和使用，必须避免或尽量减少“定来不定走，定坑不挪窝，不用走不得，用者调不来”的情况发生。

工程项目施工组织的柔性，还反映在各个项目利益相关者之间的联系都是有条件的、松散的，甚至是临时性的，所有利益相关者是通过合同、协议、法规、义务、社会关系、经济利益等结合起来的，因此，在项目组织过程中要有针对性地加以区别组织。工程项目施工组织不像其他工作组织那样有明晰的组织边界，项目利益相关者及其部分成员在工程项目实施前属于其他项目组织，该项目实施后才属于同一个项目组织，有的还兼顾其他项目组织，而在工程项目实施中途或完毕后可能又属于另一个项目组织。如许多水利工程项目法人，在该工程建设前可能是另一个部门或单位的负责人，工程建设开始前调到水利部门任要职，待工程项目竣工后可能又调到新的岗位或部门。再如，材料或劳务供应者，在该项目实施前就已经为其他施工企业提供货源或人力，在该项目实施后才与项目部合作，同时，有可能还给原来的项目或其他新项目等提供服务。

另外，工程项目中各利益相关者的组织形式也是多种多样的，有的是政府部门，有的是事业单位，有的是国有企业，有的是个体经营者，这些差异都决定着项目管理者在组织时要采取不同的措施。

因此，水利工程施工管理在上述意义上不同于政府部门、军队、工厂、学校、超市、宾馆等有相对规律性和固定模式的管理，必须具备超前的应变反应能力和稳定的处事心理素质，才能及时适应工程项目施工组织的特点并发挥出最佳水平。

工程项目的施工组织结构对工程项目的组织管理有着重要的影响，这与一般的项目组织是相同的。一般的项目组织结构主要有三种结构形式：职能式结构、项目单列式结构和矩阵式结构。就常规来讲，职能式结构有利于提高效率，它是按既定的工作职责和考核指标进行工作和接受考核的，职责明确，目标明晰；项目单列式结构有利于取得效果，抓住主因带动一般，有始有终，针对性强；矩阵式结构兼具两者优点，但也会带来某些不利因素。

建造师想要成为一名成功的项目经理，必须在实践工作中充分学习和掌握相关知识和经验。施工组织是工程项目管理的关键和前提，建造师应公正地评价自己在施工组织方面的实力和条件，衡量自己能否胜任项目管理工作。

工程项目一次性的特点务必引起企业管理者和所有建造师的高度重视，成功和失败都是一次性的，一旦失败，后悔莫及，因此，作为企业管理者，在挑选项目经理时一定要慎重，力争对所有候选者进行综合比较和筛选，建造师本人在赴任项目经理岗位前更要谨慎，必须做到针对该项目特点全面、公正地衡量自己，量力而行，一旦失误尤其是大的失误，将会给企业和社会造成重大损失且无法弥补。而如果一个建造师通过实践锻炼和经验积累，掌握了一个项目经理应掌握的施工组织、管理及技术等，充分发挥个人才能，组织和管理好每个工程项目，这又将是企业和社会的一大幸事，也是自身价值和能力的充分展现。

4. 环境和协调

要使工程项目施工管理取得成功，项目经理除了需要对项目本身的组织及其内部环境有充分的了解，还需要对工程项目所处的外部环境有正确的认识和把握，同时根据内外部环境进行有效协调和驾驭，才能达到内部团结合作，外部友好和谐。内外部环境协调涉及的领域十分广泛，每个领域的历史、现状和发展趋势都可能对工程项目施工管理产生或多或少的影响，在某种特定情况下甚至是决定性的影响。

## 二、水利工程施工管理的特点及职能

### （一）施工管理的特点

与传统的部门管理和工厂生产线管理相比，基础设施工程施工管理的最大特点是其注重综合性和可塑性，并且有严格的工期限制。基础设施工程施工管理必须通过预先不确定的过程，在限定的工期内建成同样无法预先判定的设计实体，因此，需求目标和进度控制常对工程施工管理产生很大的影响。对水利工程施工管理而言，其一般其有以下 7 个特点。

1. 水利工程施工管理的对象是企业承建的所有工程

对一个项目部而言，水利工程施工管理的对象就是项目部正在准备进场建设或正在建设管理之中的中标工程。水利工程施工管理是针对该工程项目的特点而形成的一种特有的管理方式，因而其适用对象是水利工程项目，尤其是类似设计的同类工程项目。鉴于水利工程施工管理越来越讲究科学性和高效性，项目部有时会将重复性的工序和工艺分离出来，根据阶段工期的要求确定起始点和终结点，在内部进行分项承包，承包者将所承包的部位按整个工程的施工管理来组织和实施，以便于在其中应用和探索水利工程施工管理的成功方法和实践经验。

2. 水利工程施工管理的全过程贯穿着系统工程的理念

水利工程施工管理把要施工建设的工程项目看成一个完整的系统，依据系统论将整体进行分解，最终达到综合的原理，先将系统分解为许多责任单元，再由责任者分别按相关要求完成单元目标，然后把各单元目标汇总、综合成最终的成果；同时，水利工程施工管理把工程项目实施看成一个有始有终的生命周期，并强调阶段计划对总体计划的保障率，促使管理者不得忽视其中的任何阶段计划，以免影响总体计划，甚至造成总体计划落空。

3. 水利工程施工管理的组织具有个性或特殊性

水利工程施工管理最明显的特征，就是其组织的个性或特殊性。其个性或特殊性主要表现在以下 6 个方面。

①具有基础设施工程项目组织的概念和内容。水利工程施工管理的突出特点是将工程施工过程作为一个组织单元，管理者围绕该工程施工过程来组织相关资源。

②水利工程施工管理的组织是临时性的或阶段性的。由于水利工程施工过程对该工程而言是一次性完成的，而该工程项目的施工组织是为该工程项目的建设服务的，该工程项目施工完毕并验收合格达到运行标准后，组织的使命也就宣告结束。

③水利工程施工管理的组织是可塑性的。所谓可塑性即可变的、有柔性的和有弹性的。因此，水利工程项目的施工组织不受传统的固定建制的组织形式所束缚，而是根据该工程施工管理组织总体计划组建对应的组织形式；同时，在实施过程中，又可以根据各个阶段计划的具体需要，适时地调整和增减组织的配置，以灵活、简单、高效和节省的组织形式来完成组织管理过程。

④水利工程施工管理组织强调其协调控制职能。水利工程施工管理是一个综合管理过程，其组织结构的规划设计必须充分考虑组织各部分的协调与控制，保证工程总体目标的实现。目前，水利工程施工管理的组织结构多为矩阵式结构，而非直线职能式结构。

⑤水利工程施工管理的组织因主要管理者的不同而不同，即使是同一个主要管理者，他对不同的水利工程项目也会有不同的组织形式。同一个工程，委派不同的项目经理就会出现不同的组织形式，工程组织形式因人而异；同一个项目经理前后担任两个工程的负责人，两个工程的组织形式也会有所差别，同时，工程组织形式还因时间和空间的不同而不同。

⑥水利工程施工管理的组织因其他资源及施工条件的不同而不同。其他资源是指除了人力资源的所有资源，包括材料、施工设备、施工技术、施工方案、当地市场、工程资金等与工程项目建设组织过程相关的有形及无形资源，所有这些资源均因工程所处的位置、时间、要求等不同而差别很大，因此，资源的变化必然会导致工程项目

施工组织形式发生变化。施工条件是指工程所处的地理位置、自然状况、交通情况、发包人建管要求、当地材料及劳动力供应、地方风俗习惯、地方治安情况、设计和监理单位水平、主管部门管理能力等，这些条件的变化往往影响着工程施工组织形式的变动和调整。由此可见，水利工程项目管理，与项目经理及其团队的现场管理水平、综合能力、业务素质、适应性及协调能力等有极大的关系，同时，根据水利工程施工过程把握和处理好各种变化因素及柔性程度，是项目班子尤其是项目经理的主要工作内容。

4. 水利工程施工管理的体制是一种基于团队管理的个人负责制

由于工程施工系统管理的要求，水利工程项目需要集中权力以确保工程正常施工，因而项目经理是一个关键职位，他的组织才能、管理水平、工作经验、业务知识、协调能力、个人威信、为人素质、工作作风、道德观念、处事方法、表达能力、事业心和责任感等，都直接关系到项目部对工程项目组织管理的结果。项目经理是工程项目施工任务的责任者、组织者和管理者，在整个工程项目施工活动中占有举足轻重的地位，因此，项目经理必须由企业总经理聘任，以便其成为企业法人在该工程项目上的全权委托代理人。项目经理不同于企业职能部门的负责人，他应具备综合的知识、经验、素质，应该是一个全能型的人才。

由于实行项目经理责任制，除特殊情况外，项目经理在整个工程项目施工过程中是固定不变的，必须自始至终全力负责该项目施工的全过程活动，直至工程项目竣工、项目部解散。为了与国际接轨并完善和提高项目经理队伍的后备力量，国家推行注册建造师制度，要求项目经理必须具备注册建造师资格，而注册建造师又是通过考试的方式产生的，这就必然会发生不具备项目经理水平和能力的人因为具备考试能力而获得建造师资格，而有些真正具备项目经理能力的人因不具备考试能力而被置于建造师队伍之外，从而与项目经理岗位无缘。

这是当前带有一定普遍性的问题，希望具备建造师资格的人员能及时了解和掌握项目经理岗位真正的精髓，多参加一些工程项目的建设管理工作，并通过实践积累，总结一个项目经理应该具备的素质和能力，以便胜任项目经理一职，而不仅仅只是纸上谈兵。没有一定工程技术和管理实践的建造师很难成为一名合格的项目经理。

5. 多层次的目标管理方式

水利工程项目的特殊性决定了其所涉及的专业领域比较宽广，而每一个工程项目管理者只会对某一个或某几个领域有所研究，对其他专业只是在日常工作中有所了解，但不可能像该领域的内行那样精通，对每一个专业领域都熟知的工程项目管理者是没有的。成功的项目组织和管理者是否是一个各个领域都熟悉的专家并不重要，重要的是管理者是否懂得尊重专家等的意见和建议，是否善于集众家所长于一身用于组织和管理工作。

现在已进入高科技时代，管理者需要研究的是怎样管理、怎样组织和分配好各种资源，没有必要事必躬亲，而且也不可能参与大多数工程项目的实施过程。管理者应该以综合协调者的身份，向被授权的科室和工段负责人讲明他们所承担工作的责任、义务及考核要点，协商确定目标、时间、经费、工作标准和限定条件，具体工作则由被授权者独立处理，被授权者应经常反馈信息，管理者应经常检查、督促，并在遇到困难且需要协调时及时给予有关的支持和帮助。可见，水利工程项目施工管理的核心为在约束条件下实现项目管理的目标，其实现的方法具有灵活性和多样性。

6. 创造和保持一种使工程项目顺利进行的良好环境和有利条件

管理就是创造和保持适合工程实施的环境和条件，使置身于其中的人力等资源能在协调者的组织中共同完成预定的任务，最终达到既定的目标。这一特点再次说明了工程项目管理是一种过程管理和系统管理,而不仅仅是衡量技术高低和完成技术过程。由此可见，及时预见和全面创造各种有利条件，正确、及时地处理各种意外事件才是工程项目管理的主要内容。

7. 方式、方法、工具和手段具有时代性、灵活性和开放性

在方式上，应积极采用国际和国内先进的管理模式，目前在各建筑领域普遍推广的项目经理负责制就是吸纳了国外的先进模式，结合我国的国情和行业特点而实行的有效管理方式。

在方法上，应尽量采用科学先进、直观有效的管理理论和方法，如网络计划图，其在基础设施工程施工中的应用对编制、控制和优化工程项目工期进度起到了重要作用，这是以往流线图和横道图所无法比拟和实现的。目标管理、全面质量管理、阶段工期管理、安全预防措施、成本预测控制等理论和方法，都对控制和实现工程项目总目标起到了积极作用。

在工具上，采用跟上时代发展潮流的先进或专用施工设备和工器具，运用电子计算机进行工程项目施工过程中的信息处理、方案优化、档案管理、财务和物资管理等，不仅证明了企业的实力，更提高了工程项目施工管理的成功率，完善了工程项目的施工质量，加快了项目的施工进度。

在手段上，管理者既要针对项目实施的具体情况，制定并完善简洁、易行、有力、公正的各种硬性制度和措施，又要实行人性化管理，使参建者明白工作要求，严格遵守相关制度，还要让所有人员真正感受到项目的亲情、温暖和尊重，打造出团结、和谐、友爱的施工氛围，必然能激发出奋进、互助、有朝气的工作态度。施工人员尤其是水利工程的施工人员，不仅要远离亲人，还要到偏僻的地方过着几乎与繁华城市隔绝的艰苦生活，要留住他们不仅要关注经济问题，在某种程度上人文关怀显得更为重要。

## （二）施工管理的职能

水利工程施工管理最基本的职能有计划、组织和评价与控制。

1. 工程项目施工计划

工程项目施工计划就是根据该工程项目预期目标的要求，对该工程项目施工范围内的各项活动做出合理有序的安排。其系统地确定工程项目实施的任务、工期进度和完成施工任务所需的各种资源等，使工程项目在合理的建设工期内，用尽可能低的成本达到尽可能高的质量标准，满足工程的使用要求，让发包人满意，让社会放心。任何工程项目管理都要从制订项目实施计划开始，项目实施计划不仅是确定项目建设程序、控制方法的基础及依据，也是监督管理的基础及依据。工程项目实施的成果首先取决于工程项目实施计划编制的质量，好的实施计划和不切实际的实施计划，其实施结果有天壤之别。

工程项目实施计划一经确定，应作为该工程项目实施过程中的准绳来执行，其是工程项目施工中各项工作开展的基础，是项目经理和项目部工作人员的工作准则和行为指南。工程项目实施计划也是限定、考核各级执行人责任、权力和利益的依据，对于任何范围的变化都是一个参照点，成为对工程项目进行评价和控制的标准。工程项目实施计划在制订时应充分依据国家的法律、法规和行业的规程、标准，充分参照企业的规章和制度，充分结合该工程的具体情况，充分运用类似工程成功的管理经验和方式方法，充分发挥该项目部人员的聪明才智。工程项目实施计划按作用和服务对象一般分为五个层次，即决策型计划、管理型计划、控制型计划、执行型计划、作业型计划。

水利工程项目实施计划按活动内容可细分为工程项目主体实施计划、工期进度计划、成本控制计划、资源配置计划、质量目标计划、安全生产计划、文明环保计划、材料供应计划、设备调拨计划、阶段验收计划、竣工验收计划、交付使用计划等。

2. 工程项目组织

工程项目组织有两重含义：一是指项目组织机构设置和运行，二是指组织机构职能。工程项目管理的组织，是指为进行工程项目建设过程管理、完成工程项目实施计划、实现组织机构职能而进行的工程项目组织机构的建立、运行与调整等组织活动。

工程项目管理的组织职能包括工程项目组织设计、工程项目组织联系、工程项目组织运行、工程项目组织行为和工程项目组织调整五个方面。工程项目组织是实现项目实施计划、完成项目既定目标的基础条件，组织的好坏对于项目能否取得成功具有直接的影响，只有在组织合理化的基础上才谈得上其他方面的管理。

基础工程项目的组织方式根据工程规模、工程类型、涉及范围、合同内容、工程地域、建管方式、当地风俗、自然环境、地质地貌、市场供应等因素的不同而有所不同，典型的工程项目组织形式有以下三种。

①树型组织。树型组织是指从最高管理层到最低管理层，按层级系统以树状形式展开建立的工程项目组织形式，包括直线型、职能型、直线职能综合型、项目型等多个种类。树型组织比较适合单一的、涉及部门不多的、技术含量不高的中小型工程建设项目。当前的趋势是树型组织日益向扁平化的方向发展。

②矩阵型组织。矩阵型组织是现代典型的对工程项目实施管理时应用最广泛的组织形式，它将职能原则和对象（工程项目或产品）原则结合起来使用，形成一个矩阵型结构，使同一个工程项目的工作人员既参加原职能科室或工段的工作，又参加工程项目协调组的工作，肩负双重职责，同时受双重领导。矩阵型组织是目前最为典型和成功的工程项目实施组织形式。

③网络型组织。网络型组织是未来企业和工程项目管理中一种理想的组织形式，它是以一个或多个固定连接的业务关系网络为基础的小单位的联合。它以组织成员间纵横交错的联系代替了传统的一维或二维联系，采用平面性和柔性组织的新概念，形成了充分分权与加强横向联系的网络结构。典型的网络型组织不仅在基础设施工程领域开始探索和使用，在其他领域也在逐步完善和推行，如虚拟企业、新兴的各种项目型公司等，也日益向网络型组织的方向发展。

3. 项目评价与控制

项目计划只是对未来做出的预测和提前安排，由于在编制项目计划时难以预见的问题很多，因此在项目组织实施过程中往往会产生偏差。如何识别这些实际偏差、出现偏差如何消除并及时调整计划，对管理者来说是工程项目评价与控制的关键，为确保工程项目预定目标的实现，这些也是工程项目管理的评价与控制职能所要解决的主要问题。这里所说的工程项目评价不同于传统意义上的项目评价，应根据项目具体问题具体对待，不能一概而论。不同性质的项目有其不同的特点和要求，应根据具体特点和要求进行切实的评价与控制。工程项目施工评价是该工程项目控制的基础和依据，工程项目施工控制则是对该工程项目进行施工评价的根本目的和整体总结。因而，要有效地实现工程项目施工评价与控制的职能，必须满足以下条件。

①工程项目实施计划必须以适合该工程项目评价的方式来表达。

②工程项目评价的要素必须与该工程项目实施计划的要素相一致。

③计划的进行（组织）及相应的评价必须按足够接近的时间间隔进行。一旦发现偏差，可以保证有足够的时间和资源来纠偏。工程项目评价与控制的目的，就是通过组织和管理运行机制，根据实施计划时的实际情况做出及时、合理的调整，以使工程项目施工组织达到按计划完成的目的。从内容上看，工程项目评价与控制可以分为工作控制、费用控制、质量控制、进度控制、标准控制、责任目标控制等。

# 第二章　基础工程设计施工

## 第一节　地基处理

### 一、土基处理

#### （一）土基加固

**1. 换填法**

换填法是将建筑物基础下的软弱土层或缺陷土层的一部分或全部挖去，然后换填密度大、压缩性小、强度高、水稳性好的天然或人工材料，并分层夯（振、压）实至要求的密实度，达到改善地基应力分布、提高地基稳定性和减少地基沉降的目的。

换填法的处理对象主要是淤泥、淤泥质土、湿陷性土、膨胀土、冻胀土、杂填土地基。水利工程中常用的垫层材料有沙砾土、碎（卵）石土、灰土、壤土、中沙、粗沙、矿渣等。近年来，土工合成材料加筋垫层因其良好的处理效果而受到重视并得到广泛的应用。换土垫层与原土相比，优点是承载力较高，刚度大，变形小，可提高地基排水固结的速度，防止季节性冻土的冻胀，清除膨胀土地基的胀缩性及湿陷性土层的湿陷性。灰土垫层还可以使其下土层含水量均衡转移，减小土层的差异性。

根据换填材料的不同，将垫层分为沙石（沙砾、碎卵石）垫层、土垫层（素土、灰土、二灰土垫层）、粉煤灰垫层、矿渣垫层、加筋沙石垫层等。

在不同的工程中，垫层所起的作用也是不同的。例如，一般水闸、泵房基础下的沙垫层主要起到换土的作用，而在路堤和土坝等工程中，沙垫层主要起排水固结的作用。

**2. 排水法**

排水法分为水平排水法和竖直排水法。水平排水法是在软基的表面铺一层粗沙或级配好的沙砾石做排水通道，在垫层上堆土或施加其他荷载，使孔隙水压力增高，形成水压差，孔隙水通过沙垫层逐步排出，孔隙减小，土被压缩，密度增加，强度提高。

竖直排水法是在软土层中建若干排水井，灌入沙，形成竖向排水通道，在堆土或外荷载作用下达到排水固结、提高强度的目的。排水距离短，这样就能大大缩短排水和固结的时间。沙井直径一般为20~100cm，井距为1.0~2.5m。井深主要取决于土层情况：当软土层较薄时，沙井宜贯穿软土层；当软土层较厚且夹有沙层时，一般可设在沙层上；当软土层较厚又无沙层，或软土层下有承压水时，则不应打穿。

### 3. 强夯法

强夯法是使用吊升设备将重锤起吊至较大高度后，通过其自由落下所产生的巨大冲击能量来对地基产生强大的冲击和振动，从而加密和固实地基土壤，使地基土的各方面特性得到很好的改善，如渗透性、压缩性降低，密实度、承载力和稳定性得到提高。

强夯法适用于处理碎石土、沙土地基，以及低饱和度的粉土、黏性土、杂填土、湿陷性黄土等各类地基。

强夯法具有设备简单、施工速度快、不添加特殊材料的特点，目前已成为我国常用的地基处理方法之一。

### 4. 振动水冲法

振动水冲法是用一种类似插入式混凝土振捣器的振冲器，在土层中进行射水振冲造孔，并以碎石或沙砾充填形成碎石桩或沙砾桩，达到加固地基目的的一种方法。这种方法不仅适用于松沙地基，也可用于黏性土地基。因碎石桩承担了大部分的传递荷载，同时改善了地基排水条件，加速了地基的固结，提高了地基的承载能力。一般碎石桩的直径为0.6 ~ 1.1m，桩距视地质条件在1.2 ~ 2.5m选择。采用此法要有充足的水源。

### 5. 混凝土灌注桩法

混凝土灌注桩法是提高土基承载能力的有效方法之一。桩基础简称桩基，是由若干个沉入土中的单桩组成的一种深基础，是由基桩和连接于基桩桩顶的承台共同组成的，承台和承台之间再用承台梁相互连接。若承台下只用一根桩（通常为大直径桩）来承受和传递上部结构（通常为柱）的荷载，这样的桩基础称为单桩基础；承台下由两根及两根以上基桩组成的桩基础，称为群桩基础。桩基础的作用是将上部结构的荷载，通过上部较软弱地层传递到下部较坚硬的、压缩性较小的土层或岩层。

按桩的传力方式不同，桩基可分为端承桩和摩擦桩。端承桩就是穿过软土层并将建筑物的荷载直接传递给坚硬土层的桩。摩擦桩是将桩沉至软弱土层一定深度，用以挤密软弱土层，提高土层的密实度和承载能力，上部结构的荷载主要由桩身侧面与土之间的摩擦力承受，桩间阻力也承受少量的荷载。

按桩的施工方法不同，桩基可分为预制桩和灌注桩。预制桩是在工厂或施工现场用不同的建筑材料制成的各种形状的桩，然后用打桩设备将预制好的桩沉入地基土中。沉桩的方法有锤击沉桩、静力压桩、振动沉桩等。灌注桩是在设计桩位先成孔，然后放入钢筋骨架，再浇筑混凝土而成的桩。灌注桩按成孔的方法不同，可分为泥浆护壁成孔灌注桩、干作业成孔灌注桩、套管成孔灌注桩、爆扩成孔灌注桩等。

①混凝土及钢筋混凝土灌注桩施工。混凝土及钢筋混凝土灌注桩简称灌注桩，是直接在桩位上成孔，然后利用混凝土或沙石等材料就地灌注而成。与预制桩相比，其优点是施工方便、节约材料、成本低；缺点是操作要求高，稍有疏忽，就会发生缩颈、断桩现象，技术间隔时间较长，不能立即承受荷载等。

②人工挖孔灌注桩施工。人工挖孔灌注桩是指在桩位上用人工挖直孔，每挖一段即施工一段支护结构，如此反复向下挖至设计深度，然后放下钢筋笼，浇筑混凝土而成桩。人工挖孔灌注桩的优点是设备简单，对施工现场原有建筑物影响小，挖孔时，可直接观察土层变化情况，及时清除沉渣，并可同时开挖若干个桩孔，降低施工成本等。人工挖孔灌注桩施工主要应解决孔壁坍塌、施工排水、流沙和管涌等问题。为此，事先应根据地质水文资料，拟定合理的衬圈护壁和施工排水、降水方案。常用护壁方案有混凝土护圈、沉井护圈和钢套管护圈三种。

③钻孔灌注桩施工。钻孔灌注桩是先在桩位上用钻孔设备进行钻孔，如用螺旋钻机、潜水电钻、冲孔机等冲钻而成，也可利用工具桩或将尖端封闭钢管打入土中，拔出成孔，然后灌注混凝土。在有地下水、流沙、沙夹层及淤泥等的土层中钻孔时，应先在测定桩位上埋设护筒，护筒一般由 3 ~ 5mm 厚钢板做成，其直径比钻头直径大 10~20cm，以便钻头提升操作等。护筒的作用有三个：a. 导向作用，使钻头能沿着桩位的垂直方向工作；b. 提高孔内泥浆水头，防止塌孔；c. 保护孔口，防止孔口破坏。护筒定位应准确，埋置应牢固密实，防止护筒与孔壁间漏水。

④打拔管灌注桩。打拔管灌注桩是利用与桩的设计尺寸相适应的一根钢管，在端部套上预制的桩靴打入土中，然后将钢筋骨架放入钢管内，再浇筑混凝土，并边灌边将钢管拔出，利用拔管时的振动将混凝土捣实。沉管时必须将桩尖活瓣合拢。若有水泥或泥浆进入管中，则应将管拔出，用沙回填桩孔后，再重新沉入土中，或在钢管中灌入一部分混凝土后再继续沉入。拔管速度在一般土层中为 1.2 ~ 1.5m/min，在软弱土层中不得大于 0.8m/min。在拔管过程中，每拔起 0.5m 左右，应停 5 ~ 10s，但保持振动，如此反复进行，直到将钢管拔离地面。根据承载力的要求不同，拔管方法可分别采用单打法、复打法和翻插法。在淤泥或软土中沉管时，土受到挤压产生孔隙水压力，拔管后便挤向新灌的混凝土，造成缩颈。此外，当拔管速度过快、管内混凝土量过大时，混凝土的出管扩散性差，也会造成缩颈。

6. 旋喷加固法

旋喷加固法是利用旋喷机具建造旋喷桩，以提高地基的承载能力，也可以做连锁桩或定向喷射形成连续墙，用于地基防渗。旋喷加固法适用于沙土、黏性土、淤泥等地基的加固，对沙卵石（最大粒径不大于 20cm）的防渗也有较好的效果。

7. 混凝土预制桩施工

混凝土预制桩有实心桩和空心桩两种。空心桩由预制厂用离心法生产而成。实心桩大多在现场预制而成。

预制桩必须提前订货加工，打桩时预制桩强度必须达到设计强度的100%。由于桩身弯曲过大、强度不足或地下有障碍物等，桩身易断裂，使用时要及时检查。

## （二）截渗处理

受河道水流和地下水位的影响，河堤、大坝以及建筑物的地基会产生一定程度的渗透变形，严重时将危及建筑物的安全。解决的办法是截断渗流通道，以减少渗透变形。具体处理办法如下。

1. 高压喷射注浆

高压喷射注浆是利用钻机把带有特制喷嘴的注浆管钻进土层的预定位置后，用高压泵将水泥浆液通过钻杆下端的喷射装置，以高速喷出，冲击切削土层，使喷流射程内土体破坏，同时钻杆一方面以一定的速度（20/min）旋转，另一方面以一定的速度（15 ~ 30cm/min）徐徐提升，使水泥浆与土体充分搅拌混合，胶结硬化后即在地基中形成具有一定强度（0.5 ~ 8.0mPa）的固结体，从而使地基得到加固。

2. 防渗墙

防渗墙是修建在挡水建筑物地基透水地层中的防渗结构，可用于坝基和河堤的防渗加固。防渗墙之所以得到广泛的应用，是因为其结构可靠、防渗效果好、施工方便、适应不同地层条件等。根据成墙材料和成墙工法的不同，常见的防渗墙有水泥土防渗墙和塑性混凝土防渗墙两种。

水泥土防渗墙是软土地基的一种新的截渗方法，它是以水泥、石灰等材料作为固化剂，通过深层搅拌机械，在地基深处就地将软土和固化剂强制搅拌，经过一系列物理、化学反应后，软土硬化成具有整体性、水稳定性和一定强度的良好地基。深层搅拌桩施工分干法和湿法两类：干法是采用干燥状态的粉体材料作为固化剂，如石灰、水泥、矿渣粉等；湿法是采用水泥浆等浆液材料作为固化剂。下面只介绍湿法施工工艺。

①湿法施工机械。深层搅拌机是进行深层搅拌施工的关键机械，在地基深处就地搅拌需要强有力的工具，目前的搅拌机有中心管喷浆方式和叶片喷浆方式两种。叶片喷浆方式中的水泥浆从叶片上的小孔喷出，水泥浆与土体混合较均匀，这种方式比较适合对大直径叶片的连续搅拌。但喷浆管容易被土或其他物体堵塞，只能使用纯水泥浆，且机械加工较为复杂。中心管喷浆方式中的水泥浆是从两根搅拌轴之间的另一根管子输出，当叶片直径在1m以下时也不影响搅拌的均匀性。

②施工程序。深层搅拌法施工工艺过程如下。a. 机械定位。搅拌机自行移至桩位、

对中，地面起伏不平时，应进行平整。b.预搅下沉。启动搅拌机电机，放松起重机钢丝绳，使搅拌机沿导向架搅拌切土下沉。c.制备水泥浆。搅拌机下沉时，按设计给定的配合比制备水泥浆，将制备好的水泥浆倒入集料斗。d.喷浆提升搅拌。搅拌机下沉到设计深度时，开启灰浆泵，将浆液压入地基中，并且边喷浆边旋转，同时按设计要求的提升速度提升搅拌机。e.重复上下搅拌。深层搅拌机提升至设计加固深度的顶面标高时，集料斗中的水泥浆应正好注完，为使软土搅拌均匀，应再次将搅拌机边旋转边沉入土中，至设计加固深度后再将搅拌机提升出地面。f.清洗。向集料斗中注入适量清水，开启灰浆泵，清除全部管线中残存的水泥浆，将黏附在搅拌头上的软土清除干净。g.移至下一桩位，重复上述步骤，继续施工。

③浇筑混凝土。防渗墙混凝土浇筑是在泥浆下进行的，它除满足一般混凝土的要求外，还要满足以下两个要求：a.混凝土浇筑要连续均衡地上升；b.不允许泥浆和混凝土掺混形成泥浆夹层。

**3. 塑性混凝土防渗墙**

塑性混凝土防渗墙具有结构可靠、防渗效果好的特点，能适应多种不同的地质条件，修建深度大，施工时几乎不受地下水位的影响。

塑性混凝土防渗墙的基本形式是槽孔型，它是由一段段槽孔套节而成的地下墙，施工分两期进行，先施工的为一期槽孔，后施工的为二期槽孔，一、二期槽孔套接成墙。防渗墙的施工程序：造孔前的准备工作、泥浆固壁造孔、终孔验收和清孔换浆、泥浆下混凝土浇筑等。

①造孔前的准备工作。造孔前的准备工作包括测量放线、确定槽孔长度、设置导向槽和辅助作业。

②泥浆固壁造孔。由于土基比较松软，为了防止槽孔坍塌，造孔时应向槽孔内灌注泥浆，维持孔壁稳定。注入槽孔内的泥浆除起固壁作用外，在造孔过程中还起悬浮泥土和冷却、润滑钻头的作用，渗入孔壁的泥浆和胶结在孔壁上的泥皮还有防渗作用。造孔用的泥浆可用黏土或膨润土与水按一定比例配制。

③终孔验收和清孔换浆。造孔后应做好终孔验收和清孔换浆工作。造孔完毕后，孔内泥浆特别是孔底泥浆常含有大量的土石渣，影响混凝土的浇筑质量。因此，在浇筑前必须进行清孔换浆，以清除孔底的沉渣。

④泥浆下混凝土浇筑。泥浆下混凝土浇筑的特点：不允许泥浆与混凝土掺混形成泥浆夹层；确保混凝土与不透水地基以及一、二期混凝土之间的良好结合；连续浇筑，一气呵成。开始浇筑前要在导管内放入一个直径较导管内径略小的导注塞（皮球或木球），通过受料斗向导管内注入适量的水泥砂浆，借水泥砂浆的重力将导注塞压至孔底，并将管内泥浆排出孔外，导注塞同时浮出泥浆液面。然后连续向导管内输送混凝土，

保证导管底口埋入混凝土中的深度不小于 1m，但不超过 6m，以防泥浆掺混和埋管。浇筑时应遵循先深后浅的顺序，即从最深的导管开始，由深到浅依次开浇，待全槽混凝土面浇平后，再全槽均衡上升，混凝土面上升速度不应小于 2m/h，相邻导管处混凝土面高差应控制在 0.5m 以内。

## 二、岩基处理

岩基的一般地质缺陷，经过开挖和灌浆处理后，地基的承载力和防渗性能都可以得到不同程度的改善。但对于一些比较特殊的地质缺陷，如断层破碎带、缓倾角的软弱夹层、层理以及岩溶地区较大的空洞和漏水通道等，如果这些缺陷部位的埋深较大或延伸较远，采用开挖处理在技术上就不太可能，在经济上也不合算，常须针对工程具体条件，采取一些特殊的处理措施。

### （一）断层破碎带处理

因地质构造形成的破碎带，有断层破碎带和挤压破碎带两种。经过地质错动和挤压，其中的岩块极易破碎，且风化强烈，常夹有泥质充填物。对于宽度较小或闭合的断层破碎带，如果延伸不深，常采用开挖和回填混凝土的方法进行处理。即将一定深度范围内的断层和破碎风化岩层清理干净，直到新鲜岩基露出，然后回填混凝土。如果断层破碎带需要处理的深度很大，为克服深层开挖的困难，可以采用大直径钻头（直径在 1m 以上）钻孔，到需要深度后再回填混凝土。

对于埋深较大且为陡倾角的断层破碎带，在断层出露处回填混凝土，形成混凝土塞（取断层宽度的 1.5 倍），必要时可沿破碎带开挖斜井和平洞，回填混凝土，与断层相交一定长度，组成抗滑塞群，并有防渗帷幕穿过，组成混合结构。

### （二）岩溶处理

岩溶是可溶性岩层长期受地表水或地下水的溶蚀和溶滤作用后，产生的一种自然现象。

由岩溶现象形成的溶槽、漏斗、溶洞、暗河、岩溶湖、岩溶泉等地质缺陷，削弱了基岩的承载能力，形成了漏水的通道。处理岩溶的主要目的是防止渗漏，保证蓄水，提高坝基的承载能力，确保大坝的安全稳定。

对坝基表层或较浅的地层，可开挖、清除后再填充混凝土；对松散的大型溶洞，可对洞内进行高压旋喷灌浆，使填充物和浆液混合，连成一体，提高松散物的承受能力；对裂缝较大的岩溶地段，用群孔冲洗，之后用高压灌浆对裂缝进行填充。

对岩溶的处理可采取堵、铺、截、围、导、灌等措施。堵就是堵塞漏水的洞眼；铺就是在漏水的地段做铺盖；截就是修筑截水墙；围就是将间歇泉、落水洞等围住，使之与库水隔开；导就是将建筑物下游的泉水导出建筑物；灌就是进行固结灌浆和帷幕灌浆。

### （三）软弱夹层处理

软弱夹层是指基岩层面间或裂隙面中间强度较低、已经泥化或容易泥化的夹层。其受到上部结构荷载作用后，很容易产生沉陷变形和滑动变形。软弱夹层的处理方法视夹层产状和地基的受力条件而定。

对于陡倾角软弱夹层，如果没有与上下游河水相通，可在断层入口进行开挖，回填混凝土，提高地基的承载力；如果夹层与库水相通，除对坝基范围内的夹层开挖回填混凝土外，还要对夹层渗入部位进行封闭处理；对于坝肩部位的陡倾角软弱夹层，主要是防止不稳定岩石滑塌，需进行必要的锚固处理。

对于缓倾角软弱夹层，如果夹层埋藏不深，开挖量不是很大，最好进行彻底挖除；如果夹层埋藏较深，当夹层上部有足够的支撑岩体能维持基岩稳定时，可只对上游夹层进行挖除，回填混凝土，进行封闭处理。

### （四）岩基锚固

岩基锚固是用预应力锚束对基岩施加预压应力的一种锚固技术，达到加固和改善地基受力条件的目的。

对于缓倾角软弱夹层，当夹层分布较浅、层数较多时，可设置钢筋混凝土桩和预应力锚索进行加固。在基础范围内，沿夹层自上而下钻孔或开挖竖井，穿过几层夹层，浇筑钢筋混凝土，形成抗剪桩。在一些工程中采用预应力锚固技术加固软弱夹层，效果明显。其形式有锚筋和锚索，可对局部及大面积地基进行加固。

在水利水电工程中，利用锚固技术可以解决以下几方面的问题。

①高边坡开挖时锚固边坡。

②坝基、岸坡抗滑稳定加固。

③锚固建筑物，改善受力条件，提高抗震性能。

④大型洞室支护加固。

⑤混凝土建筑物的裂缝和缺陷修补锚固。

⑥大坝加高加固。

# 第二节　岩基灌浆

## 一、灌浆所需的材料与器械

### （一）材料

1. 水泥

灌浆所采用的水泥品种根据灌浆目的和环境水的侵蚀作用而定。一般情况下，多用普通硅酸盐水泥或硅酸盐大坝水泥。当在腐蚀性环境下时，要用抗酸水泥。使用矿渣硅酸盐水泥或火山灰质硅酸盐水泥灌浆时，应得到设计许可。

回填灌浆时水泥强度等级不低于 32.5 级，接缝灌浆时水泥强度等级不低于 52.5 级，水泥必须符合质量标准，应严格防潮。

水泥颗粒的粗细对浆液进入裂缝中有很大的影响。水泥颗粒越细，则灌浆的浆液越容易进入细小的裂缝中，更贴切地将裂缝融合好。帷幕灌浆对水泥细度的要求为通过 80 μ m 方孔筛的筛余量不大于 5%，当缝隙张开度小于 0.5mm 时，对水泥细度的要求为通过 71 μ m 方孔筛的筛余量不大于 2%。

2. 浆液

因为地质和水文条件对裂缝的影响不同，对不同的裂缝除用水泥灌浆外，还可使用下列类型的浆液。

①细水泥浆液。细水泥浆液包括干磨水泥浆液、湿磨水泥浆液和超细水泥混合浆液，适用于缝隙张开度小于 0.5mm 的灌浆。

②膏状浆液。膏状浆液是塑性屈服强度大于 20Pa 的混合浆液，适用于大孔隙（如岩溶空洞、岩体宽大裂隙、堆石体等）的灌浆。

③稳定浆液。稳定浆液是掺有少量稳定剂，析水率不大于 5% 的水泥浆液，适用于遇水后性能易恶化或注入量较大的缝隙灌浆。

④混合浆液。混合浆液是掺有掺合料的水泥浆液，适用于注入量大或地下水流速较大的缝隙灌浆。

⑤化学浆液。当采用以水泥为主要胶结材料的浆液灌注达不到地基预期防渗效果或承载能力时，可采用符合环境保护要求的化学浆液灌注。化学灌浆是用硅酸钠或高分子材料为主剂配制浆液进行灌浆的工程措施。

3. 掺合料

根据灌浆需要，可在水泥浆液中掺入沙、黏性土、粉煤灰或铝粉等外加剂，可起到减水或速凝作用。质地坚硬的天然沙或人工沙，其粒径不宜大于 2.5mm，细度模数不宜大于 2.0，$SO_3$ 含量宜小于 1%，含泥量不宜大于 3%，有机物含量不宜大于 3%。粉煤灰要精选，不宜粗于同时使用的水泥，烧失量宜小于 8%，$SO_3$ 含量宜小于 3%。水玻璃的模数宜为 2.4 ～ 3.0。

### （二）器械

灌浆孔是为使浆液进入灌浆部位而钻设的孔道，需要用钻孔机械进行钻孔。常用的钻孔机械有回转冲击式钻机、液压回转冲击式钻机或液压回转式钻机。液压回转式钻机，钻头压削、钻进速度较快，受孔深、孔向、孔径和岩石硬度的限制较少，软硬岩均可，又可以取岩芯，常用来钻几十米甚至百米以上的深孔。

应在分析地层特性、灌浆深度、钻孔孔径和方向、对岩芯的要求、现场施工条件等因素后，选定钻孔机械。一般宜选机体轻便、结构简单、运行可靠、便于拆卸的机械。帷幕灌浆孔宜采用回转冲击式钻机和金刚石钻头或硬质合金钻头钻进，固结灌浆可采用各种适宜的钻机和钻头钻进。

钻孔质量直接影响灌浆的质量。对于钻孔质量，总的要求是确保孔位、孔向、孔深符合设计及误差要求，力求孔径上下均一，孔壁平顺，钻孔中产生的粉屑较少。

①孔位要统一编号，帷幕灌浆钻孔位置与设计位置的偏差不得大于 10cm。

②孔向和孔深是保证灌浆质量的关键。灌浆孔有直孔和倾斜孔两种。孔向的控制比较困难，特别是钻深孔、斜孔，掌握钻孔方向更加困难。对小于 40° 的裂缝可以打直孔。孔深即钻杆的钻进深度，比较容易控制。一般情况下，孔底最大允许偏差值不超过孔深的 2.5%。

③孔径与岩石情况和钻孔深度等有密切的关系。均一的孔径和平滑的孔壁能够使灌浆栓塞卡紧、卡牢，更好地保证灌浆的压力和质量。钻孔中产生过多的粉屑，会堵塞孔壁的裂隙，影响灌浆质量。帷幕灌浆孔宜采用较小的孔径。

各灌浆孔都是采用逐步加密的施工顺序：先对第一序孔进行钻孔，灌浆后再依次对第二序孔钻孔。后序灌浆孔可作为前序灌浆孔的检查孔。

## 二、灌浆施工

### （一）钻孔冲洗

钻孔以后，要将钻孔孔壁及岩石裂隙冲洗干净，孔内沉积物厚度不得超过 20cm，这样才能较好地保证灌浆质量。钻孔冲洗工作通常分为孔壁冲洗和裂隙冲洗，可采用灌浆泵（或泥浆泵）、砂浆泵和冲洗管。

**1. 孔壁冲洗**

将钻杆（或导管）下到孔底，用钻杆前端的大流量压力水自下而上冲洗，冲至回水干净后继续冲洗 5~10min。

**2. 裂隙冲洗**

裂隙冲洗分为单孔冲洗和群孔冲洗，在卡紧灌浆栓塞后进行。单孔冲洗仅能冲掉钻孔周围很小范围内的填充物，适用于裂隙较少的岩层，冲洗方法有高压水冲洗、高压脉动冲洗和压气扬水冲洗。群孔冲洗适用于岩层破碎、节理裂隙发育以致在钻孔之间互相连通的地层。

①单孔冲洗。

a. 高压水冲洗。利用高压原理将裂隙中的充填物推移、压实，达到回水完全清洁。冲洗水的压力一般为灌浆压力的 80%，待回水清洁后，保持流量并稳定 20min 即可。

b. 高压脉动冲洗。利用高低压的脉冲反复冲洗，高压为灌浆压力的 80%，低压为零。用高压冲洗 5~10min 后，瞬间将高压变为低压，形成反向脉动水流，将裂隙中的充填物带出，当回水由浑变清后，再将压力变为高压，如此反复冲洗。待回水不再浑浊后，持续冲洗 10 ~ 20min 即可。压力差越大，冲洗效果越好。

c. 压气扬水冲洗。利用水管中水流的巨大压力和压缩空气的释压膨胀作用，将孔中杂物冲出孔口。该方法一般适用于地下水位较高、补给水充足的洞孔。

②群孔冲洗。

将钻孔连通的钻孔组成孔组，轮换着向一个孔或几个孔压进压力水或压缩空气，让其从其余的孔中排出浊水，如此反复交替冲洗，至回水不再浑浊。群孔冲洗时，沿孔深的冲洗段数不宜过多。否则，将会分散冲洗压力和冲洗水的水流量，还会出现水量总在先贯通的裂隙中流动，而其他裂隙冲洗不干净的情况。

对于群孔冲洗，可以不分顺序，而对群孔同时灌浆。不论采用哪一种冲洗方法，都可以在冲洗液中加入适量的化学剂，如碳酸钠（$Na_2CO_3$）、氢氧化钠（NaOH）或碳酸氢钠（$NaHCO_3$）等，以利于泥质充填物的溶解，提高冲洗效果。加入化学剂的品种和掺量宜通过试验确定。

## （二）压水试验

压水试验是在一定压力下，将水压入钻孔，根据岩层的吸水量（压入水量与压入时间）来确定岩体裂隙内部的结构情况和透水性的一种试验工作。压水试验的目的是测定地层的渗透特性，计算和分析代表岩层渗透特性的技术参数。

钻孔压水试验应随钻孔的加深自上而下地用单栓塞分段、隔离进行。岩石完整、孔壁稳定的孔段，或有必要单独进行试验的孔段，可采用双栓塞分段进行。

试验孔段长度和灌浆段长度一致，一般为 5m。对于含断层破碎带、裂隙密集带、岩溶洞穴等的孔段，应根据具体情况确定孔段长度。

对于相邻孔段应互相衔接，可少量重叠，但不能漏段。残留岩芯可计入试段长度之内。压水试验的压力依灌浆种类（帷幕灌浆或固结灌浆）、钻孔类型（先导孔、灌浆孔或质量检查孔）、灌浆压力和压水试验方法的不同，按规范规定值选用，但均应小于灌浆压力。

《水利水电工程钻孔压水试验规程》（SL 31—2003）规定：压水试验应按三级压力（P1=0.3mPa，P2=0.6mPa，P3=1mPa）、五个阶段［P1 → P2 → P3 → P4（=P2）→ P5（=P1）］进行。

要求在稳定的压力下，每 3 ~ 5min 测读一次压入流量。连续 4 次读数中最大值与最小值之差小于最终值的 10%，或最大值与最小值之差小于 1L/min 时，本阶段试验即可结束，取最终值作为计算值。

压水试验成果以透水率 q 表示，单位为 Lu（吕荣）。即当试段压力为 1mPa 时，每米试段为压入水流量（L/min）。若试段压力小于 1mPa，则按直线延伸方式换算。

压水试验成果按式（2.1）计算

$$q=Q/PL \tag{2.1}$$

式中：q 为透水率，Lu；Q 为压入流量，L/min；P 为试段压力，mPa；L 为试段长度，m。

以压水试验三级压力中的最大压力值（P）及其相应的压入流量（Q）代入式（2.1），即可求出透水率值。

## （三）灌浆

### 1. 灌浆方式

按照灌浆时浆液灌注和流动的特点，灌浆方式分为纯压式和循环式两种。

纯压式灌浆是将浆液注入钻孔及岩层缝隙里，一般不会逆流。这种方法设备简单，灌浆管不在灌浆段内，故不会发生灌浆管在孔内被水泥浆凝住的事故。缺点是灌浆段内的浆液单纯向岩层内压入，不能循环流动，灌注一段时间后，注入率逐渐减小，浆液易沉淀，常会堵塞裂隙口，影响灌浆效果。因此，纯压式灌浆多用于吸浆量大、裂隙大、孔深不超过 12m 的情况。

化学浆液是稀溶液，不易产生沉淀，可采用纯压式灌浆法。

循环式灌浆是将灌浆管下到灌浆段底部，距离段底不大于 50cm。一部分浆液被压入岩层缝隙里，另一部分由回浆管路返回拌浆桶中。这样可以促使浆液在灌浆段始终保持循环流动状态，不易产生沉淀。缺点是长时间灌注浓浆时，回浆管易被凝住。

2. 灌浆方法

对于一个孔洞，可以采用一次性灌浆法或分段灌浆法。

一次性灌浆法是指当灌浆孔的孔深小于6m且岩石较完整时，将灌浆孔一次钻到设计深度，全孔一次注浆。这种方法施工简便，但效果不是很好。

分段灌浆法是指当灌浆孔的孔深大于6m时，分段灌浆，分段的长度和顺序不同，对灌浆的质量影响不同。一般帷幕灌浆的分段长度为5~6m，根据地质条件的好坏可适当增加或降低。分段灌浆法可分为自上而下、自下而上、综合分段、孔口封闭四种方法，具体如下。

①自上而下分段灌浆法。该方法是自上而下钻一段，灌一段，凝一段，再钻灌下一段，钻、灌、凝交替进行，直至设计深度。这种方法的优点是：随着段深的增加，可以逐段增加灌浆压力，提高灌浆质量；由于上部岩层已经灌浆，形成固结体，下部岩层灌浆时不易产生岩层抬动和地面冒浆；分段进行压水试验的结果比较准确，有利于分析灌浆效果，估算灌浆材料需用量。其缺点是：钻孔与灌浆交替进行，设备搬移影响施工进度，钻孔和灌注的工作反复进行，且只有等每一段凝固以后才能进行下一段，使得施工时间延长；这种方法适用于地质条件不良、岩层破碎、竖向节理裂隙发育的情况。

②自下而上分段灌浆法。该方法是先将孔一次性钻到全深，然后自下而上分段灌浆。这种方法提高了钻机的工作效率，但灌浆压力不能太大。这种方法一般用在岩层比较完整或上部有足够压重、裂缝较少的情况。

③综合分段灌浆法。在实际工程中，通常是上层岩石破碎，下层岩石完整，因此，可以采取上部孔段自上而下钻灌，下部孔段自下而上灌浆。

④孔口封闭灌浆法。此法是把封闭器放在孔口，采用自上而下的灌浆方法对孔洞进行灌浆的一种方法。此法的优点是：孔内不需下入灌浆塞，施工简便，节省大量时间和人力；每段灌浆结束后，不需待凝，即可开始下一段的钻进，加快了进度；多次重复灌注，有利于保证灌浆质量；可以使用大的灌浆压力等。由于此方法具有以上优点，越来越多的工程开始采用这种方法灌浆。但是此法也存在一些不足，即孔口管不能回收、浪费钢材和压水试验不够准确等。

孔口封闭灌浆法适用于最大灌浆压力大于3mPa的帷幕灌浆工程。钻孔孔径宜为60mm左右。灌浆必须采用循环式自上而下分段灌浆方法。各灌浆段灌浆时必须下入灌浆管，管口距段底不得大于50cm。

3. 灌浆设备

循环灌浆法的灌浆设备有拌浆筒、灌浆泵、灌浆管、灌浆塞、回浆管、压力表和加水器。

拌浆筒由动力机带动搅拌叶片，拌浆筒上有过滤网。

灌浆泵的性能应与浆液类型、浆液浓度相适应，容许工作压力应大于最大灌浆压力的1.5倍，并应有足够的排浆量和稳定的工作性能。灌注纯水泥浆液，推荐使用3缸（或2缸）柱塞式灌浆泵；灌注砂浆应使用砂浆泵；灌注膏状浆液应使用螺杆泵。

灌浆管采用钢管和胶管应保证浆液流动畅通，并应能承受最大灌浆压力的1.5倍压力。压力表的准确性对灌浆质量至关重要，灌浆泵和灌浆孔口处均应安设压力表，使用压力宜在压力表最大标值的1/4~1/3。压力表与管路之间应设有隔浆装置，防止浆液进入压力表，并应经常进行检定。

灌浆塞应与灌浆方式、方法、灌浆压力和地质条件等相适应，胶塞（球）应具有良好的膨胀性和耐压性能，在最大灌浆压力下能可靠地封闭灌浆孔段，并且易于安装和拆卸。

当灌浆压力大于3mPa时，应采用高压灌浆泵（其压力摆动范围不超出灌浆压力的20%）、耐蚀灌浆阀门、钢丝编织胶管、大量程的压力表（其最大标值宜为最大灌浆压力的2.0~2.5倍）、专用高压灌浆塞（或孔口封闭器，小口径无塞灌浆用）等灌浆设备。

4. 灌浆压力

灌浆压力指将浆液注入灌浆部位所采用的压力值，它是对灌浆孔的中心点的作用力。

灌浆压力是保证和控制灌浆质量、提高灌浆效率的重要因素。灌浆压力与地质条件、孔深和工程目的密切相关，一般多是通过现场灌浆试验确定的。常在设计时通过公式计算或根据经验先行拟订，而后在灌浆过程中调整确定，这是确定灌浆压力的原则。一般情况下（不破坏基岩结构），压力越大，浆液喷射的距离就越远，灌浆效果就越好。

若采用循环式灌浆，压力表应安装在孔口回浆管路上；若采用纯压式灌浆，压力表应安装在孔口进浆管路上。压力表指针的摆动范围应小于灌浆压力的20%，压力读数宜读压力表指针摆动的中值。当灌浆压力达到5mPa及以上时，考虑瞬间高压也会在基岩中引起有害的劈裂，要读峰值，并应查找原因，然后加以解决。灌浆应尽快达到设计压力，但注入率大时，为了避免浆液串流过远造成浪费和防止抬动，应分级升压。

## （四）灌浆结束标准和封孔

1. 灌浆结束标准

①帷幕灌浆。当采用自上而下分段灌浆法时，在规定的压力下，当注入率不大于0.4L/min时，继续灌注60min；或注入率不大于1L/min时，继续灌注90min。当采用自下而上分段灌浆法时，继续灌注的时间可对应上述注入率，相应地减少为30min和60min。帷幕灌浆采用分段压力灌浆封孔法，因为帷幕灌浆的孔较深，在自上而下灌浆

结束后用浓浆自下而上再灌，按正常灌浆结束标准，灌完等待凝固，灌到距孔顶小于5m的距离，清理孔洞，用水泥砂浆封顶。

②固结灌浆。在规定的压力下，当注入率不大于0.4L/min时，继续灌注30min，灌浆可以结束。固结灌浆采用机械压浆封孔法，即灌浆结束后，把胶管伸入底部，用灌浆泵向孔内压入浓浆，直到孔内冒出积水。

**2. 灌浆封孔**

灌浆封孔是指灌浆结束停歇一定时间后用填充物填实孔口的工作。封孔工作非常重要，要求使用机械进行封孔，一般有以下四种封孔方法。

①机械压浆封孔法。全孔灌浆结束后，将胶管（或铁管）下到钻孔底部，用灌浆泵或砂浆泵经胶管向钻孔内泵入水灰比为0.5 ：1的水泥浆或水泥、沙子、水配合比为1 ：（0.5~1）：（0.75~1）的水泥砂浆。水泥浆或水泥砂浆由孔底逐渐上升，将孔内余浆或积水顶出，直到孔口冒出水泥浆或水泥砂浆为止。随着水泥浆或水泥砂浆由孔底逐渐上升，胶管也徐徐上升，但胶管管口要保持在浆面以下。

②压力灌浆封孔法。全孔灌浆结束后，将灌浆塞塞在孔口，灌入水灰比为0.5 ：1的水泥浆，灌入压力可根据工程具体情况确定。较深的帷幕灌浆孔可使用0.8~1mPa的压力，当注入率不大于1L/min时，继续灌注30min即可。

③置换和压力灌浆封孔法。置换和压力灌浆封孔法是上述两种方法的综合。先将孔内余浆置换成为水灰比为0.5 ：1的水泥浆，而后将灌浆塞塞在孔口，进行压力灌浆封孔。当采用孔口封闭灌浆法时，应使用这种方法封孔。当最下面一段灌浆结束后，利用原灌浆管灌入水灰比为0.5 ：1的水泥浆，将孔内余浆全部顶出，直到孔口冒出水泥浆。而后提升灌浆管，在提升过程中，严禁用水冲洗灌浆管，严防地面废浆和污水流入孔内，同时不断地向孔内补入0.5 ：1的水泥浆（在灌浆管全部提出后再补入也可）。最后，在孔口进行纯压式灌浆封孔1h，仍用0.5 ：1的水泥浆，压力可为最大灌浆压力。封孔灌浆结束后，闭浆24h。

④分段压力灌浆封孔法。全孔灌浆结束后，自下而上分段进行灌浆封孔，每段长15~20m，灌注水灰比为0.5 ：1的水泥浆，灌注压力与该段的灌浆压力相同，当注入率不大于1L/min时，继续灌注30min，在孔口段延续60min。灌注结束后，闭浆24h。采用上述各种方法封孔，若孔内浆液凝固后，灌浆孔上部空余长度大于3m，应采用机械压浆法继续封孔；灌浆孔上部空余长度小于3m时，可使用更浓的水泥浆或水泥砂浆人工封填密实。

# 第三节 基础与地基的锚固

## 一、锚固的优点

将受拉杆件的一端固定于岩（土）体中，另一端与工程结构物相连接，利用锚固结构的抗剪强度和抗拉强度，改善岩土的力学性质，增加抗剪强度，对地基与结构物起到加固作用的技术，称为锚固技术或锚固法。

锚固技术具有效果可靠、施工干扰小、节省工程量、应用范围广等优点，在国内外得到了广泛的应用。在水利水电工程施工中，锚固技术主要应用于以下几个方面。

①高边坡开挖时锚固边坡。

②坝基、岸坡抗滑稳定加固。

③大型洞室支护加固。

④大坝加高加固。

⑤锚固建筑物，改善应力条件，提高抗震性能。

⑥建筑物裂缝、缺陷等的修补和加固。

可供锚固的地基不仅限于岩石，还可在软岩、风化层，以及沙卵石、软黏土等地基中应用。

## 二、锚固施工工艺流程

锚固施工工艺流程如图 2-1 所示。

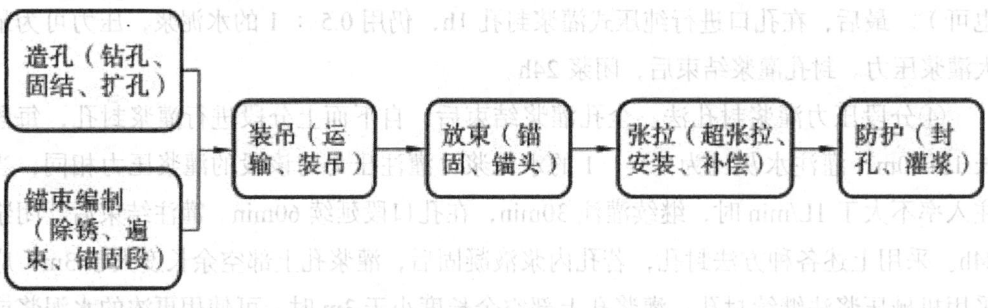


图 2-1 锚固施工工艺流程

## 三、锚固结构及锚固方法

锚固结构一般由内锚固段（锚根）、自由段（锚束）、外锚固段（锚头）组成。内锚固段是必须有的，其锚固长度及锚固方式取决于锚杆的极限抗拔能力，锚头设置与否、自由段的长度大小取决于是否要施加预应力及施加的范围，整个锚杆的配置取决于锚杆的设计拉力。

## （一）内锚固段（锚根）

内锚固段即锚杆深入并固定在锚孔底部扩孔段的部分，要求能保证对锚束施加预应力。按固定方式分为黏着式和机械式。

### 1. 黏着式锚固段

按锚固段的胶结材料是先于锚杆填入，还是后于锚杆灌浆，黏着式锚固方法可分为填入法和灌浆法。胶结材料有高强水泥砂浆、纯水泥浆、化工树脂等。在天然地层中，锚固方法多以钻孔灌浆为主，该方法锚固的锚杆称为灌浆锚杆。施工工艺有常压灌浆、高压灌浆、预压灌浆、化学灌浆和许多特殊的锚固灌浆技术。目前，国内多用水泥砂浆灌浆。

### 2. 机械式锚固段

利用特制的三片钢齿状夹板的倒楔作用，将锚固段根部挤固在孔底，称为机械锚杆。

## （二）自由段（锚束）

锚束是承受张拉力，对岩（土）体起加固作用的主体。锚束采用的钢材与钢筋混凝土中的钢筋相同，注意应具有足够大的弹性模量以满足张拉的要求。宜选用高强度钢材，降低锚杆张拉要求的用钢量，但不得在预应力锚束上使用两种不同的金属材料，避免因异种金属长期接触发生化学腐蚀。锚束常用材料可分为以下两大类：

### 1. 粗钢筋

我国常用粗钢筋为热轧光面钢筋和变形（调质）钢筋。变形钢筋可增强钢筋与砂浆的握裹力。钢筋的直径常为25~32mm，其抗拉强度标准值按《混凝土结构设计规范（2015年版）》（GB 50010—2010）的规定采用。

### 2. 锚束

锚束通常由高强钢丝、钢绞线组成。其规格按《预应力混凝土用钢丝》（GB/T 5223—2014）与《预应力混凝土用钢绞线》（GB/T 5224—2014）选用。高强钢丝能够密集排列，多用于大吨位锚束，适用于混凝土锚头、镦头锚及组合锚等。钢绞线便于编束、锚固，但价格较高，锚具也较贵，多用于中小型锚束。

## （三）外锚固段（锚头）

锚头是实施锚束张拉并予以锁定，以保持锚束预应力的构件，即孔口上的承载体。锚头一般由台座、承压垫板和紧固器三部分组成。每个工点的情况不同，设计拉力也不同，必须进行具体设计。

1. 台座

预应力承压面与锚束方向不垂直时，用台座调正并固定位置，可以防止应力集中。台座用型钢或钢筋混凝土做成。

2. 承压垫板

台座与紧固器之间使用承压垫板，能使锚束的集中力均匀地分散到台座上。一般采用 20~40mm 厚的钢板。

3. 紧固器

张拉后的锚束，通过紧固器的紧固作用，与垫板、台座、构筑物贴紧锚固成一体。钢筋的紧固器采用螺母、专用的连接器或压熔杆端等。钢丝或钢绞线的紧固器可使用楔形紧固器（锚圈与锚塞或锚盘与夹片）或组合式锚头装置。

## 第四节　其他地基处理方法

### 一、高压喷射灌（注）浆法

高压喷射灌（注）浆法在我国又称旋喷法，是 20 世纪 70 年代初期引进开发的一种地基加固技术，如今已得到广泛的应用。众所周知，有一种传统的静压注浆法，是用压力将固化剂（水泥类、化学类）注入土体的孔隙，进行地基加固的。这种方法主要适用于沙类土，也可用于黏性土。但在很多情况下，受土层和土性的影响，其加固效果不易人为控制，尤其是在沉积的分层地基和夹层多的地基中，注浆往往沿着层面流动，还难以渗入细颗粒土的孔隙中，所以经常出现加固效果不明显的情况。

高压喷射注浆法克服了上述注浆法的缺点，将注浆形成高压喷射流，切削土体并与固化剂混合，达到改良土质的目的。

化学注浆法和水泥注浆法主要适用于沙土、砾石，而高压喷射注浆法几乎适用于所有土。

高压喷射注浆法是利用钻机预成孔，或者驱动密封良好的喷射管及特制喷射头振动成孔，使喷射头下到预定位置，然后将浆液和空气、水用 15mPa 以上的高压，通过喷射管，由喷射头上的直径约为 2mm 的横向喷嘴向土中喷射。由于高压细束喷射流有强大的切削能力，因此喷射的浆液边切削土体，其余土粒在喷射流束的冲击力、离心力和重力等的综合作用下与浆液搅拌混合，并按一定的浆土比例和质量大小有规律地重新排列。待浆液凝固以后，在土内就形成一定形状的固结体。

固结体的形状与喷射流移动方向有关。目前，常见的注浆方式如下：

①旋转喷射，垂直提升，简称旋喷，可形成圆柱桩。

②定向喷射，垂直提升，简称定喷，可形成板墙。

③摆动喷射，垂直提升，简称摆喷，可形成扇形桩。

定喷多用于长桩，防渗墙的修筑宜采用定喷。摆喷可用于桩间防渗。用高压定喷注浆筑墙，形成墙体的平面形状，依据不同的定喷方向和喷嘴形式，可以有多种选择。根据喷射方法的不同，高压喷射注浆法可分为单管喷射法、二重管法和三重管法。

单管喷射法是通过单层喷射嘴将高压浆液向外喷射。

二重管法是用二层喷射嘴，将高压浆液和压缩空气同时向外喷射。浆液在四周有空气膜的条件下，加固范围扩大，加固直径可达 1m。

三重管法是一种水、气喷射，浆液灌注的方法，即用三层或三个喷射嘴，将高压水和压缩空气同时向外喷射，以割土体，并借助空气的上升力使一部分细小土粒冒出地面，与此同时，另一个喷射嘴将浆液以较低压力喷射到被切割、搅拌的土体中，加固直径可达 2m。二重管法和三重管法都是将浆液（或水）和压缩空气同时喷射，既可加大喷射距离，增大切割能力，又可促进废土的排出，提高加固效果。

## 二、振动水冲加固法

振动水冲加固法是利用机械振动和水力冲射加固土体的一种方法，也称为振动水冲法，简称振冲法。其最早用来振冲挤密松沙地基，提高承载力，防止液化。后来应用于黏性土地基振冲，以碎石、沙砾置换成桩体，提高承载力，减小沉降量。其按加固机理，分成振冲挤密和振冲置换两种。在实际应用中，挤密和置换常联合使用、互相补充，还可以加固垃圾、碎砖瓦和粉煤灰。《水利水电工程施工组织设计规范》（SL 303—2017）建议推广应用此法。

### （一）施工机具

振动水冲加固法的主要施工机具是振冲器，以及控制振冲器的吊机和水泵。振冲器的原理是由水封的电机通过联轴器带动偏心块旋转，产生一定频率和振幅的水平振动。压力水（压强 0.4 ~ 0.6mPa，流速 20 ~ 30m³/h）经过空心竖轴从振冲器下端喷口喷出，同时，产生振动和冲射。工作时，用吊机吊着振冲器，对准位置，开启电机和水阀，一边振动，一边射水，一边下沉振冲器，直达设计深度，形成振冲孔。必要时可向孔中投放填料或置换料，再通过振冲使之密实。

### （二）振冲加固原理

振冲挤密法加固土体和振冲置换法加固土体的原理不尽相同。

1. 振冲挤密法加固砂层的原理：①依靠振冲器的强力振动，使饱和砂体发生液化，砂粒重新排列，孔隙减少，砂法得到加密；②依靠振冲器的水平振动力，通过加填料使砂层挤压加密。

2. 振冲置换法加固软弱黏性土层，主要是通过振冲向振冲孔中投放碎石等坚硬的粗粒料，并经振冲密实，形成多根物理力学性能远优于原土层的碎石桩，桩与原土层一起构成复合地基。复合地基中的桩体，因能承担较大荷载而具有应力集中作用，因桩体的排水性能较好而促进了原土层的排水固结作用，并对整个复合土层起着应力扩散作用。这些作用，明显提高了复合地基的承载能力和抗滑稳定能力，降低了压缩性。

### （三）振冲挤密法

振冲挤密法加固土体的厚度可达 30m，一般在 10m 左右。振冲挤密法适用于砂性土、砂、细砾等松软土层。填料可用粗砂、砾石、碎石、矿渣或经破碎的废混凝土等，粒径为 0.5 ~ 5cm。对密实度较高的土层，振冲的技术经济效果将显著降低。

振冲孔的间距视振冲器的功率、特性及加固要求而定。使用 30kW 振冲器，间距一般为 1.8 ~ 2.5m；使用 75kW 振冲器，间距一般为 2.5 ~ 3.5m。砂的粒径越小，对密实度的要求就越高，则振冲孔的间距应越小。

振冲孔的布置有等边三角形或矩形两种，根据相关项目经验，认为对大面积土体的挤密处理，作等边三角形布置时，挤密效果较好。

振冲挤密工艺，对粉细砂地层，宜采用加填料的振冲挤密工艺；对中粗砂地层，可利用中粗砂自行塌陷，不加填料。

在施工过程中，处理好以下问题，有助于提高振冲挤密的质量：

1. 在下沉振冲器时，要适当控制造孔的速度，以保证孔周沙土有足够的振密时间，一般为 1 ~ 2m/min。

2. 要注意调节水量和水压，既要保证正常的下沉速度，又要避免大量土料的流失。

3. 要均匀连续地投放填料，使土层逐渐振冲挤密。在挤密过程中，振冲器会被迫输出更大的功率，以克服挤入填料的阻力，此时，电机的电流将逐渐上升。当电机电流升高到规定的控制值时，可将振冲器上提一段距离（30 ~ 50cm），这样可以使整个土层振密得更加均匀。

### （四）振冲置换法

振冲置换法适用于淤泥、黏性土层。振冲置换法形成碎石桩所用的桩料、孔的间距和平面布置等问题，与振冲挤密法的要求相似，故不再赘述。

振冲置换法与振冲挤密法投放填料的主要区别是，其采用间歇法投放桩料，主要原因是在黏性土层的振冲孔中，一边振冲一边连续投放桩料，不容易保证桩体的质量。

采用间歇法投放桩料，需在振冲器到达设计深度以上 30~50cm 时，停留 1 ~ 2min，借水流冲射使孔内泥浆变稀，称为清孔，然后将振冲器提出孔口，投入约1m高的桩料，再将振冲器沉入其中进行振冲，将桩料挤入土层。如果电机电流达不到规定值，则再提出振冲器，添投桩料，直到电流达到规定值。重复加桩料和振实工作，直到全孔形成桩体。振冲置换法所形成的碎石桩直径，与地层性质、桩材粒径和振冲器功率等因素有关，一般为0.8～1.2m。

振冲加固使用的设备简单，操作方便，工效较高，几分钟就可完成一个孔的造孔和回填工作。在设备条件允许时，还可将若干个振冲器组成一个振冲器组。

## 三、地基处理方法综述

地基处理是为提高地基的承载能力和抗渗能力，防止过量或不均匀沉陷，以及处理地基的缺陷而采取的加固、改进措施。

首先要说明，桩基是建筑中应用最多的人工复合地基之一。考虑到桩基已有较完整的理论，设计方法、施工工艺、现场监测都较成熟，相关成果很多，在地基处理方法的分类中，一般不包括各种桩基，也不把它作为一种地基处理方法介绍。另外，考虑到近年来低强度混凝土桩复合地基和钢筋混凝土复合地基技术发展较快，其荷载传递路线和计算理论也可归于复合地基范畴，在地基处理方法分类时将其纳入，并将其归至加筋部分。

地基处理方法的种类很多，目前，我国水利界尚未统一。按照加固地基的原理进行分类，除清基开挖法外，还将地基处理方法分为置换法、排水固结法、灌入固化物法、振密或挤密法、加筋法、冷热处理法、托换法、纠倾法共八种。

### 1. 置换法

置换法是用物理力学性质较好的岩土材料，置换天然地基中的部分或全部软弱土或不良土，形成双层地基或复合地基，以达到地基处理的目的。除前面讲过的浇筑混凝土防渗墙法、振冲置换法（或称振冲碎石桩法）外，还有垂直铺塑防渗墙法、振动成模注浆防渗板墙法、换土垫层法、挤淤置换法、褥垫法、强夯置换法、沙石桩（置换）法、石灰桩法和发泡聚苯乙烯（expandable polystyrene，EPS）超轻质料填土法等。

### 2. 排水固结法

排水固结法是通过土体在一定荷载作用下的固结，提高土体强度、减小孔隙比来达到地基处理的目的。当天然地基土渗透系数较小时，需设置竖向排水通道，以加速土体固结。常用的竖向排水通道有普通砂井、袋装砂井和塑料排水带等。按加载形式分类，主要包括加载预压法、超载预压法、真空预压法、真空预压与堆载预压联合作用法及降低地下水位法等，电渗法也可归为排水固结法。

3. 灌入固化物法

灌入固化物法是向岩土的裂隙和孔隙中灌入或拌入水泥、石灰或其他化学固化浆材，在地基中形成增强体，以达到地基处理的目的。除前面讲过的固结灌浆法、帷幕灌浆法、沙砾层灌浆法（以上均属渗入性灌浆法）、高压喷射注浆法外，还有深层搅拌法、劈裂灌浆法、压密灌浆法和电动化学灌浆法等，夯实水泥土桩法也可认为是灌入固化物法的一种。深层搅拌法又可分为浆液喷射深层搅拌法和粉体喷射深层搅拌法两种，后者又称为粉喷法。

4. 振密或挤密法

振密或挤密法是采用振动或挤密的方法使未饱和土密实，以达到地基处理的目的。主要包括表层原位压实法、强夯法、振冲密实法、挤密沙石桩法、爆破挤密法、土桩或灰土桩法、柱锤冲扩桩法、夯实水泥土桩法，以及近年发展的一些孔内夯扩桩法等。

5. 加筋法

加筋法是在地基中设置强度高、模量大的筋材，以达到地基处理的目的，包括在地基中设置混凝土桩形成复合地基。除前面讲过的锚固法外，加筋土法、树根桩法、低强度混凝土桩复合地基法和钢筋混凝土桩复合地基法等，也属于加筋法。

6. 冷热处理法

冷热处理法是通过冻结土体或焙烧、加热地基土体改变土体物理力学性质，以达到地基处理的目的。主要包括冻结法和烧结法两种。

7. 托换法

托换法是指对已有建筑物地基和基础进行处理的加固或改建手段。主要包括基础加宽托换法、墩式托换法、桩式托换法、地基加固法（包括灌浆托换和其他托换）以及综合托换法等。桩式托换法包括静压桩法、树根桩法及其他桩式托换法。静压桩法又可分为锚杆静压桩法和坑式静压桩法等。

8. 纠倾法

纠倾法是指对因沉降不均匀而造成倾斜的建筑物进行矫正的手段。主要包括加载迫降法、掏土迫降法、黄土浸水迫降法、顶升纠倾法、综合纠倾法等。

# 第三章 导截流工程设计施工

## 第一节 施工导流

### 一、导流设计流量的确定

#### （一）导流标准

确定导流设计流量是施工导流的前提和保证，只有在保证施工安全的前提下，才能进行施工导流。导流设计流量取决于洪水频率标准。

施工期遭遇洪水是一个随机事件。如果导流设计标准太低，则不能保证工程的施工安全；反之，则导流工程设计规模过大，不仅增加导流费用，而且可能因规模太大而无法按期完工，造成工程施工的被动局面。因此，导流设计标准的确定，实际上，是在经济性与风险性之间寻求平衡。

根据《水利水电工程施工组织设计规范》（SL 303—2017），在确定导流设计标准时，应先根据导流建筑物的保护对象、使用年限、失事后果和工程规模等因素，将导流建筑物确定为 3 ~ 5 级，具体按相关规定确定，并根据导流建筑物级别及导流建筑物类型确定导流标准。

当导流建筑物根据相关规定指标分属不同级别时，导流建筑物的级别应以其最高级别为准。但当列为 3 级导流建筑物时，至少应有两项指标符合要求；当不同级别的导流建筑物或同级导流建筑物的结构形式不同时，应分别确定洪水标准、堰顶超高值和结构设计安全系数；导流建筑物级别应根据不同的施工阶段按相关规定划分，同一施工阶段中的各导流建筑物的级别，应根据其不同作用划分；各导流建筑物的洪水标准必须相同，一般以主要挡水建筑物的洪水标准为准；当利用围堰挡水发电时，围堰级别可提高一级，但必须经过技术经济论证；当导流建筑物与永久性建筑物结合时，结合部分结构设计应采用永久性建筑物级别标准，但导流设计级别与洪水标准仍按相关规定执行。

当4 ~ 5级导流建筑物地基的地质条件非常复杂，或工程具有特殊要求必须采用新型结构，或失事后淹没重要厂矿、城镇时，其结构设计级别可以提高一级，但设计洪水标准不相应提高。

导流建筑物设计洪水标准应根据建筑物的类型和级别按相关规定选择，并结合风险度综合分析，使所选择标准经济合理。对失事后果严重的工程，要考虑对超标准洪水的应急措施。导流建筑物洪水标准在下述情况下，可采用相关规定中的上限值：

1. 河流水文实测资料系列较短（小于20年），或工程处于暴雨中心区。

2. 采用新型围堰结构形式。

3. 处于关键施工阶段，失事后，可能导致严重后果。

4. 工程规模、投资和技术难度的上限值与下限值相差不大。

5. 在导流建筑物级别划分中属于本级别上限。

当枢纽所在河段上游建有水库时，导流设计采用的洪水标准应考虑上游梯级水库的影响及调蓄作用。

过水围堰的挡水标准应结合水文特点、施工工期、挡水时段，经技术经济比较后，在重现期3 ~ 20年内选定。当水文系列较长（不小于30年）时，也可按实测流量资料分析选用。

过水围堰级别按各项指标以过水围堰挡水期情况作为衡量依据。围堰过水时的设计洪水标准，应根据过水围堰的级别和规定选定。当水文系列较长（不小于30年）时，也可按实测典型年资料分析并通过水力学计算或水工模型试验选用。

### （二）导流时段划分

导流时段就是按照导流程序划分的各施工阶段的延续时间。我国河流全年的流量变化过程分为枯水期、中水期和洪水期。在不影响主体工程施工的条件下，若导流建筑物只担负非洪水期的挡水泄水任务，显然可以大大减少导流建筑物的工程量，改善导流建筑物的工作条件，具有明显的技术经济效益。因此，合理划分导流时段，明确不同导流时段建筑物的工作条件，是安全、经济地完成导流任务的基本要求。

导流时段的划分与河流的水文特征、水工建筑物的形式、导流方案、施工进度有关。土坝、堆石坝和支墩坝一般不允许过水，当施工进度能够保证在洪水来临前完工时，导流时段可按洪水来临前的施工时段为标准，导流设计流量即洪水来临前的施工时段内按导流标准确定的相应洪水重现期的最大流量。但是当施工期较长，洪水来临前不能完工时，导流时段就要考虑以全年为标准，其导流设计流量就是以导流设计标准确定的相应洪水期的年最大流量。

山区型河流的特点是洪水期流量特别大，历时短，而枯水期流量特别小，因此水位变幅很大。若按一般导流标准要求设计导流建筑物，则须将挡水围堰修得很高或者泄水建筑物的尺寸设计得很大，这样显然是很不经济的。可以考虑采用允许基坑淹没的导流方案，即大水来时围堰过水，基坑被淹没，河床部分停工，待洪水退落、围堰挡水时再继续施工。因为基坑淹没引起的停工时间不长，施工进度依然能够得到保证，而导流总费用（导流建筑物费用与淹没基坑费用之和）又较少，所以比较合理。

## 二、施工导流方案的选择

水利枢纽工程的施工，从开工到完工，往往不是采用单一的导流方法，而是几种导流方法组合起来配合运用，以取得最佳的技术经济效果。例如，三峡工程采用分期导流方式，分三期进行施工，第一期，土石围堰围护右岸汊河，江水和船舶从主河槽通过；第二期，围护主河槽，江水经导流明渠泄向下游；第三期，修建碾压混凝土围堰拦断明渠，江水经泄洪坝段的永久深孔和 22 个临时导流底孔下泄。这种不同导流时段、不同导流方法的组合，通常称为导流方案。

导流方案的选择应根据不同的环境、目的和因素等综合确定。合理的导流方案，必须在周密地研究各种影响因素的基础上，拟订几个可行的方案，进行技术经济比较，从中选择技术经济指标优越的方案。

在选择导流方案时，应考虑以下几个方面的主要因素。

### （一）水文条件

水文条件是选择施工导流方案时应考虑的首要因素。全年河流流量的变化情况、每个时期的流量大小和时间长短、水位变化的幅度、冬季的流冰及冰冻情况等，都是影响导流方案的因素。一般来说，对于河床单宽流量大的河流，宜采用分段围堰法导流。对于枯水期较长的河流，可以充分利用枯水期安排工程施工。对于流冰的河流，应充分注意流冰宣泄问题，以免流冰壅塞，影响泄流，造成导流建筑物失事。

### （二）地质条件

河床的地质条件对导流方案的选择与导流建筑物的布置有直接影响。若河流两岸或一岸岩石坚硬且有足够的抗压强度，则有利于选用隧洞导流。如果岩石的风化层破碎，或有较厚的沉积滩地，则选择明渠导流。河流的窄深与导流方案的选择也有直接的关系。当河道窄时，其过水断面的面积必然有限，水流流过的速度增大。对于岩石河床，其抗冲刷能力较强。河床允许束窄程度甚至可达到 88%，流速增加到 7.5m/s，但覆盖层较厚的河床的抗冲刷能力较差，其束窄程度不到 30%，流速仅允许达到 3.0m/s。此外，围堰形式的选择、基坑是否允许淹没、能否利用当地材料修筑围堰等，也都与地质条件有关。

### （三）水工建筑物的形式及其布置

水工建筑物的形式和布置与导流方案相互影响，因此，在决定建筑物的形式和枢纽布置时，应该同时考虑并拟订导流方案，而在选定导流方案时，又应该充分利用建筑物形式和枢纽布置方面的特点。若枢纽组成中有隧洞、涵管、泄水孔等永久泄水建筑物，在选择导流方案时应尽可能利用。在设计永久泄水建筑物的断面尺寸及其布置位置时，也要充分考虑施工导流的要求。

就挡水建筑物的形式来说，土坝、土石混合坝和堆石坝的抗冲刷能力弱，除采取特殊措施外，一般不允许从坝身过水，多利用坝身以外的泄水建筑物（如隧洞、明渠等）或坝身范围内的泄水建筑物（如涵管等）来导流，这就要求在枯水期时将坝身抢筑到拦洪高程以上，以免水流漫顶，发生事故。对于混凝土坝，特别是混凝土重力坝，因其抗冲刷能力较强，允许流速达到25m/s，因此，不但可以通过底孔泄流，而且可以通过未完工的坝身过水，这样导流方案选择的灵活性会大大增加。

### （四）施工期间河流的综合利用

在施工期间，为了满足通航、筏运、渔业、供水、灌溉或水电站运转等的要求，导流问题的解决变得更加复杂。在通航河流上大多采用分段围堰法导流。要求河流在束窄以后，河宽仍能便于船只的通行，水深要与船只吃水深度相适应，束窄断面的最大流速一般不得超过2.0m/s。对于浮运木筏或散材的河流，在施工导流期间，要避免木材壅塞泄水建筑物或者堵塞束窄河床。在施工中后期，水库拦洪蓄水时，要注意满足下游供水、灌溉用水和水电站运行的要求，有时为了保证渔业的要求，还要修建临时的过鱼设施，以便鱼群洄游。

影响施工导流方案的因素有很多，但水文条件、地质条件、水工建筑物的形式及布置、施工期间河流的综合利用是应考虑的主要因素。河谷形状系数在一定程度上综合反映地形地质情况，当该系数较小时表明河谷窄深，地质多为岩石。

## 三、围堰

围堰是施工导流中的临时建筑物，围起建筑施工所需的范围，保证建筑物能在干地施工。在施工导流结束后，如果围堰对永久性建筑物的运行有妨碍等，应予以拆除。

### （一）围堰的分类

围堰按所使用材料的不同，可分为土石围堰、混凝土围堰、草土围堰、钢板桩格型围堰等。

围堰按与水流方向的相对位置，可分为大致与水流方向垂直的横向围堰和大致与水流方向平行的纵向围堰。

围堰按与坝轴线的相对位置，可分为上游围堰和下游围堰。

围堰按导流期间基坑淹没条件，可分为过水围堰和不过水围堰。过水围堰除需要满足一般围堰的基本要求外，还要满足堰顶过水的专门要求。

围堰按施工分期可分为一期围堰和二期围堰等。

在实际工程中，为了能充分反映某一围堰的基本特点，常以组合方式对围堰进行命名，如一期下游横向土石围堰、二期混凝土纵向围堰等。

## （二）围堰的基本形式

### 1. 不过水土石围堰

不过水土石围堰是水利水电工程中应用较广泛的一种围堰形式，断面与土石坝相仿，通常用土和石渣（或砾石）填筑而成。它能充分利用当地材料或废弃的土石方，构造简单，施工方便，对地形地质条件要求低，可以在动水中、深水中、岩基上或有覆盖层的河床上修建。

### 2. 混凝土围堰

混凝土围堰的抗冲刷能力与抗渗能力强，挡水水头高，断面尺寸较小，易于与永久性混凝土建筑物相连接，必要时还可以过水，因此应用比较广泛。在国外，采用拱形混凝土围堰的工程较多。在我国，贵州省的乌江渡、湖南省的凤滩等水利水电工程也采用过拱形混凝土围堰作为横向围堰，但多数以重力式围堰做纵向围堰，如我国的三门峡、丹江口、三峡工程的混凝土纵向围堰均为重力式混凝土围堰。

①拱形混凝土围堰。拱形混凝土围堰由于利用了混凝土抗压强度高的特点，与重力式混凝土围堰相比，断面较小，可节省混凝土工程量。拱形混凝土围堰一般适用于两岸陡峻、岩石坚实的山区河流，常采用隧洞及允许基坑淹没的导流方案。通常围堰的拱座是在枯水期的水面以上施工的。对围堰的基础处理，当河床的覆盖层较薄时，需进行水下清基；当河床的覆盖层较厚时，则可灌注水泥浆防渗加固。堰身的混凝土浇筑则要进行水下施工，在拱基两侧要回填部分沙砾料以便灌浆，形成阻水帷幕，因此难度较大。

②重力式混凝土围堰。采用分段围堰法导流时，重力式混凝土围堰往往可兼作第一期和第二期纵向围堰，两侧均能挡水，还能作为永久性建筑物的一部分，如隔墙、导墙等。纵向围堰需抵御高速水流的冲刷，一般均修建在岩基上。为保证混凝土的施工质量，一般可将围堰布置在枯水期出露的岩滩上。如果这样还不能保证干地施工，则通常需另修土石低水围堰加以围护。重力式混凝土围堰现在有普遍采用碾压混凝土浇筑的趋势，如三峡工程三期上游的横向围堰及纵向围堰均采用碾压混凝土浇筑。

重力式围堰可做成普通的实心式，与非溢流重力坝类似，也可做成空心式，如三门峡工程的纵向围堰。

3. 草土围堰

草土围堰是一种草土混合结构，用多种捆草法修筑，是人民长期与洪水作斗争的智慧结晶，至今仍用于黄河流域的水利水电工程中。例如，黄河的青铜峡、盐锅峡、八盘峡水电站和汉江的石泉水电站都成功地应用过草土围堰。

草土围堰施工简单，施工速度快，可就地取材，成本低，还具有一定的抗冲刷、防渗能力，能适应沉陷变形，可用于软弱地基；但草土围堰，不能承受较大水头，施工水深及流速也受到限制，草料还易于腐烂，一般水深不宜超过6m，流速不超过3.5m/s。草土围堰使用期约为两年。八盘峡工程修建的草土围堰最大高度达 17m，施工水深达 11m，最大流速 1.7m/s，堰高及水深突破了上述范围。

草土围堰适用于岩基或沙砾石基础。如河床大孤石过多，草土体易被架空，形成漏水通道，使用草土围堰时应有相应的防渗措施。细砂或淤泥基础易被冲刷，稳定性差，不适宜采用。

草土围堰断面一般为梯形，堰顶宽度为水深的 2~2.5 倍，若为岩基，可减小至水深的 1.5 倍。

## （三）围堰的平面布置

围堰的平面布置是一个很重要的问题。如果围护基坑的范围过大，就会使得围堰工程量大并且增加排水设备容量和排水费用；如果范围过小，又会妨碍主体工程施工，进而影响工期；如果分期导流的围堰外形轮廓不当，还会造成导流不畅，冲刷围堰及其基础，影响主体工程施工安全。

围堰的平面布置主要涉及堰内基坑范围确定和围堰轮廓布置两个问题。

堰内基坑范围主要取决于主体工程的轮廓及其施工方法。采用一次拦断的不分期导流时，基坑是由上、下游围堰和河床两岸围成的。采用分期导流时，基坑是由纵向围堰与上、下游横向围堰围成的。在上述两种情况下，上、下游横向围堰的布置都取决于主体工程的轮廓。通常围堰坡趾距离主体工程轮廓的距离不应小于 20m，以便布置排水设施和交通运输道路、堆放材料和模板等。至于基坑开挖边坡的坡度，则与地质条件有关。当纵向围堰不作为永久性建筑物的一部分时，围堰坡趾距离主体工程轮廓的距离一般不小于 2.0m，以便布置排水导流系统和堆放模板，如无此要求，则只需留 0.4 ~ 0.6m。

在实际工程中，基坑形状和大小往往是不相同的。有时可以利用地形来减小围堰的高度和长度；有时为照顾个别建筑物施工的需要，将围堰轴线布置成折线形；有时为了避开岸边较大的溪沟，也采用折线形布置。为了保证基坑开挖和主体建筑物的正常施工，基坑范围应当有一定富余。

## （四）堰顶高程

堰顶高程取决于导流设计流量及围堰的工作条件。

下游横向围堰堰顶高程可按式（3.1）计算：

$$Ed=hd+\delta \quad (3.1)$$

式中：Ed 为下游围堰的顶部高程，m；hd 为下游水位高程，m，可直接由天然河道水位流量关系曲线查得；δ 为围堰的安全超高，不过水围堰的安全超高，可根据相关规定查得，过水围堰的安全超高为 0.2 ～ 0.5m。

上游围堰的堰顶高程由式（3.2）确定：

$$Hd=hd+Z+ha+\delta \quad (3.2)$$

式中：Hd 为上游围堰的顶部高程，m；Z 为上、下游水位差，m；ha 为波浪高度，可参照永久性建筑物的有关规定和专业规范计算，一般情况可以不计，但应适当增加超高。其余参数含义同式（3.1）。

纵向围堰的堰顶高程应与堰侧水面曲线相适应。通常纵向围堰顶面做成阶梯形或倾斜状，其上、下游高程分别与所衔接的横向围堰同高程连接。

## （五）围堰防冲刷措施

全段围堰法导流的上、下游横向围堰，应使围堰与泄水建筑物进出口保持足够的距离；对于分段围堰法导流，围堰附近的流速、流态与围堰的平面布置密切相关。

当河床是由可冲性覆盖层或软弱破碎岩石所组成时，必须对围堰坡脚及河床进行防护，工程实践中采取的护脚措施主要有抛石护脚、柴排护脚及钢筋混凝土柔性排护脚三种。

### 1. 抛石护脚

抛石护脚施工简便，使用期较长时，抛石会随着堰脚及其基础的刷深而下沉，每年必须补充抛石，所需养护费用较大。抛石护脚的范围取决于可能产生的冲刷坑的大小。护脚长度大约为围堰纵向段长度的 1/2，纵向围堰外侧防冲护底的长度，根据相关工程的经验，可取为局部冲刷计算深度的 2~3 倍。经初步估算后，对于较重要的工程，仍应通过模型试验校核。

### 2. 柴排护脚

柴排护脚的整体性、柔韧性、抗冲刷性都较好。但是，柴排护脚需要大量柴筋，拆除较困难。沉排流速要求不超过 1m/s，需由人工配合专用船进行施工，多用于中、小型工程。

### 3. 钢筋混凝土柔性排护脚

因单块混凝土板易失稳而使整个护脚遭受破坏，故可将混凝土板块用钢筋串接成柔性排。当堰脚范围外侧的基础覆盖层被冲刷后，混凝土板块组成的柔性排可逐步随覆盖层冲刷而下沉，进而将堰脚覆盖层封闭，防止堰基进一步淘刷。

## 四、施工导流方法

施工导流的方法大体上分为两类：一类是全段围堰法导流（即河床外导流），另一类是分段围堰法导流（即河床内导流）。

### （一）全段围堰法导流

全段围堰法导流是在河床主体工程的上、下游各建一道拦河围堰，使上游来水通过预先修筑的临时或永久泄水建筑物（如明渠、隧洞等），泄向下游，主体建筑物在排干的基坑中进行施工，主体工程建成或接近建成时，再封堵临时泄水道。这种方法的优点是工作面大，河床内的建筑物在一次性围堰的围护下建造，若能利用水利枢纽中的永久泄水建筑物导流，可大大节约工程投资。

全段围堰法导流按泄水建筑物的类型不同可分为明渠导流、隧洞导流、涵管导流等。

#### 1. 明渠导流

为保证主体建筑物干地施工，在地面上挖出明渠使河道水流安全地泄向下游的导流方式称为明渠导流。

当导流量大，地质条件不适于开挖导流隧洞，河床一侧有较宽的台地或古河道，或者施工期需要通航、过木或排冰时，可以考虑采用明渠导流。

国内外工程实践证明，在导流方案比较过程中，当明渠导流和隧洞导流均可采用时，一般倾向于明渠导流，因为明渠开挖可采用大型设备，加快施工进度，对主体工程提前开工有利。

导流明渠布置分岸坡上和滩地上两种布置形式。导流明渠的布置一般应满足以下条件：

①导流明渠轴线的布置。导流明渠应布置在较宽台地、垭口或古河道一岸；渠身轴线要伸出上、下游围堰外，坡脚水平距离要满足防冲刷要求，一般为50~100m；明渠进出口应与上、下游水流相衔接，与河道主流的交角以30° 为宜；为保证水流畅通，明渠转弯半径应大于5倍渠底宽；明渠轴线布置应尽可能缩短明渠长度和避免深挖方。

②明渠进出口位置和高程的确定。明渠进出口布置力求不冲、不淤和不产生回流，可通过水力学模型试验调整进出口形状和位置，以达到这一目的；进口高程按截流设计选择，出口高程一般由下游消能控制；进出口高程和渠道水流流态应满足施工期通航、过木和排冰要求。在满足上述条件的前提下，应尽可能抬高进出口高程，以减少水下开挖量。

导流明渠结构布置应考虑后期封堵要求。当施工期有通航、过木和排冰要求时，若明渠较宽，可在明渠内预设闸门墩，以利于后期封堵。当施工期无通航、过木和排冰要求时，应于明渠通水前，将明渠坝段施工到适当高程，并设置导流底孔和坝体缺口，使二者联合泄流。

2. 隧洞导流

为保证主体建筑物干地施工，采用导流隧洞的方式宣泄天然河道水流的导流方式称为隧洞导流。

当河道两岸或一岸地形陡峻、地质条件良好、导流流量不大、坝址河床狭窄时，可考虑采用隧洞导流。

导流隧洞的布置一般应满足以下条件：

①隧洞轴线沿线地质条件良好，足以保证隧洞施工和运行的安全。隧洞轴线宜按直线布置，当有转弯时，转弯半径不小于 5 倍洞径（或洞宽），转角不宜大于 60°，弯道首尾应设直线段，长度不应小于 3~5 倍的洞径（或洞宽）；进出口引渠轴线与河流主流方向夹角宜小于 30°。

②隧洞间净距、隧洞与永久建筑物间距、洞脸与洞顶围岩厚度均应满足结构和应力要求。

③隧洞进出口位置应保证水力条件良好，并伸出堰外坡脚一定距离，一般距离应大于 50m，以满足围堰防冲刷要求。进口高程多由截流控制，出口高程由下游消能控制，洞底按需要设计成缓坡或急坡，避免形成反坡。

导流隧洞设计应考虑后期封堵要求，布置封堵闸门门槽及启闭平台设施。在条件允许的情况下，导流隧洞应与永久隧洞结合，以节省投资。一般高水头枢纽，导流隧洞只可能与永久隧洞部分相结合，中、低水头枢纽有可能全部相结合。

3. 涵管导流

涵管通常布置在河岸岩滩上，其位置在枯水位以上，这样可在枯水期不修围堰或只修一段围堰而先将涵管筑好，然后修上、下游全段围堰，将河水引经涵管下泄。

涵管一般是钢筋混凝土结构。当有永久涵管可以利用或修建隧洞有困难时，采用涵管导流是比较合理的。在某些情况下，可在建筑物基岩中开挖沟槽，必要时予以衬砌，然后封上混凝土或钢筋混凝土顶盖，形成涵管。利用这种涵管导流往往可以获得经济、可靠的效果。因为涵管的泄水能力较弱，一般用于导流流量较小的河流上或只用来担负枯水期的导流任务。

为了防止涵管外壁与坝身防渗体之间的渗流，通常在涵管外壁每隔一定距离设置截流环，以延长渗径，降低渗透坡降，减少渗流的破坏作用。此外，必须严格控制涵管外壁防渗体的压实质量。涵管管身的温度缝或沉陷缝中的止水措施必须认真施工。

## （二）分段围堰法导流

分段围堰法也称分期围堰法，是用围堰将建筑物分段、分期围护起来进行施工的方法。分段就是从空间上将河床围护成若干个干地施工的基坑段。分期就是从时间上将导流过程划分成几个阶段。导流的分期数和围堰的分段数并不一定相同，因为在同一导流分期中，建筑物可以在一段围堰内施工，也可以同时在不同段围堰内施工。但是段数分得越多，围堰工程量就越大，施工也越复杂；同样，期数分得越多，工期有可能拖得越长。在通常情况下采用二段二期导流法。

分段围堰法导流一般适用于河床宽阔、流量大、施工期较长的工程，尤其是通航河流和冰凌严重的河流。这种导流方法的费用较低，国内外一些大、中型水利水电工程应用较广。分段围堰法导流，前期由束窄的原河道导流，后期可利用事先修建好的泄水道导流，常见泄水道的类型有底孔、坝体缺口等。

### 1. 底孔导流

利用设置在混凝土坝体中的永久底孔或临时底孔作为泄水道，是二期导流经常采用的方法。导流时，让全部或部分导流流量通过底孔宣泄到下游，保证后期工程的施工。临时底孔在工程接近完工或需要蓄水时要加以封堵。

采用临时底孔时，底孔的尺寸、数目和布置要通过相应的水力学计算确定，其中底孔的尺寸在很大程度上取决于导流的任务（过水、过船、过木和过鱼）、水工建筑物结构特点和封堵用闸门设备的类型。底孔的布置要满足截流、围堰工程以及封堵的要求。若底坎高程布置较高，截流时落差就大，围堰也高，但封堵时的水头较低，封堵容易。一般底孔的底坎高程应布置在枯水位之下，以保证枯水期泄水。当底孔数目较多时，可把底孔布置在不同的高程，封堵时从最低高程的底孔堵起，这样可以减小封堵时所承受的水压力。底孔导流的优点：挡水建筑物上部的施工可以不受水流的干扰，有利于均衡连续施工，这对修建高坝特别有利。若坝体内设有永久底孔可以用来导流，更为理想。底孔导流的缺点：由于坝体内设置了临时底孔，钢材用量增加；如果封堵质量不好，会削弱坝体的整体性，有可能漏水；在导流过程中，底孔有被漂浮物堵塞的危险；封堵时由于水头较高，安放闸门及止水等均较困难。

### 2. 坝体缺口导流

在混凝土坝施工过程中，当汛期河水暴涨暴落，导流建筑物不足以宣泄全部流量时，为了不影响坝体施工进度，使坝体在涨水时仍能继续施工，可以在未建成的坝体上预留缺口，以便配合其他建筑物宣泄洪峰流量，待洪峰过后，上游水位回落，再继续修筑缺口。所留缺口的宽度和高度取决于导流设计流量、其他建筑物的泄水能力、建筑物的结构特点和施工条件。当采用底坎高程不同的缺口时，为避免高、低缺口单宽流量相差过大，产生高缺口向低缺口的侧向泄流，引起压力分布不均匀，需要适当控制高、低缺口间的高差。根据相关工程的经验，其高差以不超过 4m 为宜。

在修建混凝土坝，特别是大体积混凝土坝时，坝体缺口导流法因较为简单而常被采用。

底孔导流和坝体缺口导流一般只适用于混凝土坝，特别是重力式混凝土坝枢纽。至于土石坝或非重力式混凝土坝枢纽，应采用分段围堰法导流，并常与隧洞导流、明渠导流等河床外导流方式相结合。

## 五、导流泄水建筑物的布置

导流建筑物包括泄水建筑物和挡水建筑物。现在着重说明导流泄水建筑物布置与水力计算的有关问题。

### （一）导流隧洞的布置与设计

#### 1. 导流隧洞的布置

隧洞的平面布置主要指隧洞路线选择。影响隧洞布置的因素很多，选线时应特别注意地质条件和水力条件，一般可参照以下原则布置：

①隧洞轴线沿线地质条件良好，足以保证隧洞施工和运行的安全。应将隧洞布置在完整、新鲜的岩石中，为了防止隧洞沿线产生大规模塌方，应避免洞轴线与岩层、断层、破碎带平行，洞轴线与岩石层面的交角最好在45°以上。

②当河岸弯曲时，隧洞宜布置在凸岸，不仅可以缩短隧洞长度，而且水力条件较好。国内外许多工程均采用这种布置形式。但是也有个别工程的隧洞位于凹岸，使隧洞进口方向与天然水流方向一致。

③对于高流速无压隧洞，应尽量避免转弯。有压隧洞和低流速无压隧洞，如果必须转弯，则转弯半径应大于5倍洞径（或洞宽），转折角应不大于60°。在弯道的上下游应设置直线段过渡，直线段长度一般也应大于5倍洞径（或洞宽）。

④进出口与河床主流流向的夹角不宜太大，否则会造成上游进水条件不良，下游河道产生有害的折冲水流与涌浪。进出口引渠轴线与河流主流方向夹角宜小于30°。上游进口处的要求可酌情放宽。

⑤当需要采用两条以上的导流隧洞时，可布置在一岸或两岸。同一岸双线隧洞间的岩壁厚度一般不应小于开挖洞径的2倍。

⑥隧洞进出口距上下游围堰坡脚应有足够的距离，一般要求在50m以上，以满足围堰防冲刷要求。进口高程多由截流控制，出口高程由下游消能控制，洞底按需要设计成缓坡或急坡，避免形成反坡。

#### 2. 导流隧洞断面及进出口高程设计

隧洞断面尺寸取决于设计流量、地质和施工条件，洞径应控制在施工技术和结构安全允许范围内，目前国内单洞断面尺寸多在200m$^2$以下，单洞泄量不超过2000m$^3$/s。

隧洞断面形式取决于地质条件、隧洞工作状况（有压或无压）及施工条件，常用断面形式有圆形、马蹄形、方圆形。圆形多用于有压洞，马蹄形多用于地质条件不良的无压洞，方圆形有利于截流和施工。

在洞身设计中，糙率 n 的选择是十分重要的问题，糙率的大小直接影响到断面的大小，而衬砌与否、衬砌的材料和施工质量、开挖的方法和质量则是影响糙率的因素。一般混凝土衬砌隧洞的糙率为 0.014 ~ 0.025；不衬砌隧洞的糙率变化较大，光面爆破时为 0.025 ~ 0.032，一般炮眼爆破时为 0.035 ~ 0.044，设计时根据具体条件，查阅有关手册，选取设计的糙率。对重要的导流隧洞工程，应通过水工模型试验验证其糙率的合理性。

隧洞围岩应有足够的厚度，并与永久建筑物有足够的施工间距，以免永久建筑物受到基坑渗水和爆破开挖的影响。进洞处顶部岩层厚度通常为 1 ~ 3 倍洞径。进洞位置也可通过经济比较确定。

进出口底部高程应考虑洞内流态、截流、放木等要求。一般出口底部高程与河底齐平或略高，有利于洞内排水和防止淤积。对于有压隧洞，底坡在 1%~3% 居多，这样有利于施工和排水。无压隧洞的底坡主要取决于过流要求。

### （二）导流明渠的布置与设计

#### 1. 导流明渠的布置

导流明渠一般布置在岸坡上和滩地上。其布置要求如下：

①尽量利用有利地形，布置在较宽台地、垭口或古河道一岸，使明渠工程量最小，但伸出上下游围堰外坡脚的水平距离要满足防冲刷要求，一般为 50 ~ 100m；尽量避免渠线通过不良地质区段，特别应注意滑坡崩塌，保证边坡稳定，避免高边坡开挖。在河滩上开挖的明渠，一般需设置外侧墙，其作用与纵向围堰相似。外侧墙必须布置在可靠的地基上，并尽量能直接在干地上施工。

②明渠轴线应顺直，以使渠内水流顺畅平稳，应避免采用 S 形弯道。明渠进出口应分别与上下游水流相衔接，与主流流向的夹角以 30° 为宜。为保证水流畅通，明渠转弯半径应大于 5 倍渠底宽。对于软基上的明渠，渠内水面与基坑水面之间的最短距离应大于两水面高差的 2.5 倍，以免发生渗透破坏。

③导流明渠应尽量与永久明渠相结合。当枢纽中的混凝土建筑物在岸边布置时，导流明渠常与电站引水渠和尾水渠相结合。

④必须考虑明渠挖方的利用。国外有些大型导流明渠，出渣料均用于填筑土石坝，如巴基斯坦的塔贝拉导流明渠。

⑤防冲刷问题。在良好岩石中开挖出的明渠，可能无须衬砌，但应尽量减小糙率。软基上的明渠应有可靠的衬砌和防冲刷措施。有时为了尽量利用较小的过水断面以增

大泄流能力，即使是岩基上的明渠，也用混凝土衬砌。出口消能问题应受到特别重视。

⑥在明渠设计时，应考虑封堵措施。因为明渠施工是在干地进行的，所以应同时布置闸墩，方便导流结束时采用下闸封堵方式。个别工程对此考虑不周，不仅增加了封堵的难度，而且拖延了工期，影响整个枢纽按时发挥效益，应引以为戒。

2. 明渠进出口位置和高程的确定

进口高程按截流设计选择，出口高程一般由下游消能控制，进出口高程和渠道水流流态应满足施工期通航、过木和排冰要求。在满足上述条件的前提下，应尽可能抬高进出口高程，以减少水下开挖量。目的在于使明渠进出口不冲、不淤和不产生回流，还可通过水力模型试验调整进出口形状和位置。

3. 导流明渠断面设计

①明渠断面尺寸的确定。明渠断面尺寸由设计导流流量控制，并受地形、地质和允许抗冲刷流速影响，应按不同的明渠断面尺寸与围堰的组合，通过综合分析确定。

②明渠断面形式的选择。明渠断面一般设计成梯形，当渠底为坚硬基岩时，可设计成矩形，有时为满足截流和通航的目的，也可设计成复式梯形断面。

③明渠糙率的确定。明渠糙率直接影响明渠的泄水能力，而影响糙率的因素有衬砌的材料、开挖的方法、渠底的平整度等，可根据具体情况查阅有关手册确定，对大型明渠工程，应通过水力模型试验选取糙率。

## （三）导流底孔及坝体缺口的布置

1. 导流底孔的布置

早期工程的底孔通常布置在每个坝段内，称跨中布置。例如，三门峡工程，在一个坝段内布置两个宽 3m、高 8m 的方形底孔。新安江工程在一个坝段内布置一个宽 10m、高 13m 的门洞形底孔，进口处加设中墩，以减轻封堵闸门重量。另外，国内从柘溪工程开始，相继在凤滩、白山工程中采用骑缝布置（也称跨缝布置），孔口高宽比越来越大，钢筋耗用量显著减少。白山导流底孔为满足排水需要，进口不加中墩，且进口处孔高达 21m（孔宽 9m），设计成自动满管流进口。国外，也有些工程采用骑缝布置，如非洲的卡里巴工程、苏联的克拉斯诺亚尔斯克工程等。巴西的伊泰普工程则采用跨中与骑缝相间的混合布置，孔口宽 6.7m、高 22m。

导流底孔高程一般比最低下游水位低一些，主要根据通航、过木及截流要求，通过水力计算确定。导流底孔若为封闭式框架结构，其高程则需要结合基岩开挖高程和框架底板所需厚度综合确定。

2. 坝体预留缺口的布置

坝体预留缺口宽度与高程主要由水力计算确定。如果缺口位于底孔之上，孔顶板厚度应大于 3m。各坝块的预留缺口高程可以不同，但缺口高差一般以 4 ~ 6m 为宜。当坝体采用纵缝分块浇筑法，未进行接缝灌浆过水，且流量大、水头高时，应校核单个坝块的稳定性。

在轻型坝上采用缺口泄洪时，应校核支墩的侧向稳定性。

#### （四）导流涵管的布置

对导流涵管的水力问题，如管线布置、进口体形、出口消能等问题的考虑，均与导流底孔和隧洞相似。但是，涵管与底孔也有很大的不同，涵管被压在土石坝体下面，若布置不妥或结构处理不善，可能造成管道开裂、渗漏，导致土石坝失事。因此，在布置涵管时，还应注意以下几个问题：

①应使涵管坐落在基岩上。若有可能，宜将涵管嵌入新鲜基岩。大、中型涵管应有一半高度埋入基岩。有些中、小型工程，可先在基岩中开挖明渠，顶部加上盖板形成涵管。苏联的谢列布良电站，其涵管是在基岩中开挖出来的，枯水流量通过涵管下泄，第一次洪水导流同时利用涵管和管顶明渠下泄，当管顶明渠被土石坝拦堵后，下一次洪水则仅由涵管宣泄。

②涵管外壁与大坝防渗土料接触部位应设置截流环，以延长渗径，防止接触渗透破坏。环间距一般可取 10 ~ 20m，环高 1 ~ 2m，厚 0.5 ~ 0.8m。

③大型涵管断面也常用方圆形。若上部土荷载较大，顶拱宜采用抛物线形。

## 第二节　截流施工

### 一、截流的基本方法

河道截流有立堵法、平堵法、综合法、下闸法及定向爆破法等，基本方法为立堵法和平堵法两种。

#### （一）立堵法

立堵法截流是将截流材料从一侧戗堤或两侧戗堤向中间抛投进占，逐渐束窄河床，直至全部拦断。

立堵法截流不需架设浮桥，准备工作比较简单，造价较低，但截流时水力条件较为不利，龙口单宽流量较大，流速也较大，易造成河床冲刷，需抛投单个质量较大的截流材料。由于工作前线狭窄，抛投强度受到限制。立堵法截流适用于大流量、岩基或覆盖层较薄的岩基河床，对于软基河床，应先采取护底措施，然后才能使用。

### （二）平堵法

平堵法截流是沿整个龙口宽度全线抛投截流材料，抛投料堆筑体全面上升，直至露出水面，因此，合龙前必须在龙口架设浮桥。因为它是沿龙口全宽均匀地抛投，所以其单宽流量小，流速也较小，需要的单个材料的质量也较轻。沿龙口全宽同时抛投强度较大，施工速度快，但有碍于通航，因此，平堵法截流适用于软基河床、架桥方便且对通航影响不大的河流。

### （三）综合法

1. 立平堵法

为了既发挥平堵水力条件较好的优点，又降低架桥的费用，有的工程采用先立堵、后在栈桥上平堵的方法截流，即立平堵法。

2. 平立堵法

对于软基河床，单纯立堵易造成河床冲刷，可采用先平抛护底，再立堵合龙的方法截流，即平立堵法。平抛多利用驳船进行。青铜峡、丹江口、大化及葛洲坝和三峡工程在截流时均采用了该方法，且取得了满意的效果。由于护底均为局部性的，这类措施本质上属于立堵法截流。

## 二、截流日期及截流设计流量

截流年份应结合施工进度的安排来确定。截流年份内截流时段的选择，既要把握截流时机，选择在枯水流量、风险较小的时段进行，又要为后续的基坑工作和主体建筑物施工留有余地，以不影响整个工程的施工进度。在确定截流时段时，应考虑以下要求：

①截流以后，需要继续加高围堰，完成排水、清基、基础处理等大量基坑工作，并把围堰或永久建筑物在汛期到来前，抢修到一定高程以上。为了保证这些工作的完成，截流时段应尽量提前。

②在通航的河流上进行截流时，截流时段最好选择对航运影响较小的时段。因为在截流过程中，航运必须停止，即使船闸已经修好，但因截流时水位变化较大，亦须停航。

③在北方有冰凌的河流上，截流不应在流冰期进行。因为冰凌很容易堵塞河道或导流泄水建筑物，壅高上游水位，给截流带来极大困难。

综上所述，截流时段应根据河流水文特征、气候条件、围堰施工及通航、过木等因素综合分析确定。一般选在枯水期初且流量已有显著下降的时候。严寒地区应尽量避开河道流冰及封冻期。

截流设计流量是指某一确定的截流时段的截流流量，一般按频率法确定，根据已选定的截流时段，采用该时段内一定频率的流量作为设计流量。截流设计标准一般可采用截流时段重现期 5~10 年的月或旬平均流量。除频率法外，不少工程采用实测资料分析法。当水文资料系列较长，河道水文特性稳定时，这种方法可应用。

在大型工程截流设计中，通常多以选取一个流量为主，再考虑较大、较小流量出现的可能性，用几个流量进行截流计算和模型试验研究。对于有深槽和浅滩的河道，若导流建筑物布置在浅滩上，对截流的不利条件要特别进行研究。

## 三、龙口位置和宽度

龙口位置的选择与截流工作有密切关系。一般来说，龙口附近应有较宽阔的场地，以便布置截流运输线路和制作、堆放截流材料。它要设置在河床主流部位，方向力求与主流顺直，并选择在耐冲刷河床上，以免截流时因流速增大，引起过分冲刷。

原则上，龙口宽度应尽可能窄一些，这样可以减少合龙工程量，缩短截流延续时间，但应以不引起龙口及其下游河床的冲刷为限。

## 四、截流水力计算

截流水力计算的目的是确定龙口各水力参数的变化规律。它主要解决两个问题：①确定截流过程中龙口各水力参数，如单宽流量 q、落差 z 及流速 v 等的变化规律；②确定截流材料的尺寸或质量及相应的数量等。这样可以在截流前有计划、有目的地准备各种尺寸或质量的截流材料，规划截流现场的场地布置，选择起重、运输设备；在截流时，能预先估计不同龙口宽度的截流参数（如抛投截流材料的时间、地点、尺寸、质量、数量等）。

截流时的水量平衡方程见式（3.3）

$$Q0=Q1+Q2 \quad (3.3)$$

式中：Q0 为截流设计流量，$m^3/s$；Q1 为导流建筑物的泄流量，$m^3/s$；Q2 为龙口泄流量，可按宽顶堰计算，$m^3/s$。

随着截流戗堤的进占，龙口逐渐被束窄，因此经导流建筑物和龙口的泄流量是变化的，但二者之和恒等于截流设计流量。其变化规律为：开始时，大部分截流设计流量经龙口下泄，随着龙口断面不断被进占的戗堤所束窄，龙口上游水位不断上升，当上游水位高出导流建筑物以后，经龙口的泄流量就越来越小，经导流建筑物的泄流量则越来越大，龙口合龙闭气后，截流设计流量全部经由导流建筑物下泄。

# 第三节　施工排水

## 一、明式排水

### （一）初期排水

初期排水主要涉及基坑积水和围堰与基坑渗水两大部分。因为初期排水是在围堰或截流戗堤合龙闭气后，立即进行的，且枯水期的降雨量很少，一般可不予考虑。除积水和渗水外，有时还需考虑填方和基础中的饱和水。

初期排水渗流量原则上可按有关公式计算得出，但是，初期排水时的渗流量估算往往很难符合实际。因此，通常不单独估算渗流量，而将其与积水排除流量合并在一起，依靠经验估算初期排水总流量 Q，见式（3.4）

$$Q=Q_j+Q_s=kV/T \quad (3.4)$$

式中：$Q_j$ 为积水排除的流量，$m^3/s$；$Q_s$ 为渗水排除的流量，$m^3/s$；V 为基坑积水体积，$m^3$；T 为初期排水时间，s；k 为经验系数，主要与围堰种类、防渗措施、地基情况、排水时间等因素有关，根据国外一些工程的统计，k=4~10。

基坑积水体积 V 可根据基坑积水面积和积水深度计算，这是比较容易的，但是排水时间 T 的确定就比较复杂，排水时间主要受基坑水位下降速度的限制，基坑水位的允许下降速度视围堰种类、地基特性和基坑内水深而定。水位下降太快，围堰或基坑边坡中动水压力变化过大，容易引起坍坡；水位下降太慢，则影响基坑开挖时间。一般认为，土围堰的基坑水位下降速度应限制在 0.5 ~ 0.7m/ 昼夜，木笼及板桩围堰等基坑水位下降速度应小于 1.0m/ 昼夜。初期排水时间，大型基坑一般可采用 5 ~ 7d，中型基坑一般不超过 3d。

通常情况下，若填方和覆盖层体积不太大，在初期排水且基础覆盖层尚未开挖时，可以不必计算饱和水的排除。若需计算，可按基坑内覆盖层总体积和孔隙率估算饱和水总水量。在初期排水过程中，可以通过试抽法进行校核和调整，并为经常性排水计算积累一些必要资料。试抽时如果水位下降很快，则显然是所选择的排水设备容量过大，此时应关闭一部分排水设备，使水位下降速度符合设计规定。试抽时若水位不变，则显然是设备容量过小或有较大渗漏通道，此时应增加排水设备容量或找出渗漏通道予以堵塞，然后进行抽水。还有一种情况是，水位降至一定深度后就不再下降，这说明此时排水流量与渗流量相等，据此可估算出需增加的设备容量。

## （二）基坑排水

基坑排水要考虑基坑开挖过程中和开挖完成后修建建筑物时的排水系统布置，使排水系统尽可能不影响施工。

基坑开挖过程中的排水系统布置，应以不妨碍开挖和运输工作为原则。一般常将排水干沟布置在基坑中部，以利于两侧出土。随基坑开挖工作的推进，逐渐加深排水干沟和支沟。通常保持干沟深度为 1 ~ 1.5m，支沟深度为 0.3 ~ 0.5m。集水井多布置在建筑物轮廓线外侧，井底应低于干沟沟底，但是，由于基坑坑底高程不一，有的工程就采用层层设截流沟、分级抽水的办法，即在不同高程上分别布置截水沟、集水井和水泵站，进行分级抽水。建筑物施工时的排水系统通常布置在基坑四周。排水沟应布置在建筑物轮廓线外侧，且距离基坑边坡坡脚不小于 0.3m。排水沟的断面尺寸和底坡大小取决于排水量的大小，一般排水沟底宽不小于 0.3m，沟深不大于 1.0m，底坡不小于 0.2%。在密实土层中，排水沟可以不用支撑，但在松散土层中，需用木板或麻袋装石来加固。

为防止降雨时地面径流进入基坑而增加抽水量，通常在基坑外缘边坡上挖截水沟，以拦截地面水。截水沟的断面及底坡应根据流量和土质而定，一般沟宽和沟深不小于 0.5m，底坡不小于 0.2%，基坑外地面排水系统最好与道路排水系统相结合，以便自流排水。为了降低排水费用，当基坑渗水水质符合饮用水或其他施工用水要求时，可将基坑排水与生活、施工供水相结合。

## （三）经常性排水

经常性排水主要涉及围堰和基坑的渗水、降雨、地基岩石冲洗及混凝土养护用废水等。在设计中，一般考虑两种不同的组合，选出排水量较大的组合，用以选择排水设备。一种组合是渗水加降雨，另一种组合是渗水加施工废水。降雨和施工废水不必组合在一起，因为二者不会同时出现。

### 1. 降雨量的确定

在基坑排水设计中，对降雨量的确定尚无统一的标准。大型工程可采用 20 年一遇 3 d 降雨中最大的连续 6 h 雨量，再减去估计的径流损失值（1mm/h），作为降雨强度；也有的工程采用日最大降雨强度。基坑内的降雨量可根据上述内容计算降雨强度和基坑集雨面积求得。

### 2. 施工废水

施工废水主要考虑混凝土养护用水，其用水量估算应根据气温条件和混凝土养护的要求而定。一般初估时可按每立方米混凝土每次用水 5L、每天养护 8 次计算。

3. 渗透量计算

通常情况下，基坑渗透总量包括围堰渗透量和基础渗透量两大部分。在初步估算时，往往不可能获得较详尽且可靠的渗透系数资料，此时，可采用更简便的估算方法。当基坑在透水地基上时，可按照相关规定所列的参考指标来估算整个基坑的渗透量。

## 二、人工降低地下水位

在经常性排水过程中，为了保持基坑开挖工作始终在干地上进行，常常要多次降低排水沟和集水井的高程，变换水泵站的位置，影响开挖工作的正常进行。此外，在开挖细沙土、沙壤土类地基时，随着基坑底面的下降，坑底与地下水位的高差愈来愈大，在地下水渗透压力作用下，容易产生边坡脱滑、坑底隆起等事故，甚至危及邻近建筑物的安全，给开挖工作带来不良影响。

采用人工降低地下水位，可以改变基坑内的施工条件，防止流沙现象的发生，基坑边坡陡一些，可以大大减少挖方量。人工降低地下水位的基本做法是：在基坑周围钻设一些井，地下水渗入井中后，随即被抽走，使地下水位线降到开挖的基坑底面以下，一般应使地下水位降到基坑底面以下 0.5 ~ 1.0m。人工降低地下水位的方法按排水工作原理，可分为管井法和井点法两种。管井法是单纯重力作用排水，适用于渗透系数为 10 ~ 250m/d 的土层；井点法还附有真空或电渗排水的作用，适用于渗透系数为 0.1 ~ 50m/d 的土层。

### （一）管井法降低地下水位

管井法降低地下水位是在基坑周围布置一系列管井，管井中放入水泵的吸水管，在重力作用下流入井中的地下水即可用水泵抽走。用管井法降低地下水位时，须先设置管井，管井通常由钢管制成，在缺乏钢管时，也可用木管或预制混凝土管代替。井管的下部安装滤水管节（滤头），有时在井管外还需设置反滤层，地下水从滤水管进入井内，水中的泥沙则沉淀在沉淀管中。滤水管是井管的重要组成部分，其构造对井的出水量和可靠性影响很大。对滤水管的要求是：过水能力大，进入的泥沙少，有足够的强度和耐久性。

井管埋设可采用射水法、振动射水法及钻孔法。射水下沉时，先用高压水冲土下沉套管，较深时可配合振动或锤击（振动水冲法），然后在套管中插入井管，最后在套管与井管的间隙中间填反滤层和拔套管，反滤层每填高一次，便拔一次套管，逐层上拔，直至完成。

### （二）井点法降低地下水位

井点法降低地下水位是把井管和水泵的吸水管合二为一，简化了井的构造。井点法降低地下水位的设备，根据其降深能力分轻型井点（浅井点）和深井点等。其中，最常用的是轻型井点。轻型井点是由井管、集水总管、普通离心式水泵、真空泵和集水箱等设备所组成的排水系统。

轻型井点系统中地下水从井管下端的滤水管借真空泵和水泵的抽吸作用流入管内，沿井管上升汇入集水总管，流入集水箱，由水泵排出。轻型井点系统开始工作时，应先开动真空泵，排除系统内的空气，待集水井内的水面上升到一定高度后，再启动水泵排水。开始抽水后，为了保持系统内的真空度，仍需真空泵配合水泵工作。这种井点系统也叫真空井点。井点系统排水时，地下水位的下降深度取决于集水箱内的真空度与管路的漏气性和水位损失。一般集水箱内真空度为 80kPa，相当于吸水高度为 8m，扣除各种损失后，地下水位的下降深度为 4 ~ 5m。当要求地下水位降低的深度超过 5m 时，可以分层布置井点，每层控制范围为 3 ~ 4m，但以不超过 3 层为宜。分层太多，基坑范围内管路纵横，妨碍交通，影响施工，同时也会增加挖方量，而且当上层井点发生故障时，下层水泵能力有限，地下水位回升，基坑有被淹没的可能。

布置井点系统时，为了充分发挥设备能力，集水总管、集水管和水泵应尽量接近天然地下水位。当需要几套设备同时工作时，各套总管之间最好接通，并安装开关，以便相互支援。

井管一般用射水法下沉安装。距孔口 1.0m 范围内，应用黏土封口，以防漏气。排水工作完成后，可利用杠杆将井管拔出。

深井点与轻型井点不同，每一根井管上都装有扬水器（水力扬水器或压气扬水器），因此，它不受吸水高度的限制，有较大的降深能力。

深井点有喷射井点和压气扬水井点两种。

喷射井点由集水池、高压水泵、输水干管和喷射井管等组成。通常一台高压水泵能为 30 ~ 35 个井点服务，其最适宜的降水位范围为 5 ~ 18m。喷射井点的排水效率不高，一般用于渗透系数为 3 ~ 50m/d、渗流量不大的场合。

压气扬水井点是用压气扬水器进行排水。排水时压缩空气由输气管送来，由喷气装置进入扬水管，管内容重较轻的水气混合液在管外水压力的作用下，沿水管上升到地面排走。为达到一定的扬水高度，就必须将扬水管沉入井中足够的深度，以使扬水管内外有足够的压力差。压气扬水井点降低地下水位最大可达 40m。

# 第四节 施工度汛

## 一、坝体拦洪的标准

施工期坝体拦洪度汛包括两种情况：一种是坝体高程修筑到无须围堰保护或围堰已失效时的临时挡水度汛；另一种是导流泄水建筑物封堵后，永久泄洪建筑物已初具规模，但尚未具备设计的最大泄洪能力，坝体尚未完工时的度汛。这一施工阶段，通常称为水库蓄水阶段或大坝施工期运用阶段。此时，坝体拦洪度汛的洪水重现期标准取决于坝型及坝前拦洪库容。

## 二、拦洪高程的确定

一般导流泄水建筑物的泄水能力远不及原河道。入流和泄流洪水过程如图 3-1 所示。

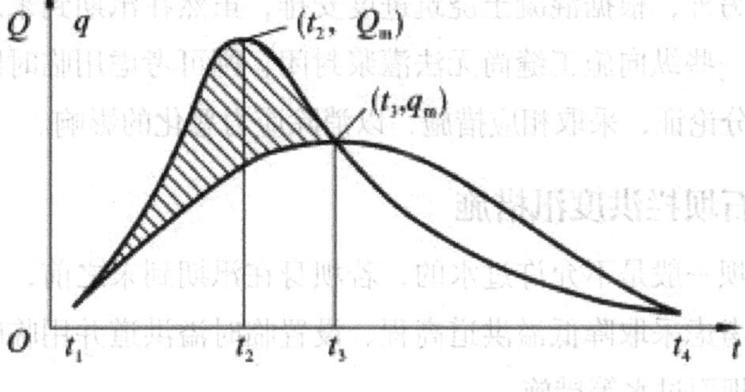


图 3-1 入流和泄流洪水过程

$t_1$—$t_2$ 时段，进入施工河段的洪水流量大于泄水建筑物的泄量，部分洪水暂时存蓄在水库中，上游水位抬高，形成一定容积的水库，此时泄水建筑物的泄量随着上游水位的升高而增大，达到洪峰流量 $Q_m$。$t_2$—$t_3$ 时段，入流量逐渐减少，但入流量仍大于泄量，蓄水量继续增大，水库水位继续上升，泄量 $q$ 也随之增加，直到 $t_3$ 时刻，入流量与泄量相等时，蓄水容积达到最大值，相应的上游水位也达到最高值，即坝体挡水或拦洪水位，泄水建筑物的泄量也达最大值 $q_m$，即泄水建筑物的设计流量。$t_3$ 时刻以后，$Q$ 继续减小，水库水位逐渐下降，$q$ 也开始减小，但水库水位较高，泄量 $q$ 仍较大，且大于入流量 $Q$，使水库存蓄的水量逐渐排出，直到 $t_4$ 时刻，蓄水全部排完，恢复到原来的状态。以上便是水库调节洪水的过程。

显然，由于水库的调节作用削减了通过泄水建筑物的最大泄量（由 $Q_m$ 削减为

$q_m$），但却抬高了坝体上游的水位，因此要确定坝体的挡水或拦洪高程，可以通过调洪计算，求得相应的最大泄量 $q_m$ 与上游最高水位。上游最高水位再加上安全超高便是坝体的挡水或拦洪高程，可用式（3.5）表示

$$Hf=Hm+\delta \quad (3.5)$$

式中：Hf 为挡水或拦洪高程，m；Hm 为上游最高水位，m；δ 为安全超高，m，δ 依据坝的级别而定，1 级 δ ≥ 1.5m，2 级 δ ≥ 1.0m，3 级 δ ≥ 0.75m，4 级 δ ≥ 0.5m。

## 三、拦洪度汛措施

若汛期到来之前，坝体不可能修筑到拦洪高程，则必须考虑采取其他拦洪度汛措施。尤其当主体建筑物为土坝或堆石坝且坝体填筑又相当高时，更应给予足够的重视，因为一旦坝身过水，就会造成严重的溃坝。其他拦洪度汛措施因坝型不同而不同。

### （一）混凝土坝的拦洪度汛

混凝土坝体是允许漫洪的，若坝身在汛期到来之前不可能浇筑到拦洪高程，为了避免坝身过水时造成停工，可以在坝面上预留缺口以度汛，待洪水过后再封填缺口，全面上升坝体。另外，根据混凝土浇筑进度安排，虽然在汛期到来之前坝身可以浇筑到拦洪高程，但一些纵向施工缝尚无法灌浆封闭，则可考虑用临时断面挡水。在这种情况下，必须充分论证，采取相应措施，以消除应力恶化的影响。

### （二）土石坝拦洪度汛措施

土坝、堆石坝一般是不允许过水的，若坝身在汛期到来之前，不可能填筑到拦洪高程，一般可以考虑采取降低溢洪道高程、设置临时溢洪道并用临时断面挡水，或经过论证采取临时坝面过水等措施。

#### 1. 采用临时断面挡水

采用临时断面挡水时，应注意以下几点：

①临时挡水断面顶部应有足够的宽度，以便在紧急情况下仍有余地抢筑子堰，确保度汛安全。边坡应保证稳定，其安全系数一般应不低于正常设计标准。为防止施工期间因暴雨冲刷和其他原因而坍坡，必要时应采取简单的防护措施和排水措施。

②上游垫层和块石护坡应按设计要求筑到拦洪高程，否则应考虑临时的防护措施。下游坝体部位，为满足临时挡水断面的安全要求，在基础清理完毕后，应按全断面填筑若干米后再收坡，必要时应结合设计的反滤排水设施统一安排考虑。

#### 2. 采用临时坝面过水

采用临时坝面过水时，应注意以下几点：

①为保证过水坝面下游边坡的抗冲稳定，应加强保护或做成专门的溢流堰，如将反滤体加固后作为过水坝面溢流堰体等，并应注意堰体下游的防冲刷保护。

②靠近岸边的溢流体的堰顶高程应适当抬高，以减小坝面单宽流量，减轻水流对岸坡的冲刷。过水坝面的顶高程，一般应低于溢流堰体顶高程 0.5~2.0m 或做成反坡式，以避免过水坝面的冲淤。

③根据坝面过流条件合理选择坝面保护形式，防止淤积物渗入坝体，特别要注意防渗体、反滤层等的保护。必要时，可在上游设置拦污设施，防止杂物淤积坝面，撞击下游边坡。

# 第四章　爆破工程设计施工

## 第一节　爆破的概念、常用术语及分类

### 一、爆破的概念

爆破是炸药爆炸作用于周围介质的结果。埋在介质内的炸药引爆后，在极短的时间内由固态转变为气态，体积增加数百倍至几千倍，伴随产生极大的压力和冲击力，同时，产生很高的温度，使周围介质受到各种不同程度的破坏，称为爆破。

### 二、爆破的常用术语

#### （一）爆破作用圈

当具有一定质量的球形药包在无限均质介质内部爆炸时，在爆炸作用下，距离药包中心不同区域的介质，因受到的作用力有所不同，会产生不同程度的破坏或震动现象。整个被影响的范围叫作爆破作用圈。爆破作用圈指的是炸药爆炸时所产生的膨胀力和冲击波，以药包为中心向四周传播的同心圆，从中心向外依次为压缩圈、抛掷圈、破坏圈和震动圈。

**1. 压缩圈**

在压缩圈的范围内，介质会直接承受药包爆炸产生的巨大作用力，如果是可塑性的土壤介质，会因为受到巨大的压缩形成孔腔，如果是坚硬的脆性岩石介质，会因为巨大的作用力而粉碎，因此，压缩圈又叫破碎圈。

**2. 抛掷圈**

抛掷圈紧邻压缩圈的外部。其受到的爆破作用力虽然比压缩圈小，但爆炸的能量破坏了介质的原有结构，分裂成具有一定运动速度的碎块。如果这个地带的某一部分处于自由面上，碎块便会产生抛掷现象。

3. 破坏圈

破坏圈又叫作松动圈。它是抛掷圈外的一部分介质，受到的作用力更弱，爆炸的能量只能使介质结构受到不同程度的破坏，不能使被破坏的碎片产生抛掷运动。

4. 震动圈

震动圈为破坏圈以外的范围，爆炸的能量甚至不能使介质产生破坏，介质只能在应力波的传播下，发生震动现象。震动圈以外，爆破作用的能量就完全消失了。

以上各圈，是为说明爆破作用划分的，并无明显界限，其作用半径的大小与炸药的用量、药包结构、起爆方法和介质特性等有关。

### （二）爆破漏斗

把药包埋入有限介质中，爆破产生的气体沿着裂隙冲出，使裂隙扩大，介质移动，于是靠近自由面一侧的介质被完全破坏而形成漏斗状的坑，叫作爆破漏斗。

爆破漏斗的几何特征参数有：药包中心至临空面的最短距离，即最小抵抗线长度 W；爆破漏斗底半径 r；可见漏斗深度 h；爆破作用指数 n。n 可由式（4.1）求得

$$n=r/W \quad (4.1)$$

爆破漏斗的几何特征反映了爆破作用的影响范围，它与岩土性质、炸药量和药包埋置深度有密切关系。n 值大形成宽浅式漏斗，n 值小形成窄深式漏斗，甚至不出现爆破漏斗。在工程应用中，通常根据 n 值的大小对爆破进行分类。

当 $n=1$ 时，漏斗的张开角度为 90°，称为标准抛掷爆破；当 $n>1$ 时，漏斗的张开角度大于 90°，称为加强抛掷爆破；当 $0.75<n<1$ 时，漏斗的张开角度小于 90°，称为减弱抛掷爆破；当 $0.33<n\leqslant 0.75$ 时，无岩块抛出，称为松动爆破；当 $n\leqslant 0.33$ 时，地表无破裂现象，称为药壶爆破或隐藏式爆破。

### （三）自由面

自由面又叫作临空面，是指被爆破介质与空气或水的接触面。

### （四）单位耗药量

单位耗药量指的是爆破单位体积岩石的炸药消耗量。

## 三、爆破的分类

①按药包形式分类，爆破分为：集中爆破、延长爆破、平面爆破、异形爆破。

②按装药方式与装药空间形状的不同分类，爆破分为：药室法爆破、药壶法爆破、炮孔法爆破、裸露药包法爆破。

③按爆破要求分类，爆破分为：标准抛掷爆破、加强抛掷爆破、减弱抛掷爆破、松动爆破等。

# 第二节 爆破材料与起爆方法

## 一、爆破材料

### （一）炸药

炸药是指在一定能量作用下，无须外界供氧，能够快速发生化学反应，生成大量的热和气体的物质。单一化合物的炸药称为单质炸药，两种或两种以上物质组成的炸药称为混合炸药。

1. 炸药的爆炸性能

①感度。炸药的感度是指炸药在外界能量（如热能、电能、光能、机械能及爆能等）的作用下发生爆炸的难易程度，不同的炸药在同一地点的感度不同。影响炸药感度的因素很多，主要有以下几种：

a. 温度。随着温度的升高，炸药的各种感度指标都升高。

b. 密度。随着炸药密度的增大，其感度通常是降低的。

c. 杂质。杂质对炸药的感度有很大的影响，不同的杂质有不同的影响。一般来说，固体杂质，特别是硬度大、有尖棱和高熔点的杂质，如砂、玻璃屑和某些金属粉末等，能增加炸药的感度。

②威力。威力是指炸药爆炸时做功的能力，即对周围介质的破坏能力。

③猛度。猛度是指炸药在爆炸后爆轰产物对药包附近的介质进行破坏、局部压缩和击穿的猛烈程度。猛度越大，表示炸药对周围介质的粉碎破坏程度越大。

④殉爆。殉爆是指炸药药包爆炸时引起位于一定距离外与其不接触的另一个炸药药包也发生爆炸的现象。起始爆炸的药包称为主发药包，受它爆炸影响而爆炸的药包称为被发药包。因主发药包爆炸而引起被发药包爆炸的最大距离，称为殉爆距离。殉爆反映了炸药对冲击波的感度。

⑤安定性。安定性是指炸药在一定储存期间内保持其物理性质、化学性质和爆炸性质的能力。

2. 常用的工程炸药

①铵油炸药。铵油炸药是指由硝酸铵和燃料组成的一种粉状或粒状爆炸性混合物，铵油炸药取材方便，成本低廉，使用安全，易于加工，被广泛用于爆破，但因其具有吸湿结块性，最好现拌现用。

②三硝基甲苯（TNT）。TNT 为白色或淡黄色针状结晶，无臭，能耐受撞击和摩擦，比较安全，难溶于水，可用于水下爆破。爆炸时产生有毒的一氧化碳气体，因此，不适用于通风不畅的环境。

③黑火药。黑火药是由硝酸钾、硫黄和木炭混合而成的深灰色的坚硬颗粒，对摩擦、火花和撞击极其敏感，容易受潮，制作简单。

④胶质炸药。胶质炸药是以硝酸盐和胶化的硝酸甘油或胶化的爆炸油为主要组分的胶状硝酸甘油类炸药。其威力大，起爆感度高，抗水性强，可用于水下和地下爆破工程，具有较高的密度和可塑性。它的冻结温度高达 13.2℃，冻结后，敏感度高，安全性差，可加入二硝基乙二醇形成难冻状态，降低敏感度。国产 SHJ-K 水胶炸药，不仅威力大，抗水性好，而且敏感度低，运输、储存、使用均较安全。

### （二）起爆器材

激发炸药爆炸反应的装置或材料应能安全可靠地按要求的时间和顺序起爆炸药。常用的起爆器材包括导火索、导爆索、火雷管、电雷管、导爆管等。

#### 1. 导火索

导火索是以黑火药为索芯，用棉线包裹索芯和芯线，将防湿剂涂在表层的一种传递火焰的索状点火器材，常用来引爆火雷管与黑火药。一般外径不大于 6.2mm，每米的燃烧时间为 100 ~ 125s。

#### 2. 导爆索

导爆索是一种药芯为太安（季戊四醇四硝酸酯）或黑索金（三亚甲基三硝胺）的传递爆轰波的索状器材，其结构与导火索的结构基本相同，外表涂成红色，以示区别，可直接起爆炸药，但需要雷管起爆。药量为 12 ~ 14g/m，爆破速度不低于 6500m / s。导爆索起爆使网络连接简便，使用安全，不受杂散电流、静电和射频电的影响，与继爆管配合使用，可实现非电毫秒爆破，但成本较高。

#### 3. 火雷管

火雷管由管壳、加强帽和正副起爆药组成。管壳用来装填药剂，减少其受外界的影响，同时可以增大起爆能力和提高震动安全性。加强帽用来“密封”雷管药剂，阻止燃烧气体从上部逸出，缩短燃烧转爆轰的时间，增大起爆能力和提高震动安全性。加强帽中间有穿火孔，用来接受导火索传递的火焰。

#### 4. 电雷管

电雷管的装药部分与火雷管相同，电雷管是用电气点火装置点火引爆正起爆药，再激发副起爆药产生爆炸。毫秒延期电雷管是在引火头与起爆药之间插入一段精制的导火索，引火头点燃导火索，由导火索长度控制延期时间。毫秒延期电雷管利用延期药的药量和配方控制毫秒延期的时间。

## 二、起爆方法

常用的起爆方法有电力起爆和非电力起爆两类。其中，非电力起爆包括火花起爆、导爆管起爆和导爆索起爆。

### （一）电力起爆

电力起爆是电源通过电线传输电能激发电雷管引发炸药爆炸的起爆方法，可以一次引发多个药包，也可间隔地按一定时间和顺序对药包进行有效的控制，比较安全可靠。缺点是长距离的起爆电路复杂，成本高，准备工作量大等。

### （二）非电力起爆

#### 1. 火花起爆

火花起爆是最早使用的起爆方法。它是用导火索燃烧的火花来引爆雷管和炸药的方法。火花起爆法操作简单，准备工作少，为保证操作人员的安全，导火索的长度不可短于 1.2m。

#### 2. 导爆管起爆

导爆管起爆是通过激发源轴向激发导爆管，在管内形成稳定的冲击波使末端的导爆管起爆，并进而引起药包爆炸的一种新式起爆方法。其可同时起爆多个药包，并不受电场的干扰，但导爆管的连接系统和网络较为复杂。

#### 3. 导爆索起爆

导爆索起爆是通过导爆索来传递炮轰波以引爆药包的方法。所用的器材有导爆索、继爆管、雷管等。导爆索起爆法的准爆性好，连接形式简单，但成本较高且不能用仪表检查线路的好坏。

# 第三节　爆破工序

## 一、装药

装药前先对炮孔参数、炮孔位置、炮孔深度进行检查，看是否符合设计要求，再对钻孔进行清孔，可用风管通入孔底，利用压缩空气将孔内的岩渣和水分吹出。

确认炮孔合格后，即可进行装药工作。此前应严格按照预先计算好的每孔装药量和装药结构进行装药，当炮孔中有水或潮湿时，应采取防水措施或改用防水炸药。

装炸药时，注意起爆药包的安放位置要符合设计要求。当采用散装药时，应在装入药量的 80% ~ 85% 之后，再放入起爆药包，这样做有利于防止静电等因素引起的早爆事故。

## 二、堵塞

炮孔装药后孔口未装药部分应该用堵塞物进行堵塞。堵塞良好能阻止爆轰气体产物过早地从孔门冲出，提高爆炸能量的利用率。常用的堵塞材料有砂、黏土、岩粉等。

## 三、起爆网络连接

采用电雷管或塑料导爆管雷管起爆系统时，应根据具体设计要求进行网络连接。

## 四、警戒后起爆

警戒人员应在规定的警戒点进行警戒，在未确认撤除警戒前不得擅离职守。要有专人核对装药量、起爆炮孔数，并检查起爆网络、起爆电源开关及起爆主线。爆破指挥人员要确认周围的安全警戒和起爆准备工作完成，爆破信号已发布起效后，方可发出起爆命令。起爆中，应由专人观察起爆情况，起爆后，经检查确认炮孔已全部起爆，方可发出解除警戒信号、撤除警戒人员。若发现哑炮，在采取安全防范措施后，才能解除警戒信号。

## 五、哑炮处理

产生哑炮后，应立即封锁现场，由现场技术人员针对装药时的具体情况，找出拒爆原因，采取相应措施处理。处理哑炮一般采用二次爆破法、冲洗法及炸毁法。属于漏起爆的拒爆药包，可再找出原来的导火索、塑料导爆管或雷管脚线，经检查确认完好后，进行二次起爆；对于不防水的硝铵炸药，可用水冲洗炮孔中的炸药，使其失去爆炸能力；对用防水炸药装填的炮孔，可用掏勺细心地掏出堵塞物，再装入起爆药包，将其炸毁。如果拒爆孔周围岩石尚未发生松动破碎，可以在距拒爆孔 30cm 处钻一平行新孔，重新装药起爆，将拒爆孔引爆。

# 第四节 爆破安全控制

## 一、爆炸空气冲击波和水中冲击波

炸药爆炸产生的高温高压气体直接压缩周围空气，或通过岩体裂缝及药室通道高速冲入大气，并对其压缩形成空气冲击波。空气冲击波超压达到一定量值后，就会导致建筑物破坏和人体器官损伤。因此，在爆破作业中，需要根据被保护对象的允许超压确定爆炸空气冲击波的安全距离。

在进行水下爆破时，同样会在水中产生冲击波。同时，需要针对水中的人员及施工船舶等保护对象，按有关规定确定最小安全距离。

## 二、爆破飞石

**1. 洞室爆破**

洞室爆破飞石安全距离按式（4.2）计算

RF=20KFn2W（4.2）

式中：RF 为洞室爆破的飞石安全距离，m；W 为最小抵抗线，m；n 为爆破作用指数；KF 为与地形、风向、风速和爆破类型有关的安全系数，一般取 1.0 ~ 1.5，最小抵抗线方向取大值，当风大而又顺风时取 1.5 ~ 2.0 或更大的值，山谷或垭口地形应取 1.5 ~ 2.0。

**2. 钻孔爆破**

《爆破安全规程》（GB 6722—2014）对飞石安全距离仅规定了最小值。

## 三、爆破公害的控制与防护

爆破公害的控制与防护可以从爆破源、传播途径以及保护对象三方面采取措施。

### （一）从爆破源控制公害强度

1. 采用合理的爆破参数、炸药单耗和装药结构。

2. 爆破过程严格按照设计或计算的结果操作。

3. 保证炮孔的堵塞长度与质量。

### （二）在传播途径上削弱公害强度

1. 在爆区的开挖线轮廓进行预裂爆破或开挖减震槽，可有效降低传播至保护区岩体中的爆破地震波强度。

2. 对爆区临空面进行覆盖、架设防波屏可削弱空气冲击波强度，从而阻挡飞石。

### （三）保护对象的防护

1. 对保护对象的直接防护措施有防震沟、防护屏以及表面覆盖等。

2. 严格遵行爆破作业的规章制度，对施工人员进行安全教育，也是保证安全施工的重要环节。

# 第五章　土石坝工程设计施工

## 第一节　坝料规划

### 一、空间规划

空间规划是指对料场的空间位置、高程作出恰当选择和合理布置。为加快运输速度，提高效率，土石料的运距要尽可能短一些，高程要利于重车下坡，避免因料场的位置高、运输坡陡而引发事故。坝的上下游和左右岸都有料场，这样，可以上下游和左右岸同时采料，减少施工干扰，保证坝体均衡上升。料场位置要有利于开采设备的放置，保证车辆运输的通畅及地表水和地下水的排水通畅。取料时离建筑物的轮廓线不要太近，不要影响枢纽建筑物防渗。在选取石料场时，还要使石料场与重要建筑物和居民区有一定的防爆、防震安全距离，以减少安全隐患。

### 二、时间规划

时间规划是指施工时要考虑施工强度和坝体填筑部位的变化，以及季节引起的坝前蓄水能力的变化等。先用近料和上游易淹的坝料，后用远料和下游不易淹的坝料。在上坝强度高时用运距近、开采条件好的料场，上坝强度低时用运距远的料场。旱季时，要选用含水量大的料场。雨季时，要选用含水量小的料场。为满足拦洪度汛和筑坝合龙时大量用料的要求，在料场规划时还要在近处留有大坝合龙用料。

### 三、质与量规划

质与量规划是指对料场的质量和储料量的合理规划。它是在选择和规划料场时对料场所进行的全面勘测，包括料场的地质成因、产状、埋藏深度、储量和物理力学指标等。料场的总储量要满足坝体总方量的要求，并且用料要满足各阶段施工中的最大用料强度要求。勘探精度要随设计深度的加深而提高。

充分利用建筑物基础开挖时的弃料，减少往外运输的工作量和运输干扰，减少废料堆放场地。考虑弃料的出料、堆料、弃放的位置，避免干扰施工，加快开采和运输的速度。在规划时，除考虑主料场外，还应考虑备用料场。主料场一般要质量好、储量大，其储量不应少于设计总量的1.5倍，运距近，有利于常年开采；备用料场要在淹没范围以外，当主料场被淹没或由于其他原因中断使用时，可使用备用料场，备用料场的储量应为主料场总储量的20% ~ 30%。

## 第二节 土石料开采、运输与压实

### 一、土石料开采

#### （一）挖掘机械

1. 单斗式挖掘机

单斗式挖掘机是只有一个铲土斗的挖掘机械，工作装置有正向铲、反向铲、拉铲和抓铲四种。

①正向铲挖掘机。电动正向铲挖掘机是单斗挖掘机中最主要的形式，其特点是铲斗前伸向上，强制铲土，挖掘力较大，主要用来挖掘停机面以上的土石方，一般用于开挖无地下水的大型基坑和料堆，适合挖掘Ⅰ~Ⅳ级土或爆破后的岩石渣。

②反向铲挖掘机。电动反向铲挖掘机是电动正向铲挖掘机更换工作装置后的工作形式，其特点是铲斗后扒向下，强制挖土。主要用于挖掘停机面以下的土石方，一般用于开挖小型基坑或地下水位较高的土方，适合挖掘Ⅰ~Ⅲ级土或爆破后的岩石渣，硬土需要先行刨松。

③拉铲挖掘机。电动拉铲挖掘机用于挖掘停机面以下的土方。由于卸料是利用自重和离心力的作用在机身回转过程中进行的，湿黏土也能卸净，因此，最适于开挖水下及含水量大的土料。但由于铲斗仅靠自重切入土中，铲土力小，因此一般只能挖掘Ⅰ~Ⅲ级土，不能开挖硬土。挖掘半径、卸土半径和卸载高度较大，适合直接向弃土区弃土。

④抓铲挖掘机。抓铲挖掘机利用其瓣式铲斗自由下落的冲力切入土中，而后抓取土料提升，回转后卸掉。抓铲挖掘深度较大，适于挖掘窄深基坑或沉井中的水下淤泥及沙卵石等松软土方，也可用于装卸散粒材料。

2. 多斗式挖掘机

多斗式挖掘机是一种由若干个挖斗依次、连续、循环进行挖掘的专用机械，生产效率和机械化程度较高，在大量土方开挖工程中运用。它的生产率每小时从几十立方米到上万立方米，主要用于挖掘不夹杂石块的Ⅰ～Ⅳ级土。多斗式挖掘机按工作装置不同，可分为链斗式挖掘机和斗轮式挖掘机两种。链斗式挖掘机是多斗式挖掘机中最常用的形式，主要进行下采式工作。

### （二）土石料开挖的综合原则

在土石坝施工时，从料场的开采、运输，到坝面的铺料和压实等工序，应力争实现综合机械化。施工组织时应遵循以下原则：

①确保主要机械发挥作用。主要机械是指在机械化生产线中起主导作用的机械，充分发挥它的生产效率，有利于加快施工进度，降低工程成本。

②根据机械工作特点进行配套组合，充分发挥配套机械的作用。连续式开挖机械和连续式运输机械配合，循环式开挖机械和循环式运输机械配合，形成连续生产线。在选择配套机械，确定配套机械的型号、规格和数量时，其生产能力要略大于主要机械的生产能力，以保证主要机械生产能力的充分发挥。

③加强保养，合理布置，提高工效。严格执行机械保养制度，使机械处于最佳状态，合理布置流水作业工作面和运输道路，能极大地提高工效。

### （三）挖运方案的选择

坝料的开挖与运输是保证上坝强度的重要环节。开挖运输方案主要根据坝体结构布置特点、坝料性质、填筑强度、料场特性、运距远近、可供选择的机械型号等因素，综合分析比较确定。坝料的开挖运输方案主要有以下几种：

1. 挖掘机开挖，自卸汽车运输上坝

使用正向铲挖掘机开挖、装车，自卸汽车运输直接上坝，适宜运距小于 10km。自卸汽车可运各种坝料，通用性好，运输能力强，能直接铺料，转弯半径小，爬坡能力较强，机动灵活，使用管理方便，设备易于获得。

在施工布置上，正向铲挖掘机一般采用立面开挖，汽车运输道路可布置成循环路线，装料时停在挖掘机一侧的同一平面上，即汽车鱼贯式地装料与行驶，这种布置形式可避免产生汽车的倒车时间，正向铲挖掘机采用 60° ~ 90° 角侧向卸料，回转角度小，生产率高，能充分发挥正向铲挖掘机与汽车的效率。

2. 挖掘机开挖，胶带机运输上坝

胶带机的爬坡能力强，架设简易，运输费用较低，与自卸汽车相比，可降低费用 1/3 ~ 1/2，运输能力也较强，适宜运距小于 10km。胶带机可直接从料场运输上坝；

也可与自卸汽车配合，在坝前经漏斗卸入汽车作长距离运输，转运上坝；或与有轨机车配合，用胶带机作短距离运输，转运上坝。

3. 采砂船开挖，机车运输，转胶带机上坝

国内一些大、中型水电工程施工时，广泛采用采砂船开采水下的沙砾料，配合有轨机车运输。当料场集中、运输量大、运距大于10km时，可用有轨机车进行水平运输。有轨机车不能直接上坝，要在坝脚经卸料装置转胶带机运输上坝。

4. 斗轮式挖掘机开挖，胶带机运输，转自卸汽车上坝

当填筑方量大、上坝强度高、料场储量大而集中时，可采用斗轮式挖掘机开挖。斗轮式挖掘机挖料转入移动式胶带机，其后，采用长距离的固定式胶带机运至坝面或坝面附近，经自卸汽车运至填筑面。这种布置方案可使挖、装、运连续进行，简化了施工工艺，提高了机械化水平和生产率。

坝料的开挖运输方案很多，但无论采用何种方案，都应结合工程施工的具体条件，组织好挖、装、运、卸的机械化联合作业，提高机械利用率；减少坝料的转运次数；各种坝料的铺筑方法及设备应尽量一致，减少辅助设施；充分利用地形条件，统筹规划和布置。

## 二、土石料运输

### （一）运输道路布置原则及要求

①运输道路宜自成体系，并尽量与永久道路相结合。运输道路不要穿越居民点或工作区，应尽量与公路分离。根据地形条件、枢纽布置、工程量大小、填筑强度、自卸汽车吨位，应用科学的规划方法进行运输网络优化，统筹布置场内施工道路。

②连接坝体上下游交通的主要干线，应布置在坝体轮廓线以外。干线与不同高程的上坝道路相连接，应避免穿越坝肩处岸坡。坝面内的道路应结合坝体的分期填筑规划统一布置，在平面与立面上协调好不同高程的进坝道路，使坝面内临时道路的形成与覆盖（或削除）满足坝体填筑要求。

③运输道路的标准应符合自卸汽车吨位和行车速度的要求。实践证明，修建高质量标准道路增加的投资，足以用降低的汽车维修费用及提高的生产效率来补偿。运输道路要求路基坚实，路面平整，靠山坡一侧设置纵向排水沟，顺畅排除雨水和泥水，以避免雨天运输车辆将路面泥水带入坝面，污染坝料。

④道路沿线应有较好的照明设施，运输道路应经常维护和保养，及时清除路面上影响运输的杂物，并经常洒水，减少运输车辆的磨损。

### （二）上坝道路布置方式

坝料运输道路的布置方式有岸坡式、坝坡式和混合式三种。坝料运输道路进入坝体轮廓线内，与坝体内临时道路连接，组成到达坝料填筑区的运输体系。

①岸坡式上坝道路。

由于单车环形线路比往复双车线路行车效率更高、更安全，应尽可能采用单车环形线路。一般干线多用双车道，尽量做到会车不减速，坝区及料场多用单车道。岸坡式上坝道路，宜布置在地形较为平缓的坡面，以减少开挖工程量。

②坝坡式上坝道路。

当两岸陡峻，地质条件较差，沿岸坡修路困难，工程量大时，可在坝下游坡面设计线以外布置临时或永久性的上坝道路，称为坝坡式上坝道路。其中的临时道路在坝体填筑完成后消除。在岸坡陡峻的狭窄河谷内，根据地形条件，有的工程用交通洞通向坝区。用竖井卸料以连接不同高程的道路，也是可行的。

③混合式上坝道路。非单纯的岸坡式或坝坡式上坝道路，称为混合式上坝道路。

### （三）坝内临时道路布置

①堆石体内道路。根据坝体分期填筑的需要，除防渗体、反滤过渡层及相邻的部分堆石体要求平起填筑外，不限制堆石体内设置临时道路，布置为"之"字形，道路随着坝体升高而逐步延伸，连接不同高程的两级上坝道路。为了缩短上坝道路的长度，临时道路的纵坡一般较陡，为 10% 左右，局部可达 12% ~ 15%。

②防渗体道路。心墙、斜墙防渗体应避免重型车辆频繁压过，以免破坏。如果上坝道路布置困难，运输坝料的车辆必须压过防渗体，应调整防渗体填筑工艺，在防渗体局部布置压过的临时道路。

## 三、土石料压实

### （一）压实机械

压实机械采用碾压、夯实、振动三种作用力来达到压实的目的。碾压的作用力是静压力，其大小不随作用时间而变化。夯实的作用力为瞬时动力，其大小跟高度有关系。振动的作用力为周期性的重复动力，其大小随时间呈周期性变化，振动周期的长短随振动频率的大小而变化。

常用的压实机械有羊脚碾、振动碾、夯实机械。

#### 1. 羊脚碾

羊脚碾的滚筒表面设有交错排列的截头圆锥体，状如羊脚。碾压时，羊脚碾的羊脚插入土中，不仅使羊脚端部的土料受到压实，也使侧向土料受到挤压，从而达到均匀压实的效果。

羊脚碾的开行方式有两种：进退错距法和圈转套压法。进退错距法操作简便，碾压、铺土和质检等工序相互协调，便于分段流水作业，压实质量容易得到保证。圈转套压法适合于多碾滚组合碾压，其生产效率高，但碾压时转弯套压交接处重压过多，容易超压；当转弯半径小时，容易引起土层扭曲，产生剪切破坏；转弯的角部容易漏压，质量难以得到保证。

2. 振动碾

振动碾是一种静压和振动同时作用的压实机械。由起振柴油机带动碾滚内的偏心轴旋转，通过连接碾面的隔板，将振动力传至碾滚表面，然后，以压力波的形式传到土体内部。非黏性土的颗粒比较粗，在这种小振幅、高频率的振动力的作用下，内摩擦力大大降低，因颗粒不均匀，所受惯性力大小不同而产生相对位移，细粒滑入粗粒之间的空隙而使空隙体积减小，从而使土料达到密实。然而，黏性土颗粒间的黏结力是主要的，且土粒相对比较均匀，在振动作用下，不能取得像非黏性土那样的压实效果。

3. 夯实机械

夯实机械是一种利用冲击能来击实土料的机械，用于夯实沙砾料或黏性土。其适于在碾压机械难于施工的部位压实土料。

①强夯机。由高架起重机和铸铁块或钢筋混凝土块做成的夯砣组成的。夯砣的质量一般为 10 ~ 40t，由起重机提升一定高度后自由下落冲击土层，压实效果好，生产率高，用于杂土填方及软基和水下地层夯实。

②挖掘机夯板。夯板一般做成圆形或方形，面积约 $1m^2$，质量为 1 ~ 2t，提升高度为 3 ~ 4m。挖掘机夯板的主要优点是压实功能大，生产率高，有利于雨季、冬季施工，但当被夯石块直径大于 50cm 时，工效大大降低，压实黏土料时，表层容易发生剪切破坏，目前，有逐渐被振动碾取代之势。

## （二）压实标准

土料压实得越好，物理力学性能指标就越高，坝体填筑质量就越有保证，但对土料过分压实，不仅提高了费用，还会产生剪切破坏，因此，应确定合理的压实标准。对不同土质的压实标准概括如下。

1. 黏性土和砾质土

黏性土和砾质土的压实标准，主要以压实干密度和施工含水量这两个指标来控制。

压实干密度由击实试验来确定。我国采用南实仪 25 击［87.95（t·m）/$m^3$］作为标准压实功能，得出一般不少于 30 组最大干密度的平均值 $\gamma d_{max}$（$t/m^3$）作为依据，从而确定设计干密度 $\gamma d$（$t/m^3$）。

此法对大多数黏土料是合理的、适用的，但是，土料的塑限含水量（Wp）、黏粒含量不同，对压实度都有影响，标准压实功能 87.95（t·m）/m³ 只是经验数值，应进行以下修正：

①以塑限含水量为最优含水量（Wop），由试验从压实功能与最大干密度、最优含水量曲线上初步确定压实功能。

②考虑沉降控制的要求，即通过选定的干密度以满足压缩系数 a=0.0098 ~ 0.0196cm²/kg，控制压缩系数。

③当天然含水量与塑限含水量接近且易于施工时，选择天然含水量作为最优含水量来确定压实功能。

此外，由于施工含水量是由标准击实条件时的最大干密度确定的，最大干密度对应的最优含水量是一个点值，而实际的天然含水量总是在某一个范围内变动。为适应施工的要求，必须围绕最优含水量规定一个范围，即含水量的上下限。

2. 沙土及沙砾石

沙土及沙砾石的压实程度与颗粒级配及压实功能关系密切，一般用相对密度 Dr 表示，其表达式见式（5.1）

$$Dr=(e_{max}-e)/(e_{max}-e_{min}) \quad (5.1)$$

式中：$e_{max}$ 为沙石料的最大孔隙比；e 为设计孔隙比；$e_{min}$ 为沙石料的最小孔隙比。

3. 石渣及堆石体

石渣及堆石体为坝壳填筑料，压实指标一般用空隙率表示。根据国内外的工程实践经验，碾压式堆石坝坝体压实后空隙率应小于 30%，为了防止产生过大的沉陷，一般规定为 22% ~ 28%（压实平均干密度为 2.04 ~ 2.24t/m³）。面板堆石坝上游主堆石区空隙率标准为 21% ~ 25%（压实平均干密度为 2.24 ~ 2.35t/m³）；用沙砾料填筑的面板坝，沙砾料压实平均空隙率为 15%。

## （三）压实试验

坝料填筑必须通过压实试验，确定合适的压实机具、压实方法、压实参数及其他处理措施，并核实设计填筑标准的合理性。试验应在填筑施工开始前一个月完成。

1. 压实参数

压实参数包括机械参数和施工参数两大类。当压实设备型号选定后，机械参数已基本确定。施工参数有铺料厚度、碾压遍数、开行速度、土料含水量、堆石料加水量等。

2. 试验组合

压实试验组合方法有经验确定法、循环法、淘汰法（逐步收敛法）和综合法。一般多采用逐步收敛法。先以室内试验确定的最优含水量进行现场试验，通过设计计算并参照已建类似工程的经验，初选几种压实机械和拟定几组压实参数。先固定其他参数，变动一个参数，通过试验得到该参数的最优值；然后固定此最优参数和其他参数，再变动另一个参数，用试验求得第二个最优参数值。依此类推，通过试验得到每个参数的最优值。最后，用这组最优参数再进行一次复核试验。倘若试验结果满足设计、施工的技术经济要求，即可作为现场使用的施工压实参数。

黏性土料压实含水量可分别取 $\omega 1=\omega p+2\%$，$\omega 2=\omega p$，$\omega 3=\omega p-2\%$ 三种进行试验。

**3. 试验分析整理**

按不同压实遍数 n、不同铺土厚度 h 和不同含水量 ω 进行压实、取样。每一个组合取样数量为：黏土、沙砾石 10 ~ 15 个，沙及沙砾 6 ~ 8 个，堆石料不少于 3 个。分别测定其干密度、含水量、颗粒级配，可作出不同铺土厚度时压实遍数与干密度、含水量曲线。根据上述关系曲线，再作铺土厚度 h、压实遍数 n、最大干密度 $\rho_{max}$、最优含水量 $\omega op$ 关系曲线。在施工中选择合理的压实方式、铺土厚度及压实遍数，这些都是综合各种因素通过试验确定的。

有时可对同一种土料采用两种压实机具、两种压实遍数是更经济合理的。例如，陕西省石头河工程心墙土料压实，铺土厚度 37cm，先采用 8.5t 羊脚碾碾压 6 遍，后用 25 ~ 35t 气胎碾碾压 4 遍，取得了经济合理的压实效果。

# 第三节　土料防渗体坝

## 一、铺料

坝基经处理合格后或下层填筑面经压实合格后，即可开始铺料。铺料由卸料和平料两道工序相互衔接，紧密配合完成。选择铺料方法主要考虑上坝运输方法、卸料方式和坝料的类型。

### （一）自卸汽车卸料、推土机平料

铺料的基本方法有进占法、后退法和混合法三种。

堆石料一般采用进占法铺料，堆石为强度 60 ~ 80mPa 的中等硬度岩石，施工可操作性好。对于特硬岩（强度大于 200mPa），其岩块边棱锋利，会造成施工机械的轮胎、链轨节等的严重损坏；同时，特硬岩堆石料往往级配不良，表面不平整，从而影响振动压实质量，因此，在施工中要采取一定的措施（如在铺层表面增铺一薄层细料），以改善平整度。

级配较好的软岩（如强度 30mPa 以下的）堆石料、沙砾（卵）石料等，宜用后退法铺料，以减少分离，提高密度。

不管采用何种铺料方法，卸料时都要控制好料堆分布密度，使其摊铺后厚度符合设计要求，不要因过厚而不予处理。尤其是以后退法铺料时更需注意。

1. **支撑体料**

心墙上下游或斜墙下游的支撑体（简称坝壳）各为独立的作业区，在区内各工序进行流水作业。坝壳一般选用沙砾料或堆石料。堆石料中往往含有大量的大粒径石料，这些大粒径石料不仅影响汽车在坝料堆上行驶和卸料，也影响推土机平料，并易损坏推土机履带和汽车轮胎。为此采用进占法卸料，即自卸汽车在铺平的坝面上行驶和卸料，推土机在同一侧随时平料。其优点是：大粒径块石易被推至铺料的前沿下部，细料填入堆石料空隙，使表面平整，便于车辆行驶。坝壳料的施工要点是，防止坝料粗细颗粒分离和使铺层厚度均匀。

2. **反滤料和过渡料**

反滤层和过渡层常用沙砾料，铺料方法采用常规的后退法。自卸汽车在压实面上卸料，推土机在松土堆上平料。其优点是：可以避免平料造成的粗细颗粒分离，汽车行驶方便，可提高铺料效率。要控制上坝料的最大粒径，允许最大粒径不超过铺层厚度的 1/3，当含有特大粒径（如 0.5 ~ 1.0m）的石料时，应将其清除至填筑体以外，以免产生局部松散甚至空洞，造成隐患。沙砾料铺层厚度根据施工前现场碾压试验确定，一般不大于 1.0m。

3. **防渗体土料**

心墙、斜墙防渗体土料主要有黏性土和砾质土等，选择铺料方法主要考虑两点：一是坝面平整，铺料层厚均匀，不得超厚；二是对已压实合格土料不过压，防止产生剪切破坏。铺料时应注意以下问题：

①采用进占法卸料。进占法卸料即为推土机和汽车都在刚铺平的松土上行进，逐步向前推进。要避免所有的汽车行驶在同一条道路上，如果中、重型汽车反复多次在压实土层上行驶，会使土体产生弹簧、光面与剪切破坏，严重影响土层间结合质量。

②推土机功率必须与自卸汽车载重吨位相匹配。如果汽车斗容过大，而推土机功率过小（刀片过小），则每一车料要经过推土机多次推运，才能将土料铺散、铺平。推土机履带的反复碾压，会将局部表层土压实，甚至出现弹簧土和剪切破坏，造成汽车卸料困难，更严重的是，很易产生平土厚薄不均。

③采用后退法定量卸料。汽车在已压实合格的坝面上行驶并卸料，为防止对已压实的土料产生过压，一般会采用轻型汽车。根据每一填土区的面积，按铺土厚度定出所需的土方量，以保证推土机平料均匀，不产生大面积过厚或过薄的现象。

④沿坝轴线方向铺料。防渗体填筑面一般较窄，为了防止两侧坝料混入防渗体，杜绝因漏压而形成贯穿上下游的渗流通道，一般不允许车辆穿越防渗体，所以严禁垂

直坝轴线方向铺料。特殊部位，如两岸接坡处、溢洪道边墙处以及穿越坝体建筑物等结合部位，当只能垂直坝轴线方向铺料时，在施工过程中，质检人员应现场监视，严禁坝料掺混。

### （二）移动式皮带机上坝卸料、推土机平料

皮带机上坝卸料适用于黏性土、沙砾料和砾质土。利用皮带机直接上坝，配合推土机平料，或配合铲运机运料和平料，其优点是不需要专门的道路，但随着坝体升高，需要经常移动皮带机。为防止粗细颗粒分离，推土机采取分层平料，每次铺层厚度为要求的 1/3 ～ 1/2，推距最好在 20m 左右，最大不超过 50m。

### （三）铲运机上坝卸料和平料

铲运机是一种能综合完成挖、装、运、卸、平料等工序的施工机械。当料场距大坝 800 ～ 1500m，距散料 300 ～ 600m 时，使用铲运机上坝卸料和平料是经济有效的。铲运机铺料时，平行于坝轴线依次卸料，从填筑面边缘逐行向内铺料，空机从压实合格面上返回取土区。铺到填筑面中心线约一半（宽度）后，铲运机反向运行，接续已铺土料逐行向填筑面另一半的外缘铺料，空机从刚铺填好的松土层上返回取土区。

## 二、压实

### （一）非黏性土的压实

非黏性土透水料和半透水料的主要压实机械有振动平碾、气胎碾等。

振动平碾适用于堆石以及含有漂石的沙卵石、沙砾石和砾质土的压实。振动平碾压实功率大，碾压遍数少（4 ～ 8 遍），压实效果好，生产效率高，应优先选用。气胎碾可用于压实沙、沙砾料、砾质土。

除坝面特殊部位外，碾压方向应沿轴线方向进行。一般采用进退错距法作业。在碾压遍数较少时，也可采用一次压够后再行错车的方法，即搭接法。铺料厚度、碾压遍数、加水量、振动平碾的行驶速度、振动频率和振幅等主要施工参数要严格控制。分段碾压时，相邻两段交接带的碾迹应彼此搭接，垂直碾压方向，搭接宽度应不小于 0.3m，顺碾压方向应不小于 1.0m。

适当加水能提高堆石、沙砾料的压实效果，减少后期沉降量，但大量加水需增加工序和设施，影响填筑进度。堆石料加水的主要作用，除润滑颗粒以便压实外，更重要的是软化石块接触点，在压实时搓磨石块尖角和边棱，使堆石料更为密实，以减少坝体后期沉降量。沙砾料在洒水充分饱和的条件下，才能被有效地压实。

对于软化系数大、吸水率低（饱和吸水率小于 2%）的硬岩，加水效果不明显，可经对比试验决定是否加水。对于软岩及风化岩石，填筑含水量必须大于湿陷含水量，

最好充分加水，但应视其当时的含水量而定。对沙砾料或细料较多的堆石，宜在碾压前洒水一次，然后边加水边碾压，力求加水均匀。对含细粒较少的大块堆石，宜在碾压前洒水一次，以冲掉填料层面上的细粒料，利于层间结合，但在碾压前洒水，大块石裸露会给振动平碾碾压带来不利。对软岩堆石，由于振动平碾碾压后表面会产生一层岩粉，碾压后也应洒水，尽量冲掉表面岩粉，以利层间结合。

当加水碾压会引起泥化现象时，加水量应通过试验确定。堆石的加水量因其岩性、风化程度而异，一般为填筑量的 10% ~ 25%；沙砾料的加水量宜为填筑量的 10% ~ 20%；粒径小于 5mm、含水量大于 30% 及含泥量大于 5% 的沙砾石，加水量宜通过试验确定。

### （二）黏性土的压实

黏土心墙料压实机械主要用凸块振动碾，也可采用气胎碾。

#### 1. 压实方法

碾压机械压实方法采用进退错距法，要求的碾压遍数很少时，可采用一次压够遍数再错距的方法。分段碾压的碾迹搭接宽度：垂直碾压方向的不小于 0.3m，顺延碾压方向的应为 1.0 ~ 1.5m。碾压应沿坝轴方向进行。在特殊部位，如防渗体截水槽内或与岸坡结合处，应用专用设备在划定范围沿接坡方向碾压，碾压行车速度一般取 2 ~ 3km/h。

#### 2. 坝面土料含水量调整

土料含水量调整应在料场进行，仅在特殊情况下，可考虑在坝面作少许调整。

①土料加水。当上坝土料的平均含水量与碾压施工含水量相差不大，仅需增加 1% ~ 2% 时，可在坝面直接洒水。

加水方式分为汽车洒水和管道加水两种。汽车喷雾洒水均匀，施工干扰小，效率高，宜优先采用。管道加水方式多用于施工场面小、施工强度较低的情况。加水后的土料，一般应以圆盘耙或犁使其含水量均匀。

粗粒残积土在碾压过程中，随着粗粒被破碎，细粒含量不断地增多，压实最优含水量也在提高。碾压开始时比较湿润的土料，随着碾压可能变得干燥，因此在碾压过程中要适当地补充洒水。

②土料的干燥。当土料的含水量大于施工控制含水量上限的 1% 以内时，碾压前，可用圆盘耙或犁在填筑面进行翻松晾晒。

#### 3. 填土层结合面处理

当使用振动平碾、气胎碾及轮胎牵引凸块碾等机械碾压时，在坝面将形成光滑的表面。为保证土层之间结合良好，对于中、高坝黏土心墙或窄心墙，铺土前，必须将已压实合格面洒水湿润并刨毛 1 ~ 2cm 深。对于低坝，经试验论证后可以不刨毛，但仍须洒水湿润，严禁在表土干燥状态下在其上铺填新土。

## 三、结合部位处理

### （一）非黏性土结合部位

#### 1. 坝壳与岸坡结合部位的施工

坝壳与岸坡（或混凝土建筑物）结合部位施工时，汽车卸料及推土机平料时易出现大块石集中、架空现象，且局部碾压机械不易碾压。该部位宜采取的措施主要包括：与岸坡结合处 2m 宽范围内，可沿岸坡方向碾压；不易压实的边角部位应减薄铺料厚度，用轻型振动碾或平板振动器等压实机具压实；在结合部位可先填 1 ~ 2m 宽的过渡料，再填堆石料；在结合部位铺料后，出现的大块石集中、架空处，应予以换填。

#### 2. 坝壳填筑接缝处理

坝壳分期分段填筑时，在坝壳内部形成了横向接缝或纵向接缝，因此，坝壳填筑应采取适当措施，将接缝部位压实，其处理方法如下：

①留台阶法。先期铺料时，每层预留 1.0~1.5m 的平台，新填料松坡接触，采用碾磙骑缝碾压。留台阶法适用于填筑面大、无须削坡处理的情况。

②削坡法。削坡可分为推土机削坡、反铲或装载机削坡及人工削坡三种。

a. 推土机削坡。推土机逐层削坡，工作面比新铺料层面抬高一层，削除松料水平宽度为 1.5~2.0m，新填料与削坡松料相接，共同碾压。推土机削坡可在铺料之前平行作业，施工机动灵活，能适应不同的施工条件。

b. 削坡。反铲或装载机削坡须在铺新料前进行，新填料与压实料相接。

c. 人工削坡。人工削坡只适用于用沙砾料等小粒径石料填筑的坝壳。

### （二）黏性土结合部位

黏土防渗体与坝基（包括齿槽）、两岸岸坡、溢洪道边墙、坝下埋管及混凝土墙等结合部位的填筑，须采用专用机具、专门工艺进行施工，以确保填筑质量。

#### 1. 截水槽回填

当槽内填土厚度在 0.5m 以内时，可采用轻型机具（如蛙式夯等）薄层压实；当填土厚度超过 0.5m 时，可采用压实试验选定的压实机具和压实参数压实。基槽处理完成后，排除渗水，从低洼处开始填土。不得在有水的情况下填筑。

#### 2. 铺盖填筑

铺盖在坝体内与心墙或斜墙连接的部分，应与心墙或斜墙同时填筑，坝外铺盖的填筑，应于库内充水前完成。铺盖完成后，应及时铺设保护层。已建成的铺盖上，不允许进行打桩、挖坑等作业。

3. 黏土心墙与坝基结合部位填筑

无黏性土坝基铺土前，坝基应洒水压实，然后，按设计要求回填反滤料和第一层土料。铺土厚度可适当减薄，土料含水量调节至施工含水量上限，宜用轻型压实机具压实。黏性土或砾质土坝基，应将表面含水量调至施工含水量上限，用与黏土心墙相同的压实参数压实，然后洒水、刨毛、铺填新土。坚硬岩基或混凝土盖板上，前几层填料可用轻型碾压机具直接压实，填筑至少 0.5m 后才允许用凸块碾或重型气胎碾碾压。

4. 黏土心墙与岸坡或混凝土建筑物结合部位填筑

①填土前，必须清除混凝土表面或岩面上的杂物。在混凝土或岩面上填土时，应洒水湿润，并边涂刷浓泥浆、边铺土、边夯实，泥浆涂刷高度须与铺土厚度一致，并应与下部涂层衔接，严禁泥浆干后再铺土和压实。

②裂隙岩面处填土时，首先，应按设计要求对岩面进行妥善处理；其次，对岩面进行洒水处理；最后，边涂刷浓水泥黏土浆或水泥砂浆、边铺土、边压实（砂浆初凝前必须碾压完毕）。涂层厚度可为 5 ~ 10mm。

③黏土心墙与岸坡结合部位的填土，其含水量应调至施工含水量上限，选用轻型碾压机具薄层压实，不得使用凸块碾压实，黏土心墙与结合带碾压搭接宽度不应小于 1.0m。局部碾压不到的边角部位可使用小型机具压实。

④混凝土墙、坝下埋管两侧及顶部 0.5m 范围内填土，必须用小型机具压实，其两侧填土应保持均衡上升。

⑤岸坡、混凝土建筑物与砾质土、掺合土结合处，应填筑宽 1 ~ 2m 的塑性较高的黏土（黏粒含量和含水量都偏高）过渡，避免直接接触。

⑥如果岸坡过缓，对结合处进行碾压时，应注意土料因侧向位移出现的爬坡、脱空现象，并采取防治措施。

5. 填土接缝处理要求

斜墙和窄心墙内一般不应留有纵向接缝。均质土坝可设置纵向接缝，宜采用不同高度的斜坡与平台相间的形式，平台间高差不宜大于 15m。坝体接缝坡面可使用推土机自上而下削坡，适当保留保护层，随坝体填筑上升，逐层清至合格层。结合面削坡合格后，要控制含水量为施工含水量范围的上限。

# 第四节　面板堆石坝

## 一、钢筋混凝土面板的分块和浇筑

### （一）钢筋混凝土面板的分块

钢筋混凝土面板包括趾板和面板两部分。趾板设伸缩缝，面板设垂直伸缩缝、周边伸缩缝等永久缝和临时水平施工缝。面板要满足强度、抗渗、抗侵蚀、抗冻要求。垂直伸缩缝从底到顶通缝布置，中部受压区分缝间距一般为 12 ~ 18m，两侧受拉区按 6 ~ 9m 布置。受拉区设两道止水，受压区在底侧设一道止水，水平施工缝不设止水，但竖向钢筋必须相连。

### （二）钢筋混凝土面板的浇筑

1. 趾板施工

趾板施工应在趾基开挖处理完毕，经验收合格后进行，按设计要求进行绑扎钢筋、设置锚筋、预埋灌浆导管、安装止水片及浇筑上游铺盖。混凝土浇筑时，应及时振实，注意止水片与混凝土的结合质量，结合面不平整度应小于 5mm。混凝土浇筑后 28 d 以内，20m 之内不得进行爆破；20m 之外的爆破，要严格控制装药量。

2. 面板施工

面板施工在趾板施工完毕后进行。考虑到堆石体沉陷和位移对面板产生的不利影响，面板应在堆石体填筑全部结束后再施工。面板混凝土浇筑宜采用无轨滑模，起始三角块宜与主面板块一起浇筑。面板混凝土宜采用跳仓浇筑。滑模应具有安全设施，固定卷扬机的地锚应可靠，滑模应有制动装置。面板钢筋采用现场绑扎或焊接，也可用预制网片现场拼接。混凝土浇筑时，布料要均匀，每层铺料 250 ~ 300cm。止水片周围需人工布料，防止分离。振捣混凝土时，要垂直插入，至下层混凝土内 5cm，止水片周围用小振捣器仔细振捣。

振捣过程中，应防止振捣器触及滑模、钢筋、止水片。脱模后的混凝土要及时修整和压面。浇筑质量检查要求如下：

①趾板浇筑。每浇一块或每 50 ~ $100m^3$ 至少有一组抗压强度试件；每 $200m^3$ 成型一组抗冻、抗渗检验试件。

②面板浇筑。每班取一组抗压强度试件，抗渗检验试件每 500 ~ $1000m^3$ 成型一组，抗冻检验试件每 1000 ~ $3000m^3$ 成型一组，不足以上数量者，也应取一组试件。

## 二、沥青混凝土面板施工

### （一）沥青混凝土面板的施工方法

沥青混凝土面板的施工方法有碾压法、浇筑法、预制装配法和填石振压法四种。碾压法是将热拌沥青混合料摊铺后碾压成型的施工方法，用于土石坝的心墙和斜墙施工。浇筑法是将高温流动性热拌沥青混合材料灌注到防渗部位，一般用于土石坝心墙。预制装配法是把沥青混合料预制成板或块。填石振压法是先将热拌的细粒沥青混合材料摊铺好，填放块石，然后，用巨型振动器将块石振入沥青混合料中。

### （二）沥青混凝土面板的施工特点

①沥青混凝土面板施工需用专门的施工设备，由经受过施工培训的专业人员完成。沥青混凝土面板较薄，施工工程量小，机械化程度高，施工速度快。

②高温施工，施工顺序和相互协调要求严格。

③面板不需要分缝分块，但与基础、岸坡及刚性建筑物的连接需谨慎施工。

④不因开采土料而破坏植被，以利于环保。

### （三）沥青混凝土面板施工内容

#### 1. 沥青混凝土面板施工的准备工作

①趾墩和岸墩是保证面板与坝可靠连接的重要部位，一定要按设计要求施工。岸墩与基岩连接，一般设有锚筋，并用作基础帷幕及固结灌浆的压盖。其周线应平顺，拐角处应有曲线过渡，避免倒坡，以便于与沥青混凝土面板连接。

②与沥青混凝土面板相连接的水泥混凝土趾墩、岸墩及刚性建筑物的表面，在沥青混凝土面板铺筑之前，必须进行清洁处理，潮湿部位用燃气或喷灯烤干。然后在表面喷涂一层稀释沥青或乳化沥青，待稀释沥青或乳化沥青完全干燥后，再在其上面敷设沥青胶或橡胶沥青胶。沥青胶涂层要平整均匀，不得流淌。若涂层较厚，可分层涂抹。

③对于土坝，在整修好的填筑土体或土基表面先喷洒除草剂，然后铺设垫层。堆石坝体表面可直接铺设垫层。垫层料应分层填筑压实，并对坡面进行修整，使坡度、平整度和密实度等符合设计要求。

#### 2. 沥青混合料运输

①热拌沥青混合料应采用自卸汽车或保温料罐运输。自卸汽车运输时应防止沥青与车厢黏结。车厢内应保持清洁。从拌和机向自卸汽车上装料时，应防止粗细骨料离析，每卸一斗混合料应挪动一下汽车位置。保温料罐运输时，底部卸料口应根据混合料的配合比和温度设计得略大一些，以保证出料顺畅。一般沥青混合料运输车或料罐的运量，应满足拌和能力和摊铺速度的要求。

②运料车应采取覆盖篷布等保温、防雨、防污染的措施，夏季运输时间较短时，也可不加覆盖。

③沥青混合料运至地点后应检查拌和质量。不符合规定或已经结成团块、已被雨淋湿的混合料不得用于铺筑。

3. 沥青混合料摊铺

土石坝碾压式沥青混凝土面板多采用一级铺筑。当坝坡较长或因拦洪度汛需要设置临时断面时，可采用二级或二级以上铺筑。一级斜坡铺筑长度通常不超过 120m。当采用多级铺筑时，临时断面顶宽应根据牵引设备的布置及运输车辆交通的要求确定，一般不小于 10m。

沥青混合料铺筑时，多是沿最大坡度方向分成若干条幅，自下而上依次铺筑。当坝体轴线较长时，也有沿水平方向铺筑的，但多用于蓄水池和渠道衬砌工程。

4. 沥青混合料压实

沥青混合料应采用振动平碾碾压，要在上行时振动、下行时不振动。待摊铺机从摊铺条幅上移出后，用 2.5 ~ 8t 振动平碾进行碾压。条幅之间的接缝在铺设沥青混合料后应立即进行碾实，以获得最佳的压实效果。在碾压过程中有沥青混合料黏轮现象时，可向碾压轮洒少量水或洒加洗衣粉的水，严禁涂洒柴油。

5. 沥青混凝土面板接缝处理

为提高整体性，接缝边缘通常由摊铺机铺筑成 45°。当接缝处沥青混合料温度较低（小于 60℃）时，对接缝处的松散料应予以清除，并用红外线或燃气加热器将接缝处 20 ~ 30cm 加热到 100 ~ 110℃后，再铺筑新的条幅并进行碾压。有时在接缝处涂刷热沥青，以增强防渗效果。对于防渗层铺筑后发现的薄弱接缝处，仍须用加热器加热并用小型夯实器压实。

# 第五节　砌石坝施工

## 一、筑坝材料

### （一）石料开采、储存与上坝

砌石坝采用的石料有细料石、粗料石、块石和片石。细料石主要用作坝面石、拱石及栏杆石等，粗料石多用于浆砌石坝，块石用于砌筑重力坝内部，片石则用于填塞空隙。石料必须质地坚硬、新鲜，不得有剥落层或裂纹。

坝址附近应设置储料场，必须对料场位置、石料储量、运距和道路布置作全面规划。在中、小型工程中，主要靠人工进行石料及胶结材料的上坝运输。若坝面过高，则使用常用设备运输上坝，如简易缆式起重机、塔式起重机、钢井架提升塔、卷扬道、履带式起重机等。

### （二）胶结材料制备

砌石坝的胶结材料主要有水泥砂浆和一、二级配混凝土。胶结材料应具有良好的和易性，以保证砌体质量和砌筑工效。

#### 1. 水泥砂浆

水泥砂浆由水泥、砂、水按一定比例配合而成。水泥砂浆常用的强度等级为 M5.0、M7.5、M10.0、M12.5 四种。对于较高或较重要的浆砌石坝，水泥砂浆的配合比应通过试验确定。

#### 2. 细石混凝土

细石混凝土由水泥、水、砂和石按一定比例配合而成。细石多采用 5 ~ 20mm 和 20 ~ 40mm 二级配，配比大致为 1 ∶ 1，也可根据料源及试验情况确定。混凝土常用的强度等级分为 10.0mPa、15.0mPa、20.0mPa 三种。为改善胶结材料的性能、降低水泥用量，可在胶结材料中掺入适量掺合料或外加剂，但必须通过试验确定其最优掺量。

## 二、坝体砌筑

坝基开挖与处理结束，经验收合格后，方能进行坝体砌筑。块石砌筑是砌石坝施工的关键工作，砌筑质量直接影响坝体的整体强度和防渗效果，应根据不同坝型，合理选择砌筑方法，严格控制施工工艺。

### （一）拱坝的砌筑

①全拱逐层全断面均匀上升砌筑，即沿坝体全长砌筑，每层面石、腹石同时砌筑，逐层上升，一般采用一顺一丁砌筑法或一顺二丁砌筑法。

②全拱逐层上升，面石、腹石分开砌筑，即沿拱圈全长逐层上升，先砌面石，再砌腹石。该方法用于拱圈断面大、坝体较高的拱坝。

③全拱逐层上升，面石内填混凝土，即沿拱圈全长先砌内外拱圈面石，形成厢槽，再在槽内浇筑混凝土。这种方法用于拱圈较薄、混凝土防渗体设在中间的拱坝。

④分段砌筑，逐层上升，即将拱圈分成若干段，每段先砌四周面石，然后砌筑腹石，逐层上升。这种方法的优点是便于劳动组合，适用于跨度较大的拱坝，但增加了径向通缝。

### （二）重力坝的砌筑

重力坝砌筑工作面开阔，通常采用沿坝体全长不分段地逐层砌筑的施工方法，但当坝轴线较长、地基不均匀时，也可根据情况进行分段砌筑，每个施工段逐层均匀上升。若不能保证均匀上升，则要求相邻砌筑面高差不大于 1.5m，并做成台阶形连接。重力坝砌筑多用水平通缝法施工，并且上下层错缝。为了减少水平渗漏，可在坝体中间，砌筑一水平错缝段。

## 三、施工质量检查与控制

### （一）浆砌石体的质量检查

砌石工程在施工过程中，要对砌体进行抽样检查。常规的检查项目及检查方法有以下几种。

#### 1. 浆砌石体表观密度检查

浆砌石体的表观密度检查是质量检查中比较关键的地方。浆砌石体表观密度检查有试坑灌砂法和试坑灌水法两种。以灌砂、灌水的手段测定试坑的体积，并根据试坑挖出的浆砌石体材料的重量，计算出浆砌石体的单位重量。

#### 2. 胶结材料的检查

砌石所用的胶结材料应检查其拌和是否均匀，并取样检查其强度。

#### 3. 砌体密实性检查

砌体的密实性是反映砌体砌缝饱满程度、衡量砌体砌筑质量的一个重要指标。砌体的密实性以其单位吸水量表示。其值愈小，砌体的密实性愈好。单位吸水量用压水试验进行测定。

### （二）砌筑质量的简易检查

#### 1. 在砌筑过程中翻撬检查

对已砌砌体抽样翻起，检查砌体是否符合砌筑工艺要求。

#### 2. 钢钎插孔注水检查

在竖向砌缝中的胶结材料初凝后至终凝前，以钢钎沿竖缝插孔，待孔眼成型稳定后，向孔中注入清水，观察 5 ~ 10min，若水面无明显变化，说明砌缝饱满密实；若水迅速漏失，说明砌缝不密实。

#### 3. 外观检查

砌体应稳定，灰缝应饱满，无通缝；砌体表面应平整，尺寸符合设计要求。

# 第六章　混凝土坝工程设计施工

## 第一节　混凝土生产

### 一、混凝土生产系统的设置和布置要求

#### （一）设置

水利工程根据其工程大小、目的、要求及施工组织的不同，可设置一个混凝土生产系统或几个混凝土生产系统。混凝土生产系统设置方式可分为集中设置、分期设置、分标段设置三种。集中设置多用于建筑物密集、运输线路短且流畅、全河床可一次性截流的水利工程。分期设置一般用于在河流流量大且宽阔的河段上，用分期导流、分期施工的工作方式的水利工程。分标段设置多用于项目被分段单独招标，各中标单位各自规划设计工程的水利工程。

#### （二）布置要求

在施工前，除根据实际情况对混凝土生产系统进行设置外，还要知道混凝土生产系统的一些布置要求。其具体布置要求如下。

1. 选择地形平坦、地质优良的地方作为厂址，并且拌和楼尽量选择在稳定、承载能力强的地基上。

2. 为避免供应困难，拌和楼要尽量靠近浇筑点，生产系统到坝址的距离一般为500m，爆破距离在300m以上。

3. 常温和低温条件下混凝土的生产能力是不同的，所以要考虑好冬季和夏季的混凝土出产时间，保证混凝土出线顺畅。

4. 综合考虑场地、建筑物位置和高度，厂区的高程要满足浇筑方案的要求。

5. 根据近20年的洪水情况来确定主建筑物的高程，确保在突发情况时，主建筑物的安全。在生产系统选址时，应确保其不受山洪或泥石流的威胁。

## 二、混凝土生产系统

### （一）混凝土

#### 1. 施工准备

在进行混凝土施工前，要先进行基础处理，对土基要先将保护层挖除，清理地基中的杂物，将碎石等埋入其中，浇筑混凝土以打牢地基。若有地下水，要做截水墙，并将积水排出。

施工缝是指施工时浇筑块之间新老混凝土间的结合面。在进行施工缝处理时，要将老混凝土表面的浮皮清除干净，露出有石子的麻面，便于新老混凝土的结合。

开仓浇筑前，对模板、钢筋、预埋物等进行全面认真的检查。

检查脚手架、照明设备、工作平台、混凝土原料等基础设备是否准备完毕。混凝土工程是一项具有一定危险性的工程，应在事前对工具、设备的安全性、可用性等进行检查，确保安全施工。

#### 2. 混凝土拌制

混凝土拌制是指对混凝土原料按照一定的配合比进行搅拌形成均匀混凝土的过程。

混凝土的配料精度直接影响混凝土的质量，所以，配料需要按计划要求进行称量。将砂、石、水泥、掺合料按质量称量，水和其他溶液按所需的质量换算成相应的体积。

混凝土拌和有人工拌和和机械拌和两种。人工拌和一般是先倒入沙和水泥，反复搅拌均匀后，在中间扒开的坑中加入水和石子儿，再进行搅拌，直到颜色均匀，人工拌和是早期采用的一种方法，它的工作量大，工作效率不高，现在一般采用机械拌和。

混凝土搅拌机有自落式和强制式两种。

自落式混凝土搅拌机通过筒身的旋转，带动搅拌叶片带着原料升高，在重力的作用下原料自由下落，因此原料被反复翻拌，达到均匀搅拌的目的。

强制式混凝土搅拌机是筒身固定，搅拌叶片旋转，从而使原料被反复翻拌而混合均匀。

#### 3. 混凝土运输

混凝土搅拌后不宜久放，运输方法和外界环境都会影响混凝土的质量，从而影响施工工程的质量。混凝土运输时要尽量缩短运输时间，减少转运次数。运输道路应基本平坦，避免搅拌物分离。有时还需用一些遮挡物覆盖混凝土，避免日晒、雨水等影响混凝土质量。常用的混凝土运输设备，有机动翻斗车和混凝土搅拌运输车。

#### 4. 混凝土浇筑

浇筑前，在老混凝土面上先铺一层水泥砂浆，保证新老混凝土能良好结合。铺料厚度根据拌和能力、运输距离、浇筑速度、气温等而定。

铺料之后是平仓，它是把仓内卸入的混凝土均匀铺开，并达到一定的厚度要求。在用振捣器平仓时，不可将平仓和振捣合在一起，而是将振捣器斜插入混凝土料堆下部，慢慢地推着混凝土向前移动，反复多次，直到混凝土的厚度均匀。

振捣是影响混凝土浇筑质量的关键步骤。振捣可以压实混凝土中的空隙，使混凝土更紧实地与模板、钢筋等结合良好，保证混凝土坝结实。

5. 混凝土养护

混凝土浇筑完毕后，要保持适当的温度和湿度，以便于混凝土更好地硬化，这就是混凝土的养护。养护方法分为自然养护和加热养护两种。自然养护的基本要求是：浇筑完成后，在混凝土上覆盖草、麻袋等物，不断洒水保持其表面湿润，严禁任何人在上面行走、安装模板支架，更不得作冲击性或任何劈打的操作。加热养护是用蒸汽或电热等对混凝土进行湿热养护。

## （二）拌和楼

拌和楼按结构布置形式分为单阶式、双阶式、移动式三种。

1. 单阶式拌和楼

单阶式拌和楼是将所有混凝土物料，由上而下垂直布置在一座楼里，按照工艺流程依次分为进料层、储料层、配料层、拌和层、出料层。这种楼形是应用最为广泛的一种形式，比较适用于工程量大、工期长的水利工程。拌和楼是先将骨料和水泥分别运送到储料层的分隔仓中，料仓中的自动称将称好的各种物料汇入集料斗，由回转式给料器送到拌和机中，机器自动称量好所需的水后，加入拌和机中开始搅拌。

2. 双阶式拌和楼

双阶式拌和楼是由两部分组成的，一部分用于骨料进料、料仓储藏和称量，另一部分用于拌和、混凝土出料等。两部分由皮带机连接，一般在同一高度，也可利用不同高度所形成的高度差。

3. 移动式拌和楼

移动式拌和楼适用于线路长、施工便道远且被间断的情况，一般适用于小型的水利工程。

## （三）拌和设备的容量问题

一般根据施工组织安排的高峰月混凝土浇筑强度，来计算混凝土生产系统小时生产能力，见式（6.1）

$$P=QmKh/mn \tag{6.1}$$

式中：P 为混凝土生产系统小时生产能力，$m^3/h$；Qm 为高峰月混凝土浇筑强度，

$m^3$/ 月；m 为月工作时间，一般取 25d；n 为日工作时间，一般取 20h；Kh 为小时不均匀系数，一般取 1.5。

应按设计安排的浇筑最大仓面面积、混凝土初凝时间、浇筑层厚度、浇筑方法等条件，校核所选拌和楼的小时生产能力，以及与拌和楼配套的辅助设备的生产能力等，是否满足相应要求。

## （四）水平输送设备

水平输送主要包括有轨运输与皮带机运输两种方式。

### 1. 有轨运输

有轨运输一般分为机车拖平板车立罐和机车拖侧卸罐车两种。

机车拖平板车立罐的运输能力强，管理方便，运输过程中震动小，特别适用于工程量大、浇筑强度高的工程，是水利工程中常用的一种方式。其主要缺点是：要求混凝土工厂与混凝土浇筑供料点之间高差小、线路的纵坡小、转弯的半径大，对复杂的地形变化适应性差，土建工程量大，修建工期长。

机车拖挂 3 ~ 5 节平台列车，上放混凝土立式吊罐 2 ~ 4 个，直接到拌和楼装料。列车上预留 1 个罐的空位，以备转运时放置起重机吊回的空罐。这种运输方法有利于提高机车和起重机的效率，缩短混凝土运输时间。

立罐容积有 $1m^3$、$3m^3$、$6m^3$ 和 $9m^3$，容量应与拌和机及起重机的能力相匹配。

立罐外壳为钢制品，装料口大，出料口小，并设弧门控制，用人力或气压启闭。

### 2. 皮带机运输

皮带机运输的优点是设备简单，操作方便，成本低，生产率高。其缺点如下：

①运输流态混凝土时容易分层离析，砂浆损失较为严重，在运输中要特别注意避免砂浆损失，必要时适当增加配合比的砂率，并且皮带机卸料处应设置挡板、卸料导管和刮板。

②薄层运输与大气接触面大，容易改变物料的温度和含水量，影响混凝土质量。当输送混凝土的最大骨料粒径大于 80mm 时，应进行适应性试验，保证混凝土质量符合要求。此外，露天皮带机上最好搭设盖棚，避免混凝土受日照、风、雨等影响；低温季节施工时，应有适当的保温措施，及时清洗皮带上黏附的水泥砂浆，并应防止冲洗水流入仓内。

## （五）垂直输送设备

### 1. 履带式起重机

履带式起重机直接在地面上开行，无须轨道。它的提升高度不大，但机动灵活、适应狭窄的地形，在开工初期能及早使用，生产率高。常与自卸汽车配合浇筑混凝土墩、墙，或基础、护坦、护坡等。

2. 门式起重机和塔式起重机

门式起重机简称门机，是一种大型移动式起重设备。它的下部为钢结构门架，门架底部装有车轮，可沿轨道移动。门架下可供运输车辆在同一高程上运行，具有结构简单、运行灵活、起重量大、控制范围较大、工作效率较高等优点，在大型水利工程中应用较普遍。

塔式起重机又称塔机或塔吊，是在门架上装置数十米高的钢塔，用于增加起重高度。

起重臂多是水平的，不能仰伏，靠起重小车（带有吊钩）沿起重臂水平移动来改变起重幅度，所以控制范围是一个长方形的空间。塔机的稳定性和运行灵活性不如门机，当有 6 级以上大风时，必须停止工作。由于塔顶旋转由钢绳牵引，塔机只能向一个方向旋转 180° 或 360° 之后，再回转。相邻塔机运行时的安全距离要求大，相邻中心距不得小于 34m，而门机却可以任意转动。塔机适用于浇筑高坝，若将多台塔机安装在不同的高程上，可以发挥控制范围大的优点。

3. 缆式起重机

缆式起重机简称缆机，主要由一套凌空架设的缆索系统、起重小车、首塔架、尾塔架等组成，机房和操纵室一般设在首塔内。

缆索系统为缆机的主要组成部分，包括承重索、起重索、牵引索和各种辅助索。承重索两端系在首塔和尾塔顶部，承受很大的拉力，通常用光滑、耐磨、抗拉强度很高的钢丝制成，是缆索系统中的主索。起重索用于垂直方向升降起重钩。牵引索用于牵引起重小车沿承重索移动。首、尾钢塔架为三角形空间结构，分别布置在两岸较高的地方。

缆机的类型一般按首、尾塔的移动情况划分，有固定式、平移式和辐射式三种。首、尾塔都固定者，为固定式缆机；首、尾塔都可移动的，为平移式缆机；尾塔固定，首塔沿弧形轨道移动者，为辐射式缆机。

缆机适用于狭窄河床处的混凝土坝浇筑。不仅具有控制范围大、起重量大、生产率高的特点，而且能提前安装和使用，使用期长，不受河流水文条件和坝体高的影响，对加快主体工程施工具有明显的作用。如五强溪、东江、安康、乌江渡等工程均采用缆机。缆机的起重量一般为 10 ~ 20t，最大可达 50t，跨度一般为 600 ~ 1000m，起重小车移动速度为 360 ~ 670m/min，吊钩垂直升降速度为 100 ~ 290m/min，每小时可吊运混凝土罐 8 ~ 12 次。20t 缆机的浇筑强度可达 80000$m^3$/ 月。三峡工程采用了两台跨度 1416m、塔架高 125m、起重量 20t 的摆动式缆机。

4. 泵送混凝土运输机械

采用混凝土泵及其导管输送混凝土，能够保持混凝土原来的性能既可水平输送，也可垂直输送，常用在工作面狭窄的地方，如隧洞衬砌、导流底孔封堵等。采用较多的是柱塞式混凝土泵，利用柱塞在缸体内的往复运动，将混凝土拌和物沿管道连续压送到浇筑工作面。

电动活塞式混凝土泵是活塞缸内做往返运动的柱塞，将承料斗中的混凝土吸入并压出，经管道送至浇筑仓内。

电动活塞式混凝土泵的输送能力有 $15m^3/h$、$20m^3/h$、$40m^3/h$ 等几种。导管管径为 150 ~ 200mm，输送混凝土骨料最大料径为 50 ~ 70mm，最大水平运距可达 300m，或竖直升距 40m。

在使用电动活塞式混凝土泵的过程中，要注意泵送混凝土料的特殊要求和防止导管堵塞。一般在泵开始工作时，应先压送适量的水泥砂浆以润滑管壁；当工作中断时，应每隔 5min 将泵运转两三圈；若停工时间在 0.5h 以上，应先清除泵及导管内的混凝土，并用水清洗。泵送混凝土最大骨料粒径不得大于导管内径的 1/3，不允许有超径骨料，坍落度以 8 ~ 14cm 为宜，含砂率应控制在 40% 左右，混凝土的水泥用量不少于 $250kg/m^3$。

风动输送混凝土泵工作时，利用压缩空气（气压为 6.4 × 105 ~ 8 × 105Pa）将密闭在罐内的混凝土料压入输送管内，并沿管道吹送到终端的减压器，降低速度和压力，改变运动方向后喷出管口。

风动输送是一种间歇性作业，每次装入罐内的混凝土量约为罐容积的 80%；其水平运距可达 350m，垂直运距可达 60m，生产率可达 $50m^3/h$。整套风动装置可安装在固定的机架上或移动的车架上，风动输送泵对混凝土配合比的要求，基本上与活塞式混凝土泵相同。

5. 塔带机

塔带机是集水平运输与垂直运输于一体，将塔机与皮带机输送有机结合的专用皮带机，要求混凝土拌和、水平供料、垂直运输及仓面作业配套进行，以发挥高效率。

塔带机是一种新型混凝土浇筑设备，一般布置在坝内，要求大坝坝基开挖完成后，快速进行塔带机系统的安装、调试和运行，使其尽早投入正常生产。它适用于混凝土工程量较大、浇筑强度较高的高大型闸、坝工程。其可适应浇筑常态混凝土及碾压混凝土，运送两种以上品种混凝土时改变混凝土品种较困难，国内工程除三峡工程外，其他工程均较缺乏实践经验，所以塔带机的布置及选择要根据坝或厂房布置、混凝土系统布置通过技术经济、工期分析比较后确定。

### （六）用溜筒、溜管、溜槽、负压（真空）溜槽运输混凝土

溜槽和溜管曾一度被用作运输混凝土的辅助设备，在混凝土的浇筑生产中广泛地应用，主要用在高度不大的情况下滑送混凝土，可以将用皮带机、自卸汽车、吊罐等运输的来料转运入仓，也曾是大型混凝土运输机械设备难以顾及部位的有效入仓手段。随着水利施工技术的不断发展，特别是由于水工大型竖井高几十米至上百米，斜管道长几百米，大坝两岸陡坡高几十米甚至数百米，常规浇筑手段入仓困难，溜槽和溜管作为这些部位混凝土浇筑的主要运送设备，正在被更多工程采用。

使用溜筒、溜管、溜槽、负压（真空）溜槽运输混凝土时，应遵守以下规定。

①溜筒（管、槽）内壁应光滑，开始浇筑前应用砂浆润滑筒（管、槽）内壁；当用水润滑时应将水引出仓外，仓面必须有排水措施。

②使用溜筒（管、槽）应经过试验论证，确定溜筒（管、槽）高度与合适的混凝土坍落度。

③溜筒（管、槽）宜平顺，每节之间应连接牢固，应有防脱落保护措施。

④运输和卸料过程中应避免混凝土分离，严禁向溜筒（管、槽）内加水。

⑤当运输结束或溜筒（管、槽）堵塞经处理后，应及时清洗，且应防止清洗水进入新浇混凝土仓内。

结合施工规范及相关水电站施工经验给出以下参考数据：当混凝土坍落度为 5 ~ 7cm 时，溜管垂直运输可在 150m 以内，斜管运输倾角宜大于 30°，长度可在 250m 以内；当采用溜槽运输时，倾角 30° ~ 60°，长度宜在 100m 以内，当超过此长度时，应改用溜管。

## 第二节　混凝土的温度控制和分缝分块

### 一、混凝土的温度控制

混凝土在凝固过程中，水泥水化会释放大量水化热，使混凝土内部温度上升。对尺寸小的结构，由于散热较快，温升不高，不致引起严重后果；但对大体积混凝土，混凝土导热性能随热传导距离增加呈非线性衰减，大部分水化热将积蓄在浇筑块内，使块内温度高达 50℃。

浇筑完成后的初期混凝土内部温度上升引起混凝土膨胀变形，升温过程中受基岩影响，混凝土产生的压应力很小。日后随着温度的逐渐降低，混凝土会收缩变形并产生很大的拉应力，如基础混凝土在降温过程中受基岩或老混凝土的约束、非线性温度

场引起各单元体之间变形不一致的内部约束、气温骤降情况下表层混凝土的急剧收缩变形、受内部热胀混凝土的约束等产生的应力。当温度降低，混凝土产生的拉应力大于压应力时，混凝土表面就会出现裂缝。在国内外水利工程大体积混凝土裂缝统计中，大多数的裂缝是因为温度不均引起的，因此制定相应的控制混凝土温度、防止裂缝的措施，是保证混凝土施工质量的重要方向。

## （一）温度裂缝

### 1. 表面裂缝

混凝土浇筑后，其内部由于水化热升温，体积膨胀，如果受到岩石或老混凝土约束，在初期将产生较小的压应力，当后期出现较小的降温时，即可将压应力抵消。而当混凝土温度继续下降时，将出现较大的拉应力，但混凝土的强度和弹性模量随龄期而增长，只要对混凝土块进行适当的温度控制即可防止开裂。其危险的情况是：当遇到寒潮时，气温会骤降，表层降温收缩，内胀外缩会在混凝土内产生压应力，在表层则产生拉应力。各点温度应力的大小取决于该点温度梯度的大小。在混凝土内，处于内外温度平均值的点应力为零，高于内外温度平均值的点承受压应力，低于内外温度平均值的点承受拉应力。

当表层温度拉应力超过混凝土的允许抗拉强度范围时，将产生裂缝，从而形成表面裂缝，其深度不超过30cm。这种裂缝大多发生在浇筑块侧壁上，方向不定，短而浅。随着混凝土内部温度下降，外部气温回升，将会出现重新闭合的可能。

大量工程实践表明，混凝土坝温度裂缝中绝大多数为表面裂缝，且大多数表面裂缝是由混凝土浇筑初期遇气温骤降引起的，少数表面裂缝是因中后期受年气温变化或水温影响，内外温差过大造成的。表面保护是防止表面裂缝的有效措施，特别是混凝土浇筑初期，内部温度较高时更应注意表面保护。

### 2. 贯穿裂缝和深层裂缝

变形和约束是产生应力的两个必要条件，由于混凝土浇筑温度较高，加上水泥水化释放大量水化热，混凝土达到最高温度，当混凝土温度降到施工期的最低温度或水库运行期的稳定温度时，即产生基础温差，这种均匀降温会使混凝土产生裂缝，这种裂缝是因混凝土的变形受外界约束而产生的，它的整个断面均匀受拉应力，一旦发生，就会形成贯穿裂缝。由温度变化引起的温度变形是普遍存在的，有无温度应力出现的关键在于有无约束。人们不仅把基岩视为刚性基础，也把已凝固、弹性模量较大的下部老混凝土视为刚性基础。这种基础对新浇不久的混凝土产生的温度变形所施加的约束作用称为基础约束。这种约束在混凝土升温膨胀时引起压应力，在降温收缩时引起拉应力。当拉应力超过混凝土的极限抗拉强度时，就会产生裂缝，称为基础约束裂缝。由于这种裂缝自基础面向上发展，严重时可能贯穿整个坝段，又称为贯穿裂缝。此种裂缝对气温变化很敏感，表面宽度沿延伸方向的变化很明显。此外，裂缝从接近基岩处到顶端是逐渐尖灭的，切割深度可达 5m，故又称为深层裂缝。裂缝的宽度可达 3mm，且多垂直基面向上延伸，既可能平行纵缝贯穿，也可能沿流向贯穿。

刚浇筑的筑块的内部温度分布均匀，由于基础对塑性混凝土的变形无约束，故无应力产生。由于温升过程时间不长，可将筑块温升视为绝热温升，其内部温度均匀上升。升温过程中筑块尚处于塑性状态，变形自由，故无温度应力产生。事实上，只有降温结硬的混凝土在接近基础面的部分，才会受到刚性基础的双向约束，难以变形。混凝土冷却收缩时基础对其产生拉应力，当此拉应力大于混凝土的抗拉强度时，将引起贯穿裂缝。温度变化引起的变形与基础的约束应力产生的变形相互抵消，表现为紧贴基础部位无变形产生。

### （二）大体积混凝土温度控制的任务

大体积混凝土紧靠基础产生的贯穿裂缝，无论是对坝的整体受力，还是对防渗效果的影响，比之浅层表面裂缝的危害都大得多。表面裂缝虽然可能成为深层裂缝的诱发因素，对坝的抗风化能力和耐久性有一定的影响，但毕竟其深度浅、长度短，一般不致形成危害坝体安全的决定因素。

大体积混凝土温度控制的首要任务是，通过控制混凝土的拌和温度来控制混凝土的入仓温度，再通过一期冷却来降低混凝土内部的水化热温升，从而降低混凝土内部的最高温度，使温差降低到允许范围。

大体积混凝土温度控制的另一个任务是通过二期冷却，使坝体温度从最高温度降到接近稳定温度，以便在达到灌浆温度后及时进行纵缝灌浆。众所周知，为了施工方便和满足温度控制要求对坝体所设的纵缝，在坝体完工时应通过接缝灌浆使之结合成为整体，方能保证蓄水安全。倘若坝体内部的温度未达到稳定温度就进行灌浆，灌浆后坝体温度进一步下降，又会将胶结的缝重新拉开。因此，将坝体温度迅速降低到接近稳定温度的灌浆温度是接缝灌浆和坝体蓄水安全的重要前提。

需要采取人工冷却降低坝体混凝土温度的另一个重要原因，是大体积混凝土散热条件差，单靠自然冷却使混凝土内部温度降低到稳定温度，需要的时间很长，少则十几年，多则几十年、上百年，从工程及时完工的要求来看，必须采取人工冷却措施。

### （三）混凝土的温度控制措施

混凝土温度控制的具体措施常从混凝土的减热和散热两方面入手。所谓减热，就是减少混凝土内部的发热量，如降低混凝土的拌和出机温度，以降低入仓浇筑温度；降低混凝土的水化热温升，以降低混凝土可能达到的最高温度。所谓散热，就是采取各种散热措施，如增加混凝土的散热面，在混凝土温升期采取人工冷却降低其温升，当到达最高温度后，采取人工冷却措施，缩短降温冷却期，将混凝土块内的温度尽快降到灌浆温度，以便进行接缝灌浆。

1. 降低混凝土水化热温升

减少每立方米混凝土的水泥用量，主要措施如下：

①根据坝体的应力场对坝体进行分区，不同分区采用不同强度等级的混凝土。

②采用低流态或无坍落度干硬性贫混凝土。

③改善骨料级配，减小砂率，优化配合比设计，采取综合措施，以减少每立方米混凝土水泥用量。

④掺用混合材料。粉煤灰、掺合料的用量可达水泥用量的 25% ~ 40%。

⑤采用高效减水剂。高效减水剂不仅能节约水泥用量约 20%，使 28d 龄期混凝土的发热量减少 25% ~ 30%，且能提高混凝土早期强度和极限拉伸值。

⑥采用水化热低的水泥。在满足混凝土各项设计指标的前提下，应采用水化热低的水泥，如中热水泥和低热硅酸盐水泥，但低热硅酸盐水泥因早期强度低、成本高，已逐渐被淘汰。近年来已开始生产低热微膨胀水泥，它不仅水化热低，且有膨胀作用，对降温收缩还可以起到补偿作用，减小收缩引起的拉应力，有利于防止裂缝的产生。

2. 降低混凝土的入仓温度

在施工组织上，安排春、秋季多浇，夏季早晚浇而中午不浇，这是经济且有效降低入仓温度的措施。

加冰或加冷水拌和混凝土时，要注意以下内容：

①混凝土拌和时，将部分拌和水改为冰屑，利用冰的低温和冰融解时吸收潜热的作用。实践证明，混凝土拌和水温降低 1℃，可使混凝土出机口温度降低 0.2℃左右。

②规范规定，加冰量不得大于拌和用水量的 80%。加冰拌和时，冰与拌和材料直接作用，冷量利用率高，降温效果显著，但加冰后，混凝土拌和时间要适当延长，相应会影响生产能力。若采用冰水拌和或地下低温水拌和，则可避免这一弊端。

在降低骨料温度方面，可采取以下措施：

①成品料仓骨料的堆料高度不宜低于 6m，并应有足够的储备。

②搭盖凉棚，用喷雾机喷雾降温（砂除外），水温降低 2 ~ 5℃，可使骨料温度降低 2 ~ 3℃。

③通过就近取料，防止骨料运输过程中温度回升，运输设备均应有防晒隔热措施。

④水冷。使粗骨料浸入循环冷却水中 30 ~ 45min，或在通入拌和楼料仓的皮带机廊道、地弄或隧洞中装设喷洒冷却水的水管。喷洒冷却水皮带段的长度由降温要求和皮带机运行速度而定。

⑤可在拌和楼料仓下部通入冷气，冷风经粗料的空隙，由风管返回制冷厂。砂难以采用冰冷，若用风冷，又由于砂的空隙小，效果不显著，故只有采用专门的风冷装置吹冷。

⑥真空气化冷却。利用真空气化吸热原理，将放入密闭容器的骨料利用真空装置抽气并保持真空状态约 0.5h，使骨料气化降温冷却。

9. **加速混凝土散热**

①采用自然散热冷却降温。采用低块薄层浇筑，并适当延长散热时间，即适当增加间歇时间。基础混凝土和老混凝土约束部位浇筑层厚以 1 ~ 2m 为宜，上下层浇筑间歇时间宜为 5 ~ 10d。在高温季节已采取预冷措施时，则应采用后块浇筑，缩短间歇时间，防止因气温过高而热量倒流，以保持预冷效果。

②在混凝土内预埋水管通水冷却。在混凝土内预埋蛇形冷却水管，通循环冷水进行降温冷却。在国内工程中，多采用直径约为 2.54cm 的黑铁管进行通水冷却，该种水管施工经验较多，施工方法成熟，水管导热性能好，但水管需要在工地附属加工厂进行加工制作，制作、安装均不方便，且费时较多。此外，接头渗漏或堵管现象时有发生，材料费及制作、安装费用也较高，目前应用较多的是塑料水管。塑料软管充气埋入混凝土内，待混凝土初凝后再放气拔出，清洗后以备重复利用。冷却水管平面布置为蛇形，断面为梅花形，也可布置成棋盘形。蛇形管弯头由硬质材料制作，当塑料软管放气拔出后，弯头仍留在混凝土内。

## 二、混凝土的分缝分块

为控制坝体施工期间混凝土坝的温度应力，并适应施工机械设备的浇筑能力，需要用垂直于坝轴线的横缝和平行于坝轴线的纵缝以及水平缝，并将坝体划分为许多浇筑块进行浇筑。浇筑块的划分应考虑结构受力特征以及土建施工和设备埋件安装的方便。

### （一）纵缝分块法

纵缝为平行于坝轴线、带键槽的竖直缝。纵缝将坝段分成独立的柱状体，水平缝则将柱状体分成浇筑块。这种分块方法又称为柱状分块，目前在我国应用最为普遍。

设置纵缝的目的在于给温度变形留出余地，以避免产生基础约束裂缝。纵缝间距一般为 20 ~ 40m，间距太小则降温后接缝张开宽度达不到 0.5mm 以上的要求，不利于灌浆。纵缝分块的优点是：温度控制比较有把握，混凝土浇筑工艺比较简单，各柱状体可以分别上升，相互干扰小，施工安排灵活。其缺点是：纵缝将仓面分得较窄小，模板工作量增加，且不便于大型机械化施工；为了恢复坝的整体性，纵缝需要进行接缝灌浆处理，且坝体蓄水兴利会受到灌浆冷却的限制。

为了增加纵缝灌浆后的抗剪能力，在纵缝面上应设键槽。键槽常呈直角三角形，其短边和长边应分别与坝的第一、第二主应力正交，使键槽面承压而不受剪。

### （二）斜缝分块法

斜缝为大致沿坝体两组主应力之一的轨迹面设置的伸缩缝，一般往上游倾斜，其缝面与坝体第一主应力方向大体一致，使缝面上的剪应力基本消除。因此，斜缝面只需要设置梯形键槽、加插筋和凿毛处理，不必进行斜缝灌浆。为了坝体防渗的需要，斜缝的上端应在离迎水面一定距离处终止，并在终点顶部加设并缝钢筋或并缝廊道。

从施工方面考虑，选择斜缝有以下两个原因：①坝内埋设有引水钢管，斜缝与钢管的斜段平行，便于钢管安装；②为了拦洪，采用斜缝分块可以及时形成临时挡水断面。

斜缝分块的缺点是：只有先浇筑上游正坡坝块，才能浇筑倒坡坝块，施工干扰大，选择仓位的灵活性较小；斜缝前后浇筑块的高差和温差需要严格控制，否则会产生很大的温度应力。因为斜缝面可以不灌浆，所以坝体建成后即可蓄水受益，节约工程投资。

### （三）错缝分块法

错缝分块是将块间纵缝错开，互不贯通，错距等于层厚的 1/3 ~ 1/2，坝的整体性好，也不需要进行纵缝灌浆，但错缝分块高差要求严格，由于浇筑块相互搭接，浇筑次序需按一定规律安排，施工干扰很大，施工进度很慢，同时，在纵缝上下端因应力集中容易开裂。

### （四）通仓浇筑法

采用通仓浇筑法时，在坝段内不设纵缝，逐层往上浇筑，不存在接缝灌浆问题。由于浇筑仓面大，可节省大量模板，便于大型机械化施工，有利于加快施工进度，提高坝的整体性。但是，大面积浇筑受基础和老混凝土的约束力强，容易产生温度裂缝。为此，通仓浇筑法对温度要求很严格，除采用薄层浇筑、充分利用自然散热外，还必须采取多种预冷措施，允许温差控制在 15 ~ 18℃。

上述四种分块方法，以纵缝分块法应用最为普遍；中低坝可采用错缝分块法或不灌浆的斜缝分块法；若采用通仓浇筑法，应有专门论证和全面的温度控制措施。

# 第三节　常态混凝土筑坝

## 一、模板的基本类型

模板按使用材料可分为木模板、钢模板、钢木混合模板、预制混凝土模板、钢筋混凝土模板、铝合金模板、塑料模板以及竹胶混合材料制作的模板等。

模板按形状可分为平面模板和曲面模板。

模板按受力条件可分为承重模板和侧面模板，侧面模板按其支撑受力方式分为简支模板、悬臂模板和半悬臂模板。

模板按架立和工作特征可分为固定式模板、拆移式模板、移动式模板、自升式模板和滑升模板。固定式模板多用于起伏的基础部位或特殊的异形结构，如蜗壳或扭曲面，因大小不等、形状各异，难以重复使用。拆移式模板、移动式模板、自升式模板、滑升模板可重复或连续在形状一致及变化不大的部位使用，有利于实现标准化和系列化。

## 二、模板使用的材料

### （一）木模板

木模板由木材面板、加劲肋和支架三个基本部分组成。加劲肋把面板连接起来，并由支架安装在混凝土浇筑块上，形成浇筑仓。对于应用在水电站的蜗壳、尾水管等因形状复杂，断面随结构形体曲线而变化的部位的模板，应先按结构设计尺寸制作若干形状不同的排架，再分段拼装成整体，表面用薄板覆盖，吊装就位，形成浇筑仓。

### （二）钢模板

钢模板由面板和支撑体系两部分组成。工程上常用组合钢模板，其面板一般是由标准化单块模板组成，支撑体系由纵横联系梁及连接件组成。联系梁一般采用薄壁槽钢、薄壁矩形或圆形断面钢管。连接件包括 U 形卡、L 形插销、钩头螺栓、蝶形扣件等。

组合钢模板常用于水闸、混凝土坝、水电站厂房等工程。

### （三）预制混凝土模板

预制混凝土模板及钢筋混凝土预埋式模板既是模板，也可以浇筑后不拆除作为建筑物的护面结构使用。

#### 1. 素混凝土模板

素混凝土模板靠自重稳定，可做直壁模板，也可做倒悬模板。

直壁模板除面板外，还靠两肢等厚的肋墙维持稳定。若将此模板反向安装，让肋墙置于仓外，在面板上涂以隔离剂，待新浇混凝土达到一定强度后，可拆除重复使用，相邻仓位高程大致一样。例如，可在浇筑廊道的侧壁或把坝的下游面浇筑成阶梯状使用。倒悬式混凝土预制模板可取代传统的倒悬式模板，一次埋入现浇混凝土内不再拆除，既省工，又省木料。

#### 2. 钢筋混凝土模板

钢筋混凝土模板既可作建筑物表面的镶面，也可作厂房、空腹顶拱坝和廊道顶拱的承重模板。这样避免了高架立模，既有利于施工安全，又有利于加快施工进度、节约材料、降低成本。

预制混凝土模板和钢筋混凝土模板自重均较大，需要起重设备吊运就位，所以在模板预制时，都应预埋吊环。对于不拆除的预制模板，模板与新浇混凝土的结合面需进行凿毛处理。

## 三、模板架立和工作特征

按架立和工作特征，模板可分为固定式模板、拆移式模板、移动式模板、自升式模板和滑升模板。

### （一）固定式模板

固定式模板是指在预制构件厂或现场按构件形状、尺寸制作的位置固定的模板。如预制重力式素混凝土模板及厚仅 80~100mm 的钢筋混凝土模板，其外表面与结构外表形状一致，可安装于建筑物的表面、廊道、竖井或大跨度承重结构的底部，浇筑混凝土后不再拆除。

固定式模板可节约大量木材、支架，减少现场施工干扰和立模困难，加快施工进度，多用于起伏的基础部位或特殊的异形结构（如蜗壳或扭曲面）。固定式模板因大小不等，形状各异，难以重复使用。

### （二）拆移式模板

拆移式模板是模板在一处拼装，待混凝土达到适当强度后拆除的模板。拆移式模板可重复或连续在形状一致或变化不大的结构上使用，有利于实现标准化和系列化。

拆移式模板在水利工程中应用较广，适用于浇筑块表面为平面的情况，可做成定型的标准模板。其标准尺寸是：大型的为 1m×（3.25~5.25）m；小型的为（0.75~1）m×1.5m。大型拆移式模板适用于 3~5m 高的浇筑块，需用小型机具吊装；小型拆移式模板适用于薄层浇筑的构件，可由人力搬运。

架立模板的支架常用斜拉条和桁架梁固定。桁架梁多用方木和钢筋制作。立模时，将桁架梁下端插入预埋在下层混凝土块内的 U 形埋件中。当浇筑块较薄时，上端用钢拉条对拉；当浇筑块较大时，则采用斜拉条固定，以防模板变形。钢拉条直径大于 8m，间距为 1~2m，斜拉角度为 30°~45°。

### （三）移动式模板

对定型的建筑物，可根据建筑物外形轮廓特征做一段定型模板，在支撑钢架下部装上行驶轮，沿建筑物长度方向铺设轨道，分段移动，分段浇筑混凝土。移动时，只需将顶推模板的花篮螺丝或千斤顶收缩，使模板与混凝土面脱开，模板可随同钢架移动到拟浇筑混凝土部位，再用花篮螺丝或千斤顶调整模板到设计浇筑尺寸。移动式模板多用钢模，在浇筑混凝土墙和隧洞混凝土衬砌时使用。

### （四）自升式模板

自升式模板由面板、支承桁架和杆等组成。突出优点是自重轻，自升电动装置具有力矩限制和行程控制功能，运行安全可靠，升程准确。自升式模板采用插挂式锚钩，简单实用，定位准，拆装快。

### （五）滑升模板

滑升模板也称滑模，是在混凝土浇筑过程中，利用液压提升设备，模板系统随浇筑而滑移（滑升、拉升或水平滑移）的模板。其中，竖向滑升模板应用最广。

滑升模板由模板系统、操作平台系统和液压支撑系统三部分组成。滑模施工最适于断面形状尺寸沿高度基本不变的高耸建筑物，如竖井、沉井、墩墙、烟囱、水塔、筒仓、框架结构等的现场浇筑，也可用于大坝溢流面、双曲线冷却塔及水平长条形的规则结构、构件施工。

为使模板上滑时新浇筑的混凝土不坍塌，要求新浇筑的混凝土达到初凝，并具有150kPa的强度。滑升速度受气温影响，当气温为20~25℃时，平均滑升速度为20~30cm/h。当混凝土中加速凝剂或采用干硬性混凝土时，可提高滑升速度。

## 四、模板的制作、安装和拆除

### （一）模板的制作

大、中型混凝土工程通常由专门的加工厂制作模板，可采用机械化流水作业，这样有利于提高模板的生产率和质量。另外，模板制作的允许偏差要符合相关的规定。

### （二）模板的安装

模板的安装必须按设计图纸测量放样，对重要结构应多设控制点，以利检查校正。模板安装过程中，必须经常保持足够的临时固定设施，以防倾覆。模板与混凝土的接触面以及各块模板接缝处必须平整、密合，以保证混凝土表面的平整度和混凝土的密实性。模板的面板应涂脱模剂，但应避免脱模剂污染或侵蚀钢筋和混凝土结合面。模板安装完成后，要进行质量检查，检查合格后才能进行下一道工序。模板安装的允许偏差应根据结构物的安全、运行、经济和美观等要求确定。一般除大体积混凝土以外，现浇结构模板安装的允许偏差和预制构件模板安装的允许偏差按现行规范执行。

### （三）模板的拆除

拆模时间影响着混凝土质量和模板的使用周转率，《水利水电工程模板施工规范》（DL/T 5110—2013）规定如下。

1. 现浇混凝土结构的模板拆除

现浇混凝土结构的模板拆除时，混凝土强度应符合设计要求，当设计无具体要求时应符合下列规定。

①不承重的侧模：混凝土强度能保证其表面和棱角不因拆除模板而受损坏。

②承重模板及支架：混凝土强度应符合相应规定。

2. 预制构件的模板拆除

预制构件模板拆除时，混凝土强度应符合设计要求，当设计无具体要求时，应符合下列规定。

①侧模：当混凝土强度能保证构件不变形、棱角完整时，方可拆除。

②芯模或预留孔洞的内模：在混凝土强度能保证构件和孔洞表面不发生坍塌和裂缝后，方可拆除。

③底模：当构件跨度不大于 4m 时，在混凝土强度符合设计的混凝土强度标准值的 50% 的要求后，方可拆除；当构件跨度大于 4m 时，在混凝土强度符合设计的混凝土强度标准值的 75% 的要求后，方可拆除。

3. 后张法预应力混凝土结构构件的模板拆除

后张法预应力混凝土结构构件的模板拆除，除要符合相应规定外，侧模还应在预应力张拉前拆除，底模应在结构构件建立预应力后拆除。

拆模程序和方法：拆模时，按照在同一浇筑仓的模板“先装的后拆，后装的先拆”的原则，根据锚固情况，分批拆除锚固连接件，防止大片模板坠落。拆模应使用专门工具，以减少混凝土及模板的损坏。拆下的模板、支架及配件应及时清理和维修。暂时不用的模板应分类堆放，妥善保管。钢模应做好防锈工作，设置仓库存放。大型模板堆放时，应垫平放稳，并适当加固，以免翘曲变形。

# 第四节　碾压混凝土筑坝

## 一、碾压混凝土筑坝技术的特点

### （一）采用低稠度干硬混凝土

碾压混凝土的稠度用 VC 值来表示，即在规定的振动台上将碾压混凝土振动到表面液化所需时间（以 s 计），VC 值用来检测碾压混凝土的可碾性，并用来控制碾压混凝土相对压实度。VC 值既要保证混凝土被压实，又要满足碾压机具不陷车的要求。较低的 VC 值便于施工，可提高碾压混凝土的层间结合性能和抗渗性能，随着混凝土制备技术和浇筑作业技术的改进，碾压混凝土施工的稠度也在向降低方向发展。

### （二）掺粉煤灰并简化温度控制措施

碾压混凝土是干贫混凝土，掺水量少，水泥用量也很少。为保持混凝土有必要的胶凝材料，必须掺入大量的粉煤灰。这样不仅可以减少混凝土的初期发热量，增加混凝土的后期强度，简化混凝土的温度控制措施，而且有利于降低工程成本。当前，我国碾压混凝土坝广泛采用中等胶凝混凝材料用量（低水泥用量，高粉煤灰掺量）的干硬混凝土，粉煤灰的掺量占总胶凝材料的 50% ~ 70%，而且选用的粉煤灰要求达到二级以上。中等胶凝材料用量使得层面泛浆较多，有利于改善层面自我结合情况，但对于较低重力坝而言，可能会造成混凝土强度的过度富裕，这时，可以考虑使用较低胶凝材料用量的干硬混凝土。

### （三）采用通仓薄层浇筑

碾压混凝土坝不采用传统的块状浇筑法，而采用通仓薄层浇筑。这样可加强散热效果，取消冷却水水管，减少模板工程量，简化仓面作业，有利于加快施工进度。碾压层的厚度不仅与碾压机械性能有关，而且与采用的设计准则和施工方法密切相关。

### （四）大坝横缝采用切缝法形成诱导缝

混凝土坝一般都设横缝，分成若干坝段以防止横向裂缝。碾压混凝土坝也是如此，但由于碾压混凝土坝是若干个坝段一起施工，横缝要采用振动切缝机切缝，或设置诱导孔等方法形成横缝。坝段横缝填缝材料一般为塑料膜、铁片和干砂等。

### （五）靠振动压实机械使混凝土达到密实

普通流态混凝土靠振捣器械使混凝土达到密实，而碾压混凝土靠振动碾碾压使混凝土达到密实。碾压机械的振动力是一个重要指标，在正式使用之前，应通过碾压试验来检验碾压机械的碾压性能，确定碾压遍数及行走的速度。

## 二、碾压混凝土原材料及配合比

### （一）胶凝材料

碾压混凝土一般采用硅酸盐水泥或矿渣硅酸盐水泥，掺入 30% ~ 65% 的粉煤灰，胶凝材料用量一般为 120 ~ 160kg/m$^3$。大体积建筑物内部，碾压混凝土胶凝材料用量不宜低于 130kg/m$^3$，水泥熟料用量不宜低于 45kg/m$^3$。

### （二）骨料

与一般混凝土一样，可采用天然骨料或人工骨料，骨料最大粒径一般为 80mm，当迎水面用碾压混凝土自身作为防渗体时，一般在一定宽度范围内采用二级配碾压混凝土。碾压混凝土砂率比一般混凝土高，二级配砂率范围为 32% ~ 37%，三级配砂率范围为 28% ~ 32%。碾压混凝土对砂的含水量的要求比一般混凝土严格，当砂的含水量不稳定时，碾压混凝土施工层面易出现局部集中泌水现象。砂的含水量在混凝土拌和前应控制在 6% 以下，砂的细度模数控制在 2.4 ~ 3.0。

### （三）外加剂

碾压混凝土一般应掺用缓凝减水剂，并掺用引气剂，增强抗冻性。

### （四）碾压混凝土配合比

碾压混凝土配合比应满足工程设计的各项指标及施工工艺要求，具体如下：

①混凝土质量均匀，施工过程中粗骨料不易发生离析。如减小骨料最大粒径、增加胶凝材料总量、选用适当的外加剂、增大砂率等都是有效防止骨料分离的措施。

②工作度（稠度）适当，拌和物较易碾压密实，混凝土容重较大。一般来说，碾压混凝土愈软（VC 值愈小），压实愈容易，但是碾压混凝土过软，会出现陷碾现象。

③拌和物初凝时间较长，易于保证碾压混凝土施工层面的黏结，层面物理力学性能好。可在拌和物中掺入缓凝剂，以延长混凝土保塑时间。

④混凝土的力学强度、抗渗性能等满足设计要求，具有较高的拉伸应变能力。由于碾压混凝土不同于一般混凝土，其与一般混凝土的配合比设计相比有如下差异，一般混凝土配合比设计强度是以出机口随机取样平均值为其设计强度，使用常规的通用计算公式，而碾压混凝土由于受到混凝土出机至混凝土碾压结束各节点工艺条件的制约，往往产生骨料离析、出机到碾压结束时间过长、稠度丧失过多、碾压不实等情况，以致坝体碾压混凝土实际质量要低于出机口取样质量，为此，在配合比设计时应适当考虑这一情况，并留有一定余地。

⑤对于外部碾压混凝土，要求具有适应建筑物环境条件的耐久性。一般通过对胶凝材料总量及砂细颗粒含量的最低用量（粒径小于0.15mm的颗粒含量为8%～12%）作必要限制，来确保碾压混凝土的耐久性。

⑥碾压混凝土配合比要经现场试验后再确定、调整。

# 第七章　渠系工程设计施工

## 第一节　水闸施工

### 一、水闸施工概述

水闸施工涉及上游连接段、闸墩、岸墙、下游连接段、上下游翼墙和护岸。地基多为软土地基，基础处理较难，开挖时施工排水困难。拦河闸施工导流较困难。

水闸施工前，应具备按基建程序经审查批准的设计文件和满足施工需要的图纸及技术资料，研究并编制施工措施设计。遇到松软地基、复杂的施工导流、特大构件的制作与安装、混凝土温度控制等重要问题时，应作专门研究。

水闸施工的主要内容有：施工导流工程与基坑排水，基坑开挖、基础处理及防渗排水设施的施工，闸室段的底板、闸墩、边墩、胸墙及交通桥、工作桥等的施工，上下游连接段工程的铺盖、护坦、海漫、防冲槽的施工，两岸工程的上下游翼墙、刺墙、上下游护坡施工，闸门及启闭设备安装等。

一般大、中型水闸的闸室多为混凝土及钢筋混凝土工程，其施工原则是：以闸室为主，岸墙、翼墙为辅，插空进行上下游连接段施工，次要项目服从主要项目。

### 二、施工导流与地基开挖

水闸的施工导流与地基开挖一般包括引河段的开挖与筑堤、导流建筑物的开挖与填筑，以及施工围堰的修筑与拆除、基坑的开挖与回填等项目。由于工程量较大，因此，在施工中应对土石方进行综合分析，做到次序合理，挖填结合。综合考虑施工方法（采用人工还是机械开挖）、渗流、降雨等实际因素，研究制订出切实合理的施工计划。

### 三、混凝土分块分缝与浇筑顺序

在水闸施工时，混凝土浇筑是施工的主要环节，各部分应遵循以下浇筑顺序。

### （一）先深后浅

先深后浅，即先浇深基础，后浇浅基础，以避免深基础的施工扰动破坏浅基础土体，并可降低排水工作的难度。

### （二）先重后轻

先重后轻，即先浇荷重较大的部分，待其完成部分沉陷以后，再浇筑与其相邻的荷重较小的部分，以减少两者间的沉陷差。

### （三）先高后低

先高后低，即先浇影响上部施工或高度较大的工程部位。如闸底板与闸墩，应尽量先安排施工，以便上部桥梁与启闭设备安装施工，而翼墙、消力池等可安排稍后施工。

### （四）穿插进行

穿插进行即在闸室施工的同时，可穿插铺盖、海漫等上下游连接段的施工。

## 四、止水与填料施工

为适应地基的不均匀沉降和伸缩变形，在水闸设计中均设置有结构缝（包括温度缝和沉降缝）。位于防渗范围内的缝都设有止水设施，止水设施分为垂直止水和水平止水两种，缝宽一般为 1.0 ~ 2.5cm，且所有缝内均应有填料。在施工时，缝中填料及止水设施应按设计要求确保质量。

### （一）填料施工

常用的填料有沥青油毛毡、沥青杉木板及沥青芦席等。其安装方法有以下两种：

①将填料用铁钉固定在模板内侧，铁钉不能完全钉入，至少要留有 1/3，再浇混凝土，拆模后填料即可贴在混凝土上。

②先在缝的一侧立模浇混凝土，并在模板内侧预先钉好安装填充材料的铁钉数排，并使铁钉的 1/3 留在混凝土外面，然后安装填料、敲弯钉尖，使填料固定在混凝土面上。缝墩处的填缝材料，可借固定模板用的预制混凝土块和对销螺栓夹紧，使填充材料竖立平直。

### （二）止水施工

1. 水平止水

水闸水平止水大多利用塑料止水带或橡胶止水带。

在浇筑前，将污物清理干净，水平止水的紫铜片的凹槽应向上，以便于用沥青灌填密实。水平止水片下的混凝土难以浇捣密实，因此止水片翼缘不应在浇筑层的界面处，而应将止水片翼缘置于浇筑层的中间。

2. 垂直止水

垂直止水可以用止水带或金属止水片（紫铜片），按照沥青井的形状，预制混凝土槽板，安装时需用水泥砂浆胶结，随缝的上升分段接高。沥青井的沥青可一次灌注，也可分段灌注。

## 五、水闸底板施工

闸墩基础的水闸底板及其上部的闸墩、胸墙和桥梁，高度较大、层次较多、工作量较集中，需要的施工时间也较长。在混凝土浇筑完成后，接着就要进行闸门、启闭机安装等工序，为了平衡施工力量，加速施工进度，这些工序必须集中力量优先进行。其他如铺盖、消力池、翼墙等部位的混凝土，则可穿插其中施工，以利于施工力量的平衡。

水闸底板有平底板与反拱底板两种。目前，平底板较为常用。

### （一）平底板施工

闸室地基处理完成后，对软基宜先铺筑 8 ~ 10cm 的素混凝土垫层，以保护地基，找平基面。垫层达到一定强度后，可进行扎筋、立模、搭设脚手架、清仓等工作。

在中、小型工程中，采用小型运输机具直接入仓时需搭设仓面脚手架。在搭设脚手架之前，应先预制混凝土支柱，支柱的间距视横梁的跨度而定，再在混凝土柱顶上，架立短木柱、斜撑、横梁等以组成脚手架。当底板浇筑接近完成时，可将脚手架拆除，并立即对混凝土表面进行抹面。

当底板厚度不大时，混凝土可采用斜层浇筑法。当底板顺水流长度在 12m 以内时，可安排两个作业组分层平层浇筑，称为连坯滚法浇筑。先由两个作业组共同浇筑下游齿墙，待齿墙浇平后，第一组由下游向上游浇筑第一坯混凝土，抽出第二组去浇上游齿墙，当第一组浇到底板中部时，第二组的上游齿墙已基本浇平，然后将第二组转到下游浇筑第二坯，当第二坯浇到底板中部时，第一组已达到上游底板边缘，此时第一组再转回浇第三坯，如此连续进行。

齿墙主要起阻滑作用，同时可增加地下轮廓线的防渗长度。齿墙一般用混凝土和钢筋混凝土做成。如果出现以下两种情况，则采用深齿墙：当水闸在闸室底板后面紧接斜坡段，并与原河道连接时，一般应在与斜坡连接处的底板下游侧采用深齿墙，这样主要是防止斜坡段冲坏后危及闸室安全；当闸基透水层较浅时，可用深齿墙截断透水层，齿墙底部深入不透水层 0.5 ~ 1.0m。

## （二）反拱底板施工

1. 施工程序

反拱底板不适合用于地基有不均匀沉陷的情况，因此必须注意施工程序，通常采用以下两种施工程序：

①先浇闸墩及岸墙，后浇反拱底板。可先行浇筑自重较大的闸墩、岸墙等，并在控制基底不产生塑性变形的条件下，尽快均衡上升到顶，这样可以减少水闸各部分在自重作用下的不均匀沉陷。岸墙要尽量将墙后还土夯填到顶，使闸墩、岸墙预压沉实，然后浇反拱底板，从而使底板的受力状态得到改善。此法目前采用较多，适用于黏性土或砂性土，对于沙土、粉砂地基，由于土模较难成型，适用于较平坦的矢跨比。

②反拱底板与闸墩、岸墙底板同时浇筑。此法不利于反拱底板的受力状态，但较为适用于地基较好的水闸，可以减少施工工序，加快进度，并保证建筑物的整体性。

2. 施工技术要点

反拱底板一般采用土模，必须先做好基坑排水工作，保证基土干燥，降低地下水位，挖模前必须将基土夯实，根据设计圆弧曲线放样挖模，并严格控制曲线的准确性，土模挖出后，先铺垫一层10cm厚砂浆，待其具有一定强度后加盖保护，以待浇筑混凝土。采用反拱底板与闸墩、岸墙底板同时浇筑，在拱脚处预留一缝，缝底设临时铁皮止水，缝顶设“假铰”，待大部分上部结构荷载施加以后，便在低温期浇筑二期混凝土。先浇筑闸墩及岸墙，后浇筑反拱底板，在浇筑岸、墩墙底板时，应将接缝钢筋一头埋在岸、墩墙底板之内，另一头插入土模中，以备下一阶段浇筑反拱底板。岸、墩墙浇筑完毕后，应尽量推迟底板的浇筑，以便岸、墩墙基础有更多的时间沉陷。为了减小混凝土的温度收缩应力，浇筑应尽量选择在低温季节进行，并注意施工缝的处理。

# 六、闸墩与胸墙施工

## （一）闸墩施工

闸墩施工的特点是：高度大、厚度薄，门槽处钢筋稠密，预埋件多，工作面狭窄，模板易变形且闸墩相对位置要求严格等，因此，闸墩施工时的主要工作是立模和混凝土浇筑。

1. 模板安装

①对销螺栓、铁板螺栓、对拉撑木支模法。此法虽需耗用大量木材、钢材，工序繁多，但对中、小型水闸施工仍较为方便。立模时应先立墩侧的平面模板，后立墩头的曲面模板。应注意两点：一是要保证闸墩的厚度，二是要保证闸墩的垂直度。单墩浇筑时，一般采用对销螺栓固定模板，斜撑和缆风固定整个闸墩模板；多墩同时浇筑时，则采

用对销螺栓、铁板螺栓、对拉撑木固定。

②钢组合模板翻模法。钢组合模板在闸墩施工中应用广泛，常采用翻模法施工。立模时一次至少立三层，当第二层模板内混凝土浇至腰箍下缘时，第一层模板内腰箍以下部分的混凝土须达到脱模强度（以 98kPa 为宜），这样便可拆掉第一层模板，用于第四层支模，并绑扎钢筋。依次类推，以避免产生冷缝，保持混凝土浇筑的连续性。

2. 混凝土浇筑

闸墩模板立好后，即可进行清仓，用压力水冲洗模板内侧和闸墩底面，污水由底层模板上的预留孔排出，清仓完毕堵塞预留孔，经检验合格，方可进行混凝土浇筑。闸墩混凝土一般采用溜管进料，溜管间距 2 ~ 4m，溜管底距混凝土面的高度应不大于 2m。施工中要注意控制混凝土面上升速度，以免产生跑模现象，并保证每块底板上闸墩混凝土浇筑的均衡上升，防止地基产生不均匀沉降。

由于仓内工作面窄，浇捣人员走动困难，可把仓内浇筑面划分成几个区段，每区段内固定浇捣工人，这样可以提高工效。每坯混凝土厚度可控制在 30cm 左右。

### （二）胸墙施工

胸墙施工在闸墩浇筑后、工作桥浇筑前进行，全部重量由底梁及下面的顶撑承受。下梁下面立两排排架式立柱，以顶托底板。立好下梁底板并固定后，立圆角板再立下游面板，然后用吊线控制垂直。接着安放围檩及撑木，临时固定在下游立柱上，待下梁及墙身扎铁后由下而上地立上游面模板，再立下游面模板及顶梁。模板用围檩和对销螺栓与支撑脚手架相连接。胸墙多属板梁式简支薄壁构件，在立模时，先立外侧模板，等钢筋安装后，再立内侧模板。最后，要注意胸墙与闸门顶止水设备安装。

## 七、门槽二期混凝土施工

### （一）平板闸门门槽施工

采用平板闸门的水闸，闸墩部位都设有门槽，门槽混凝土中埋有导轨等铁件，如滑动导轨、主轮、侧轮，以及反轮导轨、止水座等。这些铁件的埋设有以下两种方法。

1. 直接预埋、一次浇筑混凝土

在闸墩立模时将导轨等铁件直接预埋在模板内侧，施工时闸墩混凝土一次浇筑成型。这种方法适用于小型水闸，在导轨较小时施工方便，且能保证质量。

2. 预留槽二期浇筑混凝土

中型以上水闸导轨较大、较重，在模板上固定较为困难，宜采用预留槽二期浇筑混凝土的施工方法。在浇筑第一期混凝土时，在门槽位置留出一个大于门槽宽的槽位，并在槽内预埋一些地脚螺栓或插筋，作为安装导轨的固定埋件。

导轨安装前，要对基础螺栓进行校正，安装导轨过程中应随时检测垂直度。施工中应严格控制门槽垂直度，发现偏斜应及时予以调整。埋件安装检查合格，一期混凝土达到一定强度后，需用凿毛的方法对施工缝认真处理，以确保二期混凝土与一期混凝土的结合。安装直升闸门的导轨之前，要对基础螺栓进行校正，再将导轨初步固定在预埋螺栓或钢筋上，利用垂球逐点校正，使其铅直无误，最终固定并安装模板。模板安装应随混凝土浇筑逐步进行。

#### （二）弧形闸门的导轨安装及二期混凝土浇筑

弧形闸门虽不设门槽，但闸门两侧亦设置转轮或滑块，因此有导轨安装及二期混凝土施工。弧形闸门的导轨安装，需在预留槽两侧，先设立垂直闸墩侧面并能控制导轨安装垂直度的若干对称控制点，再将校正好的导轨分段与预埋的钢筋临时点焊接数点，待按设计坐标位置逐一校正无误，并根据垂直平面控制点，用样尺检验调整导轨垂直度后，再焊接牢固。

导轨就位后即可立模浇筑二期混凝土。二期混凝土应采用较细骨料并细心捣固，不要振动已装好的金属构件。当门槽较高时，不能直接从高处下料，可以分段安装和浇筑。二期混凝土拆模后应对埋件进行复测，并做好记录，同时，检查混凝土表面尺寸，清除遗留的杂物，以免影响闸门启闭。

## 第二节　装配式渡槽施工

### 一、构件的预制

#### （一）槽架的预制

槽架是渡槽的支承构件，槽架预制时选择就近场地平卧制作。构件多采用地面立模和阴胎成模制作。

①地面立模。地面立模制作应在平整场地后将地面夯实整平，按槽架外形放样定位，用1∶3∶8的水泥、黏土、砂浆混合料抹面，厚约1cm，压抹光滑作为底模，立上侧模后就地浇制，在底模上架立槽架构件的侧面模板，并在底模及侧面模板上预涂废机油或肥皂液制作的隔离剂，然后架设钢筋骨架（钢筋骨架应先在工厂绑扎好），浇筑混凝土并捣固成型。一两天后即可拆除侧面模板，并洒水养护。拆模后，当槽架强度达到设计强度的70%时，即可移出存放，以便重复利用场地。

②阴胎成模。阴胎成模制作是采用砌砖或夯实土料制作的阴胎，与构件接触的部

分均用水泥、黏土、砂浆混合料抹面，并涂上脱模隔离剂。构件养护到一定强度后即可把模型挖开，清除构件表面的灰土，便可进行吊装。高度在15m以上的排架，若受起重设备能力的限制，可以分段预制。吊装时，分段定位，用焊接法固定接头，待槽身就位后，再浇筑二期混凝土。阴胎成模制作可以节省模板，但生产效率低，制件外观质量差。

### （二）槽身的预制

模板架立好之后，将钢筋骨架运往预制现场施工。对于反置槽身，先布置架立筋或放置混凝土小垫块，用以承托主筋，并借以控制主筋的位置与尺寸，再立横向主筋，布置纵向钢筋，在纵横向钢筋相交处用铅丝绑扎或点焊。为了便于预制后直接吊装，整体槽身预制宜在两排架之间或排架一侧进行。槽身的方向可以垂直或平行于渡槽的纵向轴线，根据吊装设备和方法而定。要避免因预制位置选择不当，而在起吊时发生摆动或冲击现象。

U形薄壳梁式槽身的预制有正置和反置两种浇筑方式。正置浇筑是槽口向上，优点是内模板拆除方便，吊装时无须翻身，但底部混凝土不易捣实，适用于大型渡槽或槽身不便翻身的工地。反置浇筑是槽口向下，优点是捣实较易，质量容易保证，且拆模快、用料少等，缺点是增加了翻身的工序。

矩形槽身可以整体预制，也可分块预制。对于中、小型工程，槽身预制可采用砖土材料制模。矩形槽身的整体预制与U形槽身基本相同，但矩形槽身的预制可分块进行，通常可分成三块或两块浇制。分块预制的优点是吊装重量轻，预制方便；其缺点是接头处需用水泥砂浆填充，多一道工序，并且影响渡槽的整体性和防渗性能。分块预制适用于吊装设备的起重能力不够大或槽身重量大的大、中型渡槽的施工。

## 二、装配式渡槽的吊装

装配式渡槽的吊装工作是渡槽施工中的主要环节，必须根据渡槽的形式、尺寸、构件重量、吊装设备能力、地形和自然条件、施工队伍的素质以及进度要求等，进行具体分析比较，选定快速简便、经济合理和安全可靠的吊装方案。

构件吊装的设备有绳索、吊具、滑车及滑车组、倒链及千斤顶、牵引设备、锚碗、扒杆、简易缆索、常用起重机械等。但应对已有材料、设备进行必要的技术鉴定、检查和试验，确认安全可靠后才能使用，以免造成安全事故。

### （一）槽架的吊装

槽架下部结构有支柱、横梁和整体排架等。支柱和排架的吊装通常有垂直起吊插装和就地转起立装两种。

垂直起吊插装是用吊装机械将整个槽架滑行、竖直吊离地面，插入基础预留的杯形孔穴中，先用木楔（或钢楔）临时固定，校正标高和平面位置后，再填充混凝土作永久固定。

就地转起立装是在两支柱间的横梁仍用起重设备吊装，吊装次序为由下而上，横梁先放置在临时固定于支柱上的三角撑铁上，待位置校正无误后，再焊接梁与柱连系钢筋，并浇筑二期混凝土，使支柱与横梁成为整体。

这种方法比较省力，但基础孔穴一侧需要有缺口，并预埋铰圈，槽架预制时，必须对准基础孔穴缺口，槽架脚处亦应预埋铰圈。槽架吊装采用不同的机械（如独脚扒杆、人字扒杆等）和不同的机械数量（如一台、两台、三台等），可以有不同的吊装方法，实际工程中应结合具体情况拟定恰当的方案。

### （二）槽身的吊装

装配式渡槽槽身的吊装方法基本上可分为两类，即起重设备架立于地面上吊装及起重设备架立于槽墩或槽身上吊装。

起重设备架立于地面进行吊装，工作比较方便，起重设备的组装和拆除比较容易，但起重设备的高度大，易受地形限制。因此，这种吊装方法只适用于起重设备的高度不大和地势比较平坦的工程。

当槽身质量和起吊高度不大时，可采用两台或四台独脚扒杆抬吊。当槽身起吊到空中后，用副滑车组将枕梁吊装在排架顶上。这种方法起重扒杆移行费时，吊装速度较慢。龙门架抬吊的顶部设有横梁和轨道，并装有行车。操作上使四台卷扬机提升速度相同，并用带蝴蝶铰的吊具，使槽身四个吊点受力均匀，槽身铅直起吊，平移就位。为使行车易于平移，横梁轨道顶面要有一定坡度，以便行车在自重作用下能顺坡下滑，使槽身平移在排架顶上降落就位。采用此法吊装渡槽者较多。

起重设备架立于地面进行槽身吊装，还可采用悬臂扒杆、摇臂扒杆以及简易缆索吊装等方式。悬臂扒杆、摇臂扒杆的吊装方式的基本特点与独脚扒杆立于地面进行吊装的方式类似，实际使用中可结合扒杆的性能和工程具体情况加以考虑选用。

起重设备架立于槽墩或槽身上进行吊装，不受地形条件限制，起重设备的高度不大，故得到了广泛的使用，但起重设备的组装和拆除需在高空进行，有些吊装方法还会使已架立的槽架承受较大的偏心荷载，必须对槽架结构进行加强。

采用T形钢架抬吊槽梁法时，为了使槽梁能平移就位，在钢架顶部设置横梁和平移小车，钢架用螺栓连接，以便重复使用。此桁架包括前端导架、中段起重架和后端平衡架三部分。桁架首尾的摇臂扒杆用来安装和拆除行走用的滚轮托架。为了使槽身在起吊时能错开牛腿，槽身的预制位置偏离渡槽中心线一定距离，并在槽底两端各留一缺口。当槽身上升高出牛腿后，再由平行装置移动到支承位置，平移装置由安装在底盘上的胶木滑道和螺杆驱动装置组成。钢架是沿临时安放在现浇短槽身顶部的滚轮托架向前移动的，在钢架首部用牵引绳拉紧并控制前进方向，同时，收紧推拖索，钢架便向前移动。

缆索吊装也是吊装机械进行吊装的一种方法。当渡槽横跨峡谷、两岸地形陡峻、谷底较深，扒杆长度难以达到要求的吊装高度，并且构件无法在河谷内制作时，一般采用缆索吊装。缆索吊装的控制长度大，受地形限制小，可应用于平原和深山峡谷地区，机动性较强，全部设备拆卸、搬运和组装都比较方便，并可以沿建筑物轴线设置缆索，适用于长条形建筑物的吊装，但对分布面积较小、布置比较集中的建筑物，不如扒杆吊装方便。同时，缆索吊装需要较多的高空作业，具有一定的危险性。

# 第三节 渠道与涵洞施工

## 一、渠道施工

渠道施工包括渠道开挖、渠堤填筑和渠道衬护。其施工特点是工程量大，施工线路长，场地分散，施工工作面宽，可同时组织较多劳动力施工，但工种单纯，技术要求较低。

### （一）渠道开挖

渠道开挖的施工方法有人工开挖、机械开挖和爆破开挖等，一般由技术条件、土壤种类、渠道纵横断面尺寸、地下水位等来决定。渠道开挖的土方多堆在渠道两侧，用作渠堤，因此铲运机、推土机等机械得到了广泛的应用。对于冻土及岩石渠道，采用爆破开挖方法最有效。田间渠道断面尺寸很小，可采用开沟机开挖。在缺乏机械设备的情况下，则采用人工开挖方法。

#### 1. 人工开挖渠道

渠道开挖的关键是排水。排水应本着“上游照顾下游、下游服从上游”的原则，即向下游放水的时间和流量应照顾下游的排水条件，同时，下游应服从上游的需要。一般下游应先开工，且不得阻碍上游水量的排泄，以保证水流畅通。当需要排除降水和地下水时，还必须开挖排水沟。渠道开挖时，可根据土质、地下水位、地形条件、开挖深度等选择不同的开挖方法。

①龙沟一次到底法。龙沟一次到底法适用于土质较好（如黏性土）、地下水来量小、总挖深 2 ~ 3m 的渠道。一次将龙沟开挖到设计高程以下 0.3 ~ 0.5m，然后由龙沟向左右扩大。

②分层开挖法。当开挖深度较大，土质较差，龙沟一次开挖到底有困难时，可以

根据地形和施工条件，分层开挖龙沟，分层挖土。

③边坡开挖与削坡。开挖渠道若一次开挖成坡，将影响开挖进度。因此，一般先按设计坡度要求挖成台阶状，高宽比按设计坡度要求开挖，最后进行削坡。这样施工削坡方量小，但施工时必须严格掌握，台阶平台应水平，侧面必须与平台垂直，否则会产生较大误差，增加削坡方量。

2. 机械开挖渠道

①推土机开挖渠道。采用推土机开挖渠道，深度一般不宜超过 1.5m，填筑渠堤高度不宜超过 2.0m，其边坡不宜陡于 1 ∶ 2。在渠道施工中，推土机还可以用于平整渠底、清除植土层、修整边坡、压实渠堤等。

②铲运机开挖渠道。半挖半填渠道或全挖方渠道就近弃土时，采用铲运机开挖最为有利。需要在纵向调配土方的渠道，若运距不远，也可用铲运机开挖。

③反铲挖掘机开挖渠道。当渠道开挖较深时，采用反铲挖掘机开挖较为理想。该方案有方便快捷、生产率高的特点，在生产实践中应用相当广泛，布置方式有沟端开挖和沟侧开挖两种。

3. 爆破开挖渠道

开挖岩基渠道和盘山渠道时，宜采用爆破开挖法。开挖程序是先挖平台再挖槽。开挖平台时，一般采用抛掷爆破，尽量将待开挖土体抛向预定地方，形成理想的平台。挖槽爆破时，先采用预裂爆破或预留保护层，再采用浅孔小爆破或人工清边清底。

## （二）渠堤填筑

筑堤用的土料，以黏土略含砂质为宜。如果用几种透水性不同的土料，应将透水性小的填在迎水坡，透水性大的填在背水坡。土料中不得掺有杂质，并应保持一定的含水量，以利于压实。填方渠道的取土坑与堤脚应保持一定距离，挖土深度不宜超过 2m，且中间应留有土埂。取土宜先远后近，并留有斜坡道以便于运土。半填半挖渠道应尽量利用挖方筑堤，只有在土料不足或土质不适用时，才在取土坑取土。

铺土前应先进行清基，并将基面略加平整，然后进行刨毛，铺土厚度一般为 20 ~ 30cm，并应铺平铺匀。每层铺土宽度应略大于设计宽度，以免削坡后断面不足。堤顶应做成坡度为 2% ~ 5% 的坡面，以利于排水。填筑高度应考虑沉陷，一般可预加 5% 的沉陷量。对于机械不能填筑到的部位和小型渠道土堤，宜采用人力夯或蛙式打夯机夯实。对沙卵石填堤，在水源充沛时可用水力夯实，否则应选用轮胎碾或振动碾夯实。

## （三）渠道衬护

渠道衬护的类型有灰土、砌石、混凝土、沥青材料、钢丝网水泥及塑料薄膜等。在选择衬护类型时，应考虑以下因素：防渗效果好，因地制宜，就地取材，施工简易，能提高渠道输水能力和抗冲刷能力，减小渠道断面尺寸，造价低廉，有一定的耐久性，便于管理养护，维修费用低等。

1. ***砌石衬护***

在沙砾石地区，坡度大、渗漏性强的渠道，采用浆砌卵石衬护，有利于就地取材，是一种经济的抗冲刷防渗措施，同时，具有较高的抗磨能力和抗冻性，一般可减少渗漏量 80% ~ 90%。

施工时应先按设计要求铺设垫层，然后砌卵石。砌卵石的基本要求是使卵石的长边垂直于边坡，并砌紧、砌平、错缝，坐落在垫层上。为了防止砌面被局部冲毁，每隔 10 ~ 20m 用较大的卵石砌一道隔墙。渠坡隔墙可砌成平直形，渠底隔墙可砌成拱形，拱顶迎向水流方向，以加强抗冲刷能力。隔墙深度可根据渠道可能的冲刷深度确定。渠底卵石的砌缝最好垂直于水流方向，这样抗冲刷效果较好。不论是渠底还是渠坡，砌石缝面都必须用水泥砂浆压缝，以保证施工质量。

2. ***混凝土衬护***

混凝土衬护由于防渗效果好，一般能减少渗漏量 90% 以上，耐久性强，糙率小，强度高，便于管理，适应性强，成为一种广泛采用的衬护方法。

渠道混凝土衬砌目前多采用板形结构，但小型渠道也采用槽形结构。素混凝土板常用于水文地质条件较好的渠段；钢筋混凝土与预应力钢筋混凝土板则用于地质条件较差和防渗要求较高的重要渠段。混凝土板按其截面形状的不同，又可分为矩形板、楔形板、肋梁板等不同形式。矩形板适用于无冻胀地区的各种渠道，楔形板、肋形板多用于冻胀地区的各种渠道。

大型渠道的混凝土衬砌多为就地浇筑，渠道在开挖和压实处理以后，先设置排水，铺设垫层，然后浇筑混凝土。渠底采用跳仓法浇筑，但也有依次连续浇筑的。渠坡分块浇筑时，先立两侧模板，然后随混凝土的升高，边浇筑边安设表面模板。当渠坡较缓，用表面振动器捣实混凝土时，则不安设表面模板。在浇筑中间块时，应按伸缩缝宽度设立两边的缝子板。缝子板在混凝土凝固以后拆除，以便灌注沥青油膏等填缝材料。装配式混凝土衬砌是在预制场制作混凝土板，运至现场安装和灌注填缝材料。预制板的尺寸应与起吊运输设备的能力相适应，装配式衬砌预制板的施工受气候条件影响较小，在已运用的渠道上施工，可减少施工与放水间的矛盾，但装配式衬砌的接缝较多，防渗、抗冻性能差，一般在中、小型渠道中采用。

3. ***沥青材料衬护***

沥青材料具有良好的不透水性，一般可减少渗漏量 90% 以上，并具有抗碱类物质腐蚀能力，抗冲刷能力则随覆盖层材料而定。沥青材料渠道衬护有沥青薄膜与沥青混凝土两类。

沥青薄膜类衬护按施工方法可分为现场浇筑和装配式两种。现场浇筑又可分为喷洒沥青和沥青砂浆两种。

①现场喷洒沥青薄膜施工，首先要将渠床整平、压实，并洒水少许，然后将温度为 200℃的软化沥青用喷洒机具，在 354kPa 的压力下均匀地喷洒在渠床上，形成厚 6 ~ 7mm 的防渗薄膜。各层间需结合良好。喷洒沥青薄膜后，应及时进行质量检查和修补工作。最后在薄膜表面铺设保护层。一般素土保护层的厚度，小型渠道多为 10 ~ 30cm，大型渠道多为 30 ~ 50cm。渠道内坡以不陡于 1 ： 1.75 为宜，以免保护层产生滑动。

②沥青砂浆防渗多用于渠底。施工时，先将沥青和砂浆分别加热，然后进行拌和，拌好后保持在 160 ~ 180℃，即可进行现场摊铺，然后用大方铣反复烫压，直至出油，再作保护层。

沥青混凝土衬护分现场铺筑与预制安装两种施工方法。

①沥青混凝土衬护现场铺筑与沥青混凝土面板施工相似。

②预制安装多采用矩形预制板。施工时为保证运用过程中不被折断，可设垫层，并将表面进行平整。安装时应将接缝错开，顺水流方向不应留有通缝，并将接缝处理好。

#### 4. 钢丝网水泥衬护

该方法是一种无模化施工。结构为柔性的，适应变形能力强，在渠道衬护中有较好的应用前景。钢丝网水泥衬护的做法是，在平整的基底（渠底或渠坡）上铺小间距的钢丝，然后抹水泥砂浆或喷浆，操作简单易行。

#### 5. 塑料薄膜衬护

采用塑料薄膜进行渠道防渗，具有效果好、适应性强、质量轻、运输方便、施工速度快和造价较低等优点。用于渠道防渗的塑料薄膜厚度以 0.15 ~ 0.30mm 为宜。塑料薄膜的铺设方式有表面式和埋藏式两种。表面式是将塑料薄膜铺于渠床表面，薄膜容易老化和遭受破坏。埋藏式是在铺好的塑料薄膜上铺筑土料或砌石作为保护层。由于塑料表面光滑，为保证渠道断面的稳定，避免发生渠坡保护层滑塌，渠床边坡宜采用锯齿形。保护层厚度一般不小于 30cm。

塑料薄膜衬护渠道施工大致可分为渠床开挖和修整、塑料薄膜加工和铺设、保护层填筑三个施工过程。薄膜铺设前，应在渠床表面加水湿润，以保证薄膜紧密地贴在基土上。铺设时，将成卷的薄膜横放在渠床内，一端与已铺好的薄膜进行焊接或搭接，并在接缝处填土压实，此后即可将薄膜展开铺设，然后填筑保护层。铺填保护层时，渠底部分应从一端向另一端进行，渠坡部分则应自下向上逐渐推进，排除薄膜下的空气。保护层分段填筑完毕后，再将塑料薄膜的边缘固定在顺脊背开挖的堑壕里，并用土回填压紧。塑料薄膜的接缝可采用焊接或搭接。搭接时为减少接缝漏水，上游塑料薄膜应搭在下游塑料薄膜之上，搭接长度为 50cm，也可用连接槽搭接。

## 二、涵洞施工

下面重点介绍钢筋混凝土管涵的预制、安装和施工注意事项。

### （一）钢筋混凝土管的预制

钢筋混凝土圆管的预制方法有震动制管器法、悬辊制管法、离心法和立式挤压法。这里主要讲解前两种预制方法。

1. 震动制管器法

震动制管器由可拆装的钢外模与附有震动器的钢内模组成。外模由两片厚约 5mm 的钢板半圆筒拼制，半圆筒用带楔的销栓连接。内模为一整圆筒，下口直径较上口直径稍小，以便取出内模。

用震动制管器制管是将其直接放在铺有油毡纸或塑料薄膜的地坪上施工。模板与混凝土接触的表面涂有润滑剂，钢筋笼放在内外模间固定后，先震动 10s 左右使模板密贴地坪，以防漏浆。每节涵管分五层灌注，每层灌好铲平后开动震动器，震至混凝土冒浆，再灌注一层，最后一层震动冒浆后，抹平顶面，冒浆后 2 ~ 3min 即关闭震动制管器。固定销在灌注中逐渐抽出，先抽下边，后抽上边。停震抹平后，用链滑车吊起内模。起吊时应保持竖直，刚起吊时应辅以震动（震动两三次，每次 1s 左右），使内模与混凝土脱离。内模吊起 20cm，不得再震动。外模在灌注 5 ~ 10min 后拆开，拆后应及时修整混凝土表面缺陷。

用震动制管器制管，要求混凝土和易性好，坍落度小于 1cm，工作度 20 ~ 40s，含砂率 45% ~ 48%，5mm 以上大粒径颗粒尽量减少，平均粒径为 0.37 ~ 0.4mm，混凝土用水量为 150 ~ 160kg/m$^3$，水泥以硅酸盐水泥或普通硅酸盐水泥为好。

2. 悬辊制管法

悬辊制管法是利用悬辊制管机的悬辊，带动套在悬辊上的钢模一起转动，再利用钢模旋转时产生的离心力，使投入钢模内的混凝土拌和物均匀地附着在钢模的内壁上，随着投料量的增加，混凝土管壁逐渐增厚，当超过模口时，模口便离开悬辊，此时，管内壁混凝土便与旋转的悬辊直接接触，钢模依靠悬辊与混凝土之间的摩擦力继续旋转，同时悬辊又对管壁混凝土进行反复辊压，促使管壁混凝土在较短时间内达到要求的密实度，并获得光洁的内表面。

悬辊制管法的主要设备为悬辊制管机、钢模和吊装设备。悬辊制管机由机架、传动变速机构、悬辊、门架、料斗、喂料机等组成。

悬辊制管法需用干硬性混凝土，水灰比一般为 0.30 ~ 0.36。在制管时无游离水分析出，场地较清洁，生产效率比离心法高，其缺点是需带模养护，钢模用量多，所以该制管方法适合用于预制工厂。

### （二）管节安装

管节安装可根据地形及设备条件采用以下几种方法进行安装。

1. 涵洞管节滚动安装法

管节在垫板上滚动至安装位置前，转动 90° 使其与涵管方向一致，略偏一侧。在管节后端用木撬棍拨动至设计位置。

2. 滚木安装法

先将管节沿基础滚至安装位置前 1m 处，使其与涵管方向一致。把薄铁板放在管节前的基础上，摆上圆滚木 6 根，在管节两端放入半圆形承托木架，以杉木杆插入管内，用力将前端撬起，垫入圆滚木，再滚动管节至安装位置，将管节侧向推开，取出滚木及铁板，再滚回来，并以撬棍仔细调整。

3. 压绳下管法

当涵洞基坑较深，需沿基坑边坡侧向将管滚入基坑时，可采用压绳下管法。下管前应在涵管基坑外埋设木桩，用于缠绳。在管两端各套一根长绳，绳一端紧固于桩上，另一端在桩上缠两圈后，绳端分别用两组人或两盘绞车拉紧。下管时由专人指挥，两端徐徐松绳，管子渐渐滚入基坑内。再用滚动安装法或滚木安装法将管节安放于设计位置。

4. 吊车安装法

使用汽车或履带吊车安装管节较为方便。

### （三）钢筋混凝土管涵施工注意事项

①管座混凝土应与管身紧密相贴，使圆管受力均匀，圆管的基底应夯填密实。

②管节接头采用对头拼接，接缝应不大于 1cm，并用沥青麻絮或其他具有弹性的不透水材料填塞。

③所有管节接缝和沉降缝均应密实不透水。

④各管壁厚度不一致时，应在内壁取平。

## 第四节　倒虹吸管施工

本节仅介绍现浇钢筋混凝土倒虹吸管的施工方法。

现浇钢筋混凝土倒虹吸管施工程序一般为：放样、清基和地基处理、管模板的制作与安装、管钢筋的安装、管道接头止水、混凝土浇筑、混凝土养护与拆模。

## 一、管模板的制作与安装

放样、清基和地基处理之后，即可进行管模板的制作与安装。

### （一）刚性弧形管座

现浇刚性弧形管座模板由内模和外模组成，制作与安装较为复杂，内模要根据倒虹吸管直径进行设计，经加工厂制作完成后，运到现场进行安装，内模可采用木模，为了节约木材，也可采用钢模。

当管径较大时，管座应事先做好，在浇捣管底混凝土时，则需在内模底部开置活动口，以便进料浇捣。若为了避免在内模底部开口，也可采用管座分次施工的办法，即先做好底部范围内（中心角约 80°）的小弧座，以作为外模的一部分，待管底混凝土浇筑到一定程度时，边砌小弧座旁的浆砌管座边浇筑混凝土，直到砌完整个管座。

在装好两侧梯形桁架后，即可边浇筑混凝土边装外模。许多管道在浇筑顶部混凝土时，为便于进料，总是在顶部（圆心角 80° 左右）不装外模，致使混凝土振捣时水泥浆向两侧流淌，同时混凝土在自重作用下，于初凝期间即向两侧下沉，因此管顶混凝土成了全管质量的薄弱带，在施工中应引起注意。

在外模安装时，还应注意两侧梯形桁架立筋布置，必须进行计算，以避免拉伸值超过允许范围，否则会导致管身混凝土松动，甚至在顶部出现纵向裂缝。

### （二）两点式及中空式刚性管座

两点式及中空式刚性管座均应事先砌好管座，在基座底部挖空处可用土模代替外模，施工时，对底部回填土要仔细夯实，以防止在浇筑过程中，土壤产生压缩变形而导致混凝土开裂。当管道浇筑完毕投入运行时，底部土模压缩模量因远小于刚性基础的弹性模量，基本处于卸荷状态，全部竖向荷载实际上由刚性管座承受。为使管壁与管座接触面密合，中空式刚性管座也可采用混凝土预制块做外模。当用于敷设带有喇叭形承口的预应力管时，中空式刚性管座则不需再做底部土模。

## 二、管钢筋的安装

内模安装完成后，即可穿绕内环筋，其次是内纵筋、架立筋、外纵筋、外环筋，钢筋间距可根据设计尺寸，预先在纵筋及环筋上分别用红色油漆放好样。钢筋排好后可按照上述顺序，依次进行绑扎。一般情况下，倒虹吸管的受力钢筋应尽可能采用电焊焊接。为确保钢筋保护层厚度，应在钢筋上放置砂浆垫块。

## 三、管道接头止水

管道接头主要采用金属片和塑料带止水。

### （一）止水片的安装

金属止水片或塑料止水带加工好后，应擦洗干净，然后套在安装好的内模上，周围以架立钢筋固定位置，使其不要因浇筑混凝土而变位，浇筑混凝土时，应由专人负责，止水带周围混凝土必须密实均匀，混凝土浇完后，要使止水带的中线对准管道接头缝中线。

### （二）沥青止水的施工方法

接头止水中有一层是沥青止水层，若采用灌注的方法，则不好施工，可以将沥青先做成凝固的软块，待第一节管道浇好后、第二节管模安装前，先将预制好的沥青软块沿着已浇好管道的端壁从下至上一块一块地粘贴，直至贴完一周，沥青软块应适当做厚一些，以便溶化后能填满缝隙。

软块制作过程是：溶化沥青使其成液态，将溶化的沥青倒入模内并抹平，随即将盛满沥青溶液的模具浸入冷水，沥青即降温而凝固成软状预制块。

## 四、混凝土浇筑

### （一）倒虹吸管混凝土材料要求

倒虹吸管混凝土对抗拉、抗渗的要求，比一般结构的混凝土严格。要求混凝土的水灰比控制在 0.5 以下，坍落度要求：机械振捣时为 4 ~ 6cm，人工振捣时不大于 9cm。含砂率常用值为 30% ~ 38%，以采用偏低值为宜。为满足抗拉强度和抗渗性要求，可按照《水工混凝土施工规范》（DL/T 5144—2015）规定，掺用适量的减水剂、引气剂等外加剂。

### （二）倒虹吸管混凝土浇筑顺序

浇筑前应对浇筑仓进行全面检查，验收合格后方可进行浇筑。为了便于整个管道施工，浇筑时应编排好顺序，可按每次间隔一节进行浇筑编排。例如：先浇筑 1 ＃ 、3 ＃ 、5 ＃ 等部位的管，再浇筑 2 ＃ 、4 ＃ 、6 ＃ 等部位的管。

### （三）倒虹吸管混凝土浇筑方式

常见的倒虹吸管有卧式和立式两种。卧式又可分平卧或斜卧，平卧大都是管道通过水平或缓坡地段所采用的一种方式，斜卧多用于进出口山坡陡峻地区，对于立式管道则多采用预制管安装。

1. 平卧式浇筑

此浇筑有以下两种方法：一种是浇筑层与管轴线平行，一般由中间向两端浇筑，以避免仓中积水，从而增大混凝土的水灰比。其缺点是混凝土浇筑缝皆与管轴线平行，刚好和水压产生的拉力方向垂直。一旦产生冷缝，管道易沿浇筑层（冷缝）产生纵向裂缝。另一种是斜向分层浇筑，以避免浇筑缝与水压产生的拉力正交，当斜度较大时，浇筑缝的长度可缩短，浇筑缝的间隙时间也可缩短，但这样浇筑的混凝土都呈斜向增高，使砂浆和粗骨料分布不均匀，加上振捣器都是斜向振捣，质量方面不如竖向振捣。因此，施工时应严格控制水灰比和混凝土的和易性。

2. 斜卧式浇筑

进出口山坡上常有斜卧式管道，混凝土浇筑时，应由低处开始逐渐向高处浇筑，使每层混凝土浇筑层保持水平。不论采用哪种浇筑方式，都要做好浇筑前的施工组织工作，确保浇筑层的间歇时间不超过规范允许值。应注意两侧或周围进料均匀，快慢一致。否则，将产生模板位移，导致管壁厚薄不一，从而严重影响管道质量。

## 五、混凝土养护与拆模

### （一）养护

倒虹吸管的养护比一般的混凝土结构严格，养护要做到早、勤、足。“早”就是混凝土初凝后，应及时洒水，用草帘、麻袋等覆盖（在夏季混凝土浇筑后 2 ~ 3h）；“勤”就是昼夜不间断地进行洒水；“足”是指养护时间要保证充足，压力管道至少养护 21d。当气温低于 5℃时，不得洒水，并做好已浇筑混凝土的保温工作。

### （二）拆模

拆模时间根据气温和模板承重情况而定。管座（当为混凝土时）、模板与管道外模为非承重模板，可适当早拆，以利于养护和模板周转。管道内模为承重模板时，不宜早拆，一般要求管壁混凝土强度达到设计强度的 70% 以上，方可拆除。

# 第八章　水利工程施工质量管理

## 第一节　质量管理概述

### 一、工程项目质量和质量控制的概念

#### （一）工程项目质量

质量是反映实体满足明确或隐含需要能力的特性的总和。工程项目质量是国家现行的有关法律、法规、技术标准、设计文件及工程承包合同对工程的安全、适用、经济、美观等特征的综合要求。

从功能和使用价值来看，工程项目质量体现在适用性、可靠性、经济性、外观质量与环境协调等方面。因工程项目是依据项目法人的需求而兴建的，故功能和使用价值的质量应满足不同项目法人的需求，并无统一标准。

从工程项目质量的形成过程来看，工程项目质量包括工程建设各个阶段的质量，即可行性研究质量、工程决策质量、工程设计质量、工程施工质量、工程竣工验收质量。

工程项目质量具有两个方面的含义：①工程产品的特征性能，即工程产品质量；②参与工程建设的工作水平、组织管理等，即工作质量。工作质量包括社会工作质量和生产过程工作质量。社会工作质量主要是指社会调查、市场预测、维修服务等的质量。生产过程工作质量主要包括管理工作质量、技术工作质量、后勤工作质量等，最终将反映在工序质量上，而工序质量直接受人、原材料、机具设备、工艺及环境五方面因素的影响。因此，工程项目质量是各环节、各方面工作质量的综合反映，而不是单纯靠质量检验查出来的。

#### （二）工程项目质量控制

质量控制是指为达到质量要求而采取相应的作业技术和实施相关作业活动，工程项目质量控制，实际上就是对工程在可行性研究、勘测设计、施工准备、建设实施、后期运行等各阶段、各环节、各因素的全程、全方位的质量监督控制。工程项目质量

有一个产生、形成和实现的过程，应控制这个过程中的各环节，以满足工程合同、设计文件、技术规范规定的质量标准。在我国的工程项目建设中，工程项目质量控制按其实施者的不同，可分为以下3类：

1. 项目法人方面的质量控制

项目法人方面的质量控制，主要是委托监理单位依据国家的法律、规范、标准和工程建设的合同文件，对工程建设进行监督和管理。其特点是外部的、横向的、不间断的控制。

2. 政府方面的质量控制

政府方面的质量控制是通过政府的质量监督机构来实现的，其目的在于维护社会公共利益，保证技术性法规和标准的贯彻执行。特点是外部的、纵向的、定期或不定期抽查。

3. 承包人方面的质量控制

承包人主要是通过建立健全质量保证体系，加强工序质量管理，严格施行“三检制”（即初检、复检、终检），避免返工，用提高生产效率等方式来进行质量控制。特点是内部的、自身的、连续的控制。

## 二、工程项目质量的特点

建筑产品具有位置固定、生产流动性、项目单件性、生产一次性、受自然条件影响大等特点，这决定了工程项目质量具有以下特点：

### （一）影响因素多

影响工程质量的因素是多方面的，如人、机械、材料、方法、环境（人、机、料、法、环）等均直接或间接地影响着工程质量，尤其是水利水电工程项目主体工程的建设，一般由多家承包单位共同完成，故其质量形式更为复杂，影响因素更多。

### （二）质量波动大

由于工程建设周期长，在建设过程中易受到系统因素及偶然因素的影响，产品质量易产生波动。

### （三）质量变异大

由于影响工程质量的因素较多，任何因素的变异均会引起工程项目的质量变异。

### （四）质量具有隐蔽性

由于工程项目在实施过程中，工序交接多，中间产品多，隐蔽工程多，取样数量受到各种因素、条件的限制，产生错误判断的概率增大。

### （五）终检局限性大

因为建筑产品具有位置固定等自身特点，质量检验时不能解体、拆卸，所以在工程项目终检验收时，难以发现工程内在的、隐蔽的质量缺陷。

此外，质量、进度和投资目标三者之间既对立又统一的关系，使工程质量受到投资、进度的制约。因此，应针对工程质量的特点，严格控制质量，并将质量控制贯穿于项目建设的全过程。

## 三、工程项目质量控制的原则

在工程项目建设过程中，其质量控制应遵循以下几项原则：

### （一）质量第一原则

“百年大计，质量第一”。工程建设与国民经济的发展和人民生活的改善息息相关。质量的好坏直接关系到国家能否繁荣富强，人民生命财产能否安全，子孙能否幸福，所以必须牢固树立“质量第一”的思想。

要确立质量第一的原则，必须弄清并且摆正质量和数量、质量和进度之间的关系。不符合质量要求的工程，数量和进度都将失去意义，也没有任何使用价值，而且数量越多，进度越快，国家和人民遭受的损失也将越大。因此，好中求多、好中求快、好中求省才符合质量管理要求。

### （二）预防为主原则

对于工程项目的质量，我国长期以来采取事后检验的方法，认为严格检查就能保证质量，实际上这是远远不够的，应该从消极防守的事后检验变为积极预防的事前管理。因为好的建筑产品是好的设计、好的施工产生的，不是检查出来的。我们必须在项目管理的全过程中，事先采取措施，消灭种种不符合质量要求的因素，以保证建筑产品质量。如果影响质量的因素（人、机、料、法、环）预先得到控制，工程项目的质量就有了可靠的前提条件。

### （三）为用户服务原则

建设工程项目是为了满足用户的要求，尤其是要满足用户对质量的要求。真正好的质量是用户完全满意的质量。进行质量控制就是要把为用户服务的原则，作为工程项目管理的出发点，贯穿到各项工作中去。同时，要在项目内部树立“下道工序就是用户”的思想。各个部门、各种工作、各种人员都有前、后的工作顺序，前道工序的工作一定要保证质量，凡达不到质量要求的不能交给下道工序，一定要使“下道工序”这个用户感到满意。

### （四）用数据说话原则

质量控制必须建立在有效的数据基础之上，必须依靠确切反映客观实际的数字和资料，否则就谈不上科学的管理。一切用数据说话，就需要用数理统计方法对工程实体或工作对象进行科学的分析和整理，从而研究工程质量的波动情况，寻求影响工程质量的主次原因，采取改进质量的有效措施，掌握保证和提高工程质量的客观规律。

在很多情况下，评定工程质量时，虽然也按规范标准进行检测计量，会产生一些数据，但是这些数据往往不完整、不系统，没有按数理统计要求积累数据、抽样选点，难以汇总分析，有时只能统计加估计，抓不住质量问题，既不能完全表达工程的内在质量状态，也不能有针对性地进行质量教育，提高企业素质。所以，必须树立起"用数据说话"的意识，从积累的大量数据中找出控制质量的规律，以保证工程项目的优质建设。

## 四、工程项目质量控制的任务

工程项目质量控制的任务就是，根据国家现行的有关法规、技术标准和工程合同规定的工程建设各阶段质量目标，实施全过程的监督管理。工程建设各阶段的质量目标不同，需要分别确定各阶段的质量控制对象和任务。

### （一）工程项目决策阶段质量控制的任务

1. 审核可行性研究报告是否符合国民经济发展的长远规划、国家经济建设的方针政策。

2. 审核可行性研究报告是否符合工程项目建议书或业主的要求。

3. 审核可行性研究报告是否具有可靠的基础资料和数据。

4. 审核可行性研究报告是否符合技术经济方面的规范标准和定额等指标要求。

5. 审核可行性研究报告的内容、深度和计算指标是否达到标准要求。

### （二）工程项目设计阶段质量控制的任务

1. 审查设计基础资料的正确性和完整性。

2. 编制设计招标文件，组织设计方案竞赛。

3. 审查设计方案的先进性和合理性，确定最佳设计方案。

4. 督促设计单位完善质量保证体系，建立内部专业交底及专业会签制度。

5. 进行设计质量跟踪检查，控制设计图纸的质量。在初步设计和技术设计阶段，主要检查生产工艺及设备的选型、总平面布置、建筑与设施的布置、采用的设计标准和主要技术参数；在施工图设计阶段，主要检查计算是否有错误、选用的材料和做法是否合理、标注的分设计标高和尺寸是否有错误、各专业设计之间是否有矛盾等。

### （三）工程项目施工阶段质量控制的任务

施工阶段质量控制是工程项目全过程质量控制的关键环节。根据工程质量形成的时间，施工阶段的质量控制可分为事前控制、事中控制和事后控制，其中事前控制为重点控制。

**1. 事前控制**

①审查承包商及分包商的技术资质。

②协助承包商完善质量体系，包括完善计量及质量检测技术和手段等，同时，对承包商的实验室资质进行考核。

③督促承包商完善现场质量管理制度，包括现场会议制度、现场质量检验制度、质量统计报表制度和质量事故报告及处理制度等。

④与当地质量监督站联系，争取其配合、支持和帮助。

⑤组织设计交底和图纸会审，对某些工程部位应下达质量要求标准。

⑥审查承包商提交的施工组织设计，保证工程质量具有可靠的技术措施作保障。审核工程中采用的新材料、新结构、新工艺、新技术的技术鉴定书；对工程质量有重大影响的施工机械、设备，应审核其技术性能报告。

⑦对工程所需原材料、构配件的质量进行检查与控制。

⑧对永久性生产设备或装置，应按审批同意的设计图纸组织采购或订货，到场后，进行检查验收。

⑨对施工场地进行检查验收。检查施工场地的测量标桩、建筑物的定位放线以及高程水准点，重要工程还应复核，落实现场障碍物的清理、拆除等。

⑩把好开工关。对现场各项准备工作检查合格后，方可发开工令；停工的工程，未发复工令不得复工。

**2. 事中控制**

①督促承包商完善工序控制措施。工程质量是在工序中产生的，工序控制对工程质量起着决定性的作用。应把影响工序质量的因素都纳入控制范围，建立质量管理点，及时检查和审核承包商提交的质量统计分析资料和质量控制图表。

②严格进行工序交接检查。主要工作作业（包括隐蔽作业）需按有关验收规定，经检查验收合格后，方可进行下一工序的施工。

③重要的工程部位或专业工程（如混凝土工程）要做试验或技术复核。

④审查质量事故处理方案，并对处理效果进行检查。

⑤对完成的分部（分项）工程，按相应的质量评定标准和办法进行检查验收。

⑥审核设计变更和图纸修改。

⑦按合同行使质量监督权和质量否决权。

⑧组织定期或不定期的质量现场会议，及时分析、通报工程质量状况。

3. 事后控制

①审核承包商提供的质量检验报告及有关技术性文件。

②审核承包商提交的竣工图。

③组织联动试车。

④按规定的质量评定标准和办法，进行检查验收。

⑤组织项目竣工总验收。

⑥整理有关工程项目质量的技术文件，并编目、建档。

### （四）工程项目保修阶段质量控制的任务

1. 审核承包商的工程保修书。

2. 检查、鉴定工程质量状况和工程使用情况。

3. 对出现的质量缺陷，确定责任者。

4. 督促承包商修复缺陷。

5. 在保修期结束后，检查工程保修状况，移交保修资料。

## 五、工程项目质量影响因素的控制

在工程项目建设的各个阶段，影响工程项目质量的主要因素，就是人、机、料、法、环五大方面。为此，应对这五个方面的因素进行严格的控制，以确保工程项目质量。

### （一）对人的因素的控制

人是工程质量的控制者，也是工程质量的“制造者”。工程质量与人的因素是密不可分的。控制人的因素，如调动人的积极性、避免人为失误等，是控制工程质量的关键。

1. 领导者的素质

领导者是具有决策权力的人，其整体素质是提高工作质量和工程质量的关键，因此在对承包商进行资质认证和选择时，一定要考核领导者的素质。

2. 人的理论水平和技术水平

人的理论水平和技术水平是人的综合素质的表现，直接影响工程项目质量，尤其是技术复杂、操作难度大、精度要求高、工艺新的工程对人员素质要求更高，若无法保证相关人员的理论水平和技术水平，工程质量也就很难保证。

3. 人的生理缺陷

根据工程施工的特点和环境，应严格控制人的生理缺陷，如患有高血压、心脏病的人不能从事高空作业和水下作业，反应迟钝、应变能力差的人不能操作快速运行、动作复杂的机械设备等，否则，将影响工程质量，引发安全事故。

4. 人的心理行为

影响人的心理行为的因素很多，而人的心理因素（如疑虑、畏惧、抑郁等）很容易使人产生愤怒、怨恨等情绪，使人的注意力转移，由此引发质量、安全事故。所以，在审核企业的资质水平时，要注意企业职工的凝聚力、职工的情绪等，这也是选择企业的标准。

5. 人的错误行为

人的错误行为是指在工作场地或工作中吸烟、打盹、错视、错听、误判断、误动作等，这些都会影响工程质量或造成质量事故。所以，在有危险的工作场所，应严格禁止吸烟、嬉戏等。

6. 人的违纪违章

人的违纪违章是指人的粗心大意、注意力不集中、不履行安全措施等不良行为，会对工程质量造成损害，甚至引发工程质量事故。所以，在用人时，应从思想素质、业务素质和身体素质等方面严格筛选。

## （二）对机械因素的控制

机械设备是工程建设不可缺少的设施。目前，工程建设的施工进度和施工质量都与机械设备关系密切，在施工阶段，必须对机械设备的选型、主要性能参数以及使用、操作要求等进行控制。

1. 机械设备的选型

机械设备的选型应因地制宜，按照技术先进、经济合理、生产适用、性能可靠、使用安全、操作和维修方便等原则来选择。

2. 机械设备的主要性能参数

机械设备的性能参数是选择机械设备的主要依据，为满足施工的需要，在参数选择上可适当留有余地，但不能选择超出需要很多的机械设备，否则，容易造成经济上的不合理。机械设备的性能参数很多，要综合各参数确定合适的机械设备。在这方面，要结合机械施工方案，择优选择机械设备；要严格把关，不符合需要和有安全隐患的机械不准进场。

3. 机械设备的使用、操作要求

合理使用机械设备、正确地进行操作是保证工程项目施工质量的重要环节，应贯彻“人机固定”的原则，实行定机、定人、定岗的制度。操作人员必须认真执行各项规章制度，严格遵守操作规程，防止出现质量安全事故。

## （三）对材料因素的控制

### 1. 材料质量控制的要点

①掌握材料信息，优选供货厂家。应掌握材料信息，优选有信誉的厂家供货，对于主要材料、构配件，在订货前必须经监理工程师论证同意。

②合理组织材料供应。应协助承包商合理地组织材料采购、加工、运输、储备。尽量加快材料周转，按质、按量、如期满足工程建设需要。

③合理使用材料，减少材料损失。

④加强材料检查验收。用于工程上的主要建筑材料，进场时必须具备正式的出厂合格证和材质化验单，否则，应作补检。工程中所用的构配件，必须具有厂家批号和出厂合格证。

凡是标志不清或质量有问题的材料，对质量保证资料有怀疑或与合同规定不相符的一般材料，应进行一定比例的材料试验，并需要追踪检验。对于进口的材料和设备，以及重要工程或关键施工部位所用材料，应全部进行检验。

⑤重视材料的使用认证，以防错用或使用不当。

### 2. 材料质量控制的内容

①材料质量的标准。材料质量的标准是用以衡量材料标准的尺度，并作为验收、检验材料质量的依据。具体的材料标准指标可参见相关材料手册。

②材料质量的检验、试验。材料质量的检验目的是通过一系列的检测手段，将取得的材料数据与材料的质量标准相比较，用以判断材料质量的可靠性。

③材料质量的检验方法。a. 书面检验：通过对提供的材料质量保证资料、试验报告等进行审核，获得认可方能使用。b. 外观检验：对材料品种、规格、标志、外形尺寸等进行直观检查，看有无质量问题。c. 理化检验：借助试验设备和仪器对材料样品的化学成分、机械性能等进行科学的鉴定。d. 无损检验：在不破坏材料样品的前提下，利用超声波、X 射线、表面探伤检测仪等进行检测。

④材料质量检验程度。材料质量检验程度分为免检、抽检和全部检查（简称全检）。a. 免检是免去质量检验工序。对有足够质量保证的一般材料，以及实践证明质量长期稳定而且质量保证资料齐全的材料，可予以免检。b. 抽检是按随机抽样的方法对材料抽样检验，如对材料的性能不清楚，对质量保证资料有怀疑，或对成批生产的构配件，均应按一定比例进行抽样检验。c. 全检是对进口的材料、设备和重要工程部位的材料，以及贵重的材料，进行全部检验，以确保材料和工程质量。

⑤材料质量检验项目。材料质量检验项目一般可分为一般检验项目和其他检验项目。

⑥材料质量检验的取样。材料质量检验的取样必须具有代表性，也就是所取样品的质量应能代表材料的质量。在采取试样时，必须按规定的部位、数量及采选的操作要求进行。

⑦材料抽样检验的判断。抽样检验是对一批产品（个数为M）一次抽取N个样品进行检验，用其结果来判断产品是否合格。

⑧材料的选择和使用要求。材料选择不当和使用不正确会严重影响工程质量或造成工程质量事故。因此，在施工过程中，必须针对工程项目的特点和环境要求及材料的性能、质量标准、适用范围等多方面综合考察，慎重选择和使用材料。

### （四）对方法的控制

对方法的控制主要是指对施工方案的控制，包括对整个工程项目建设期内所采用的技术方案、工艺流程、组织措施、检测手段、施工组织设计等的控制。对一个工程项目而言，施工方案恰当与否直接关系到工程项目质量的好坏和工程项目的成败，所以应重视对方法的控制。这里说的方法控制，在工程施工的不同阶段，其侧重点也不相同，但都是围绕确保工程项目质量这个目的进行的。

### （五）对环境因素的控制

影响工程项目质量的环境因素很多，有工程技术环境、工程管理环境、劳动环境等。环境因素对工程质量的影响复杂而且多变，因此，应根据工程特点和具体条件，对影响工程质量的环境因素进行严格控制。

# 第二节　质量体系建立与运行

## 一、施工阶段的质量控制

### （一）质量控制的依据

施工阶段的质量管理及质量控制的依据大体上可分为两类，即共同性依据和专门技术法规性依据。

共同性依据是指适用于工程项目施工阶段，与质量控制有关，具有普遍指导意义和必须遵守的基本文件。共同性依据主要有工程承包合同文件、设计文件，国家和行业现行的质量管理方面的法律、法规文件。

工程承包合同中分别规定了参与施工建设的各方在质量控制方面的权利和义务，可据此对工程质量进行监督和控制。

有关质量检验与控制的专门技术法规性依据是指针对不同行业、不同的质量控制对象而制定的技术法规性文件，主要包括以下几类：

1. 已批准的施工组织设计，是承包单位进行施工准备和指导现场施工的规划性、指导性文件，详细规定了工程施工的现场布置、人员设备的配置、作业要求、施工工序和工艺、技术保证措施、质量检查方法和技术标准等，是进行质量控制的重要依据。

2. 合同中引用的国家和行业的现行施工操作技术规范、施工工艺规程及验收规范。是维护正常施工的准则，与工程质量密切相关，必须严格遵守执行。

3. 合同中引用的有关原材料、半成品、配件方面的质量依据。如水泥、钢材、骨料等有关产品技术标准，水泥、骨料、钢材等有关检验、取样方法的技术标准，有关材料验收、包装、标志的技术标准。

4. 制造厂提供的设备安装说明书和有关技术标准。这是施工安装承包人进行设备安装，必须遵循的重要技术文件，也是检查和控制质量的依据。

## （二）质量控制的方法

施工过程中的质量控制方法主要有旁站检查、测量、试验等。

### 1. 旁站检查

旁站检查是指有关管理人员对重要工序（质量控制点）的施工所进行的现场监督和检查，以避免质量事故的发生。旁站检查也是驻地监理人员的一种主要现场检查形式。根据工程施工难度及复杂性，可采用全过程旁站检查、部分时间旁站检查两种方式。对容易产生缺陷的部位，或产生缺陷难以补救的部位，以及隐蔽工程，应加强旁站检查。

在旁站检查中，必须检查承包人在施工中所用的设备、材料及混合料是否符合已批准的文件要求，检查施工方案、施工工艺是否符合相应的技术规范。

### 2. 测量

测量是控制建筑物尺寸的重要手段，应对施工放样及高程控制进行核查，不合格不准开工。对模板工程和已完工程的几何尺寸、高程、宽度、厚度、坡度等质量指标，按规定要求进行测量验收，不符合规定要求的须进行返工。测量记录均要经工程师审核签字后，方可使用。

### 3. 试验

试验是工程师确定各种材料和建筑物内在质量是否合格的重要方法。工程使用的材料都必须事先经过材料试验，质量必须满足产品标准，并经工程师检查批准后，方可使用。材料试验包括水泥、粗骨料、沥青、土工织物等各种原材料试验，不同等级混凝土的配合比试验，外购材料及成品质量证明和必要的鉴定试验，仪器设备的校调试验，加工后的成品强度及耐用性检验，工程检查等。没有试验数据的工程不予验收。

## （三）工序质量监控

### 1. 工序质量监控的内容

工序质量监控主要包括对工序活动条件的监控和对工序活动效果的监控。

①对工序活动条件的监控。对工序活动条件的监控是指对影响工程生产的因素进行控制。对工序活动条件的监控是工序质量监控的手段。虽然在开工前对生产活动条件已进行了初步控制，但在工序活动中，有的条件还会发生变化，使其基本性能达不到检验指标，是生产质量不稳定的重要原因。因此，只有对工序活动条件进行监控，才能实现对工程或产品的质量性能特性指标的控制。工序活动条件包括的因素较多，要通过分析，分清影响工序质量的主要因素，抓住主要矛盾，逐渐予以调节，以达到质量控制的目的。

②对工序活动效果的监控。对工序活动效果的监控主要反映在对工序产品质量性能的特征指标的控制上。可通过对工序活动的产品采取一定的检测手段进行检验，根据检验结果分析、判断工序活动的质量效果，从而实现对工序质量的控制，其步骤为：a. 工序活动前的控制；b. 采用必要的手段和工具；c. 应用质量统计分析工具（如直方图、控制图、排列图等）对检验所得的数据进行分析，找出这些质量数据所遵循的规律；d. 根据质量数据分布规律的结果，判断质量是否正常；e. 若出现异常情况，应寻找原因，找出影响工序质量的因素，尤其是主要因素，采取对策和措施进行调整；f. 重复前面的步骤，检查调整效果，直到满足要求。

### 2. 工序质量监控实施要点

对工序质量进行监控，应先确定工序质量控制计划，它是以完善的质量监控体系和质量检查制度为基础的。一方面，工序质量控制计划要明确规定质量监控的工作程序、流程和质量检查制度；另一方面，需进行工序分析，在影响工序质量的因素中，找出对工序质量产生影响的重要因素，进行主动的、预防性的重点控制。

例如，在振捣混凝土这一工序中，振捣的插点和振捣时间是影响质量的主要因素，应加强现场监督并要求施工单位严格控制。同时，在整个施工活动中，应采取连续的动态跟踪控制，通过对工序产品的抽样检验判定其产品质量波动状态，若工序活动处于异常状态，则应查出影响质量的原因，采取措施排除系统性因素的干扰，使工序活动恢复正常状态，从而保证工序活动及其产品质量。此外，为确保工程质量，应在工序活动过程中设置质量控制点，进行预控。

### 3. 设置质量控制点

设置质量控制点是进行工序质量预防控制的有效措施。质量控制点是指为保证工程质量而必须控制的重点工序、关键部位、薄弱环节。应在施工前全面、合理地选择质量控制点，并对设置质量控制点的情况及拟采取的控制措施进行审核。必要时，应对质量控制实施过程进行跟踪检查或旁站监督，以确保质量控制点的施工质量。

工程中一般对以下对象设置质量控制点：

①关键的分项工程。如大体积混凝土工程、土石坝工程的坝体填筑、隧洞开挖工程等。

②关键的工程部位。如混凝土面板堆石坝工程中面板、趾板及周边缝的接缝，土基上水闸的地基基础，预制框架结构的梁板节点，关键设备的设备基础等。

③薄弱环节。薄弱环节指经常发生或容易发生质量问题的环节，或承包人无法把握的环节，或采用新工艺（材料）施工的环节。

④关键工序。如钢筋混凝土工程的混凝土振捣，灌注桩钻孔，隧洞开挖的钻孔布置、方向、深度、用药量和填塞等。

⑤关键工序的关键质量特性。如混凝土的强度、耐久性，土石坝的干密度，黏性土的含水率等。

⑥关键质量特性的关键因素。如冬季影响混凝土强度的关键因素是环境（养护温度），影响支模的关键因素是支撑方法，影响泵送混凝土输送质量的关键因素是机械，影响墙体垂直度的关键因素是人等。

控制点的设置应准确、有效，需要由有经验的质量控制人员来选择控制点，一般可根据工程性质和特点来确定。

4. 见证点、停止点的概念

在工程项目实施质量控制中，通常是由承包人在分项工程施工前制订施工计划时，就选定质量控制点，并在相应的质量计划中进一步明确哪些是见证点，哪些是停止点。所谓见证点和停止点，是国际上对于重要程度不同及监督控制要求不同的质量控制对象的一种区分方式。

见证点监督也称为 W 点监督。凡是被列为见证点的质量控制对象，在规定的控制点施工前，施工单位应提前 24h 通知监理人员在约定的时间到现场进行见证并实施监督。如监理人员未按约定到场，施工单位有权对该点进行相应的操作和施工。停止点也称为待检查点或 H 点，它的重要性高于见证点，是针对那些因施工过程或工序施工质量不易或不能通过其后的检验和试验而应得到充分论证的“特殊过程”或“特殊工序”而言的。凡被列入停止点的控制点，要求必须在该控制点施工开始之前 24h 通知监理人员到场实行监控，如监理人员未能在约定时间到达现场，施工单位应停止该控制点的施工，并按合同规定等待监理方，未经认可不能超过该点继续施工，如水闸闸墩混凝土结构在钢筋架立后，混凝土浇筑之前，可设置停止点。

在施工过程中，应加强旁站检查和现场巡查的监督检查，严格实施隐蔽工程工序间交接检查验收、工程施工预检等检查监督，严格执行对成品保护的质量检查。只有这样才能及早发现问题，及时纠正，防患于未然，确保工程质量，避免造成工程质量事故。

为了对施工期间的各分部（分项）工程的各工序质量，实施严密、细致、有效的监督和控制，应认真地填写跟踪档案，即施工和安装记录。

## （四）施工合同条件下的工程质量控制

工程施工是使业主及工程设计意图最终实现，并形成工程实体的阶段，也是最终形成工程产品质量和工程项目使用价值的重要阶段。由此可见，施工阶段的质量控制不但是工程师的核心工作内容，也是工程项目质量控制的重点。

### 1. 质量检查（验）的职责和权力

施工质量检查（验）是建设各方进行质量控制必不可少的一项工作，起到监督、控制质量，及时纠正错误，避免事故扩大，消除隐患等作用。

①承包商质量检查（验）的职责：提交质量保证计划措施报告。

②工程师质量检查（验）的权力：按照我国有关法律、法规的规定，工程师在不妨碍承包商正常作业的情况下，可以随时对作业质量进行检查（验）。这表明工程师有权对全部工程的所有部位及其任何一项工艺、材料和工程设备进行检查和检验，并具有质量否决权。

### 2. 材料、工程设备的检查和检验

材料、工程设备的采购可分为两种情况：承包商负责采购材料和工程设备；承包商负责采购材料，业主负责采购工程设备。

对材料和工程设备进行检查（验）时应区别对待以上两种情况。

对承包商采购的材料和工程设备，承包商应就产品质量对业主负责。材料和工程设备的检验和交货验收由承包商负责实施，并承担所需费用。具体做法：承包商会同工程师进行检验和交货验收，查验材质证明和产品合格证书。此外，承包商还应按合同规定进行材料的抽样检验和工程设备的检验测试，并将检验结果提交给工程师。工程师参加交货验收不能减轻或免除承包商在检验和验收中应负的责任。

对业主采购的工程设备，为了简化验交手续和避免重复装运，业主应将其采购的工程设备由生产厂家直接移交给承包商。为此，业主和承包商在合同规定的交货地点（如生产厂家、工地或其他合适的地方）共同进行交货验收，验收合格后由业主正式移交给承包商。在交货验收过程中，业主采购的工程设备的检验及测试由承包商负责，业主不必再配备检验及测试用的设备和人员，但承包商必须将其检验结果提交工程师，并由工程师复核签认。

工程师和承包商应商定对工程所用的材料和工程设备进行检查（验）的具体时间和地点。通常情况下，工程师应到场参加检查（验），如果在商定时间内工程师未到场参加检查(验)，且工程师无其他指示[如延期检查(验)]，承包商可自行检查(验)，并立即将检查（验）结果提交给工程师。除合同另有规定外，工程师应在事后确认承包商提交的检查（验）结果。

承包商未按合同规定检查（验）材料和工程设备时，工程师应指示承包商按合同规定补作检查（验）。此时，承包商应无条件地按工程师的指示和合同规定，补作检查（验），并应承担检查（验）所需的费用和可能带来的工期延误责任。

此外，额外检验是指，在合同履行过程中，如果工程师需要增加合同中未作规定的检查（验）项目，有权指示承包商增加额外检验，承包商应遵照执行，但应由业主承担额外检验的费用和工期延误责任。

重新检验则是指，在任何情况下，如果工程师对以往的检验结果有疑问，有权指示承包商进行再次检验，即重新检验，承包商必须执行工程师指示，不得拒绝。“以往的检验结果”是指已按合同规定得到工程师同意的检验结果，如果承包商的检验结果未得到工程师同意，则工程师指示承包商进行的检验不能称为重新检验，应为合同内检测。

重新检验带来的费用增加和工期延误责任由谁承担应视重新检验结果而定。如果重新检验结果证明这些材料、工程设备、工序不符合合同要求，则应由承包商承担重新检验的全部费用和工期延误责任；如果重新检验结果证明这些材料、工程设备、工序符合合同要求，则应由业主承担重新检验的费用和工期延误责任。

当承包商未按合同规定进行检查（验），并且不执行工程师有关补作检查（验）的指示和重新检验的指示时，工程师为了及时发现可能的质量隐患，减少可能造成的损失，可以指派自己的人员或委托其他人员进行检查（验），以保证质量。此时，不论检查（验）结果如何，造成的工期延误责任和增加的费用均应由承包商承担。

值得注意的是，必须要禁止使用不合格材料和工程设备。工程使用的一切材料、工程设备均应满足合同规定的等级、质量标准和技术特性要求。工程师在工程质量的检查（验）中发现承包商使用了不合格材料或工程设备时，可以随时发出指示，要求承包商立即改正，并禁止在工程中继续使用不合格的材料和工程设备。

如果承包商使用了不合格材料和工程设备，造成的后果应由承包商承担责任，承包商应无条件地按工程师指示进行补救。业主提供的工程设备经验收不合格的应由业主承担相应责任。

对不合格材料和工程设备应作以下处理：

①如果工程师的检查(验)结果表明承包商提供的材料或工程设备不符合合同要求，

工程师可以拒绝接收，并立即通知承包商。此时，承包商除应立即停止使用外，还应与工程师共同研究补救措施。如果在使用过程中发现不合格材料，工程师应视具体情况，下达运出现场或降级使用的指示。

②如果检查（验）结果表明业主提供的工程设备不符合合同要求，承包商有权拒绝接收，并要求业主予以更换。

③如果因承包商使用了不合格材料和工程设备造成了工程损害，工程师可以随时发出指示，要求立即采取措施进行补救，直至彻底清除工程的不合格部位及不合格材料和工程设备。

④如果承包商无故拖延或拒绝执行工程师的有关指示，则业主有权委托其他承包商执行该项指示，由此而造成的工期延误责任和增加的费用由承包商承担。

3. 隐蔽工程

隐蔽工程和工程隐蔽部位是指已完成的工作面经覆盖后将无法事后查看的任何工程部位和基础。由于隐蔽工程和工程隐蔽部位的特殊性及重要性，没有工程师的批准，工程的任何部分均不得覆盖或使之无法查看。

对于将被覆盖的部位和基础，在进行下一道工序之前，应先由承包商进行自检，确认符合合同要求后，再通知工程师进行检查，工程师不得无故缺席或拖延，承包商通知时应考虑到工程师有足够的检查时间。工程师应按通知约定的时间到场进行检查，确认质量符合合同要求，并在检查记录上签字后，才能允许承包商进行覆盖，进入下一道工序。承包商在取得工程师的检查签证之前，不得以任何理由进行覆盖，否则，承包商应承担因补检而增加的费用和工期延误责任。如果工程师未及时到场，承包商因等待或延期检查而造成工期延误，则承包商有权要求延长工期和赔偿其停工、窝工等损失。

4. 放线

①施工控制网。工程师应在合同规定的期限内向承包商提供测量基准点、基准线和水准点及其书面资料。业主和工程师应对测量基准点、基准线和水准点的正确性负责。承包商应在合同规定期限内完成施工控制网测设，并将施工控制网资料报送工程师审批。承包商应对施工控制网的正确性负责。此外，承包商还应负责保管全部测量基准点和控制网点。工程完工后，应将施工控制网点完好地移交给业主。工程师为了监理工作的需要，可以使用承包商的施工控制网，并不另行支付费用。此时，承包商应及时提供必要的协助，不得以任何理由加以拒绝。

②施工测量。承包商应负责整个施工过程中的全部施工测量放线工作，包括地形测量、放样测量、断面测量、支付收方测量和验收测量等，并应自行配置合格的人员、仪器、设备和其他物品。承包商在施测前，应将施工测量措施报告报送工程师审批。

工程师应按合同规定对承包商的测量数据和放样成果进行检查。必要时，工程师还可指示承包商在其监督下，进行抽样复测，并修正复测中发现的错误。

5. 完工

完工验收是指承包商基本完成合同中规定的工程项目后，移交给业主前的交工验收，不是国家或业主对整个项目的验收。基本完成是指合同规定的工程项目不一定全部完成，有些不影响工程使用的尾工项目，经工程师批准，可待验收后，在保修期中去完成。当工程具备了下列条件，并经工程师确认后，承包商即可向业主和工程师提交完工验收申请报告，并附上完工资料。

①除工程师同意可列入保修期完成的项目外，已完成合同规定的全部工程项目。

②已按合同规定备齐了完工资料，包括工程实施概况和大事记，已完工程（含工程设备）清单，永久工程完工图，列入保修期完成的项目清单，未完成的缺陷修复清单，施工期观测资料，各类施工文件、施工原始记录等。

③已编制了在保修期内实施的项目清单和未修复的缺陷项目清单，以及相应的施工措施计划。

工程师在接到承包商的完工验收申请报告后的28d内进行审核并做出决定，或者提请业主进行工程验收，或者通知承包商在验收前尚应完成的工作和对申请报告的异议。承包商应在完成工作后或修改报告后重新提交完工验收申请报告。

业主在接到工程师提请进行工程验收的通知后，应在收到完工验收申请报告后56d内组织工程验收，并在验收通过后向承包商颁发移交证书。移交证书上应注明由业主、承包商、工程师协商核定的工程实际完工日期。此日期是计算承包商完工工期的依据，也是工程保修期的开始。从颁发移交证书之日起，照管工程的责任即应由业主承担，且在此后14d内，业主应将保留金总额的50%退还给承包商。

水利水电工程中分阶段验收有两种情况：第一种情况是在全部工程验收前，某些单位工程如船闸、隧洞等已完工，经业主同意可先行单独验收，通过后颁发单位工程移交证书，由业主先接管该单位工程。第二种情况是业主根据合同进度计划的安排，需提前使用尚未全部建成的工程，如当大坝工程达到某一特定高程可以满足初期发电要求时，可对该部分工程进行验收。验收通过应签发临时移交证书。工程未完成部分仍由承包商继续施工。对通过验收的部分工程，因其在施工期运行而使承包商增加了修复缺陷的费用，业主应给予适当的补偿。

如果业主在收到承包商完工验收申请报告后，不及时进行验收，或在验收通过后无故不颁发移交证书，则业主应从承包商发出完工验收申请报告56d后的次日起承担照管工程的费用。

6. 工程保修

①保修期（FIDIC 条款中称为缺陷通知期）。工程移交前，虽然已通过验收，但是还未经过运行的考验，可能有一些尾工项目和修补缺陷项目未完成，所以，还必须有一段时间用来检验工程的正常运行，这就是保修期。水利水电工程保修期一般不少于一年，从移交证书中注明的全部工程完工日期起算。在全部工程完工验收前，业主已提前验收的单位工程或分部工程，若未投入正常运行，保修期仍按全部工程完工日期起算；若验收后投入正常运行，保修期应从该单位工程或分部工程移交证书上注明的完工日期起算。

②保修责任。保修期内，承包商应负责修复完工资料中未完成的缺陷修复清单所列的全部项目。保修期内如发现新的缺陷和损坏，或原修复的缺陷又遭损坏，承包商应负责修复。至于修复费用由谁承担，需视缺陷和损坏的原因而定，若为承包商施工中的隐患或其他承包商的原因所造成，应由承包商承担；若为业主使用不当或业主其他原因所导致的损坏，由业主承担。

③保修责任终止证书（FIDIC 条款中称为履约证书）。在全部工程保修期满，且承包商不遗留任何尾工项目和缺陷修补项目时，业主或授权工程师应在 28d 内向承包商颁发保修责任终止证书。

保修责任终止证书的颁发表明承包商已履行了保修期的义务，工程师对其满意，也表明承包商已按合同规定完成了全部工程的施工任务，业主接受了整个工程项目，但此时合同双方的财务账目尚未结清，可能有些争议还未解决，故并不意味合同已履行结束。

7. 清理现场与撤离

圆满完成清场工作是承包商进行文明施工的一个重要标志。一般而言，在工程移交证书颁发前，承包商应按合同规定的工作内容对工地进行彻底清理，以便业主使用已完成的工程。经业主同意后也可留下部分清场工作在保修期满前完成。

承包商应按下列工作内容对工地进行彻底清理，直到工程师检验合格为止。

①工程范围内残留的垃圾已全部清理。

②临时工程已按合同规定拆除，场地已按合同要求清理和平整。

③承包商的设备和剩余的建筑材料已按计划撤离工地，废弃的施工设备和材料亦已清除。

此外，在全部工程的移交证书颁发后 42d 内，除了经工程师同意，因保修期工作需要而留下的部分承包商人员、施工设备和临时工程外，承包商的队伍应撤离工地，并做好环境恢复工作。

## 二、全面质量管理

全面质量管理（total qualitymanagement，简称 TQM）是企业管理的中心环节，是企业管理的纲领，它和企业的经营目标是一致的。这就要求企业将生产经营管理和质量管理有机地结合起来。

### （一）全面质量管理的基本概念

全面质量管理是以组织全员参与为基础的质量管理模式，代表了质量管理的最新阶段，最早起源于美国，费根堡姆指出：全面质量管理是为了能够在最经济的水平上，并充分考虑到满足用户的要求的条件下进行市场研究、设计、生产和服务，把企业内各部门研制质量、维持质量和提高质量的活动构成一体的一种有效体系。他的理论经过世界各国的继承和发展，得到了进一步的扩展和深化。ISO9000 族标准中对全面质量管理的定义为：一个组织以质量为中心，以全员参与为基础，目的在于通过让顾客满意和本组织所有成员及社会受益而达到长期成功的管理途径。

### （二）全面质量管理的基本要求

#### 1. 全过程的管理

任何一个工程（和产品）的质量，都有一个产生、形成和实现的过程，整个过程由多个相互联系、相互影响的环节所组成，每一个环节或重或轻地影响着最终的质量状况。因此，要搞好工程质量管理，必须把形成质量的全过程和有关因素控制起来，形成一个综合的管理体系，做到以防为主、防检结合、重在提高。

#### 2. 全员的质量管理

工程（产品）的质量是企业各方面、各部门、各环节工作质量的反映。每一个环节、每一个人的工作质量都会不同程度地影响工程（产品）的最终质量。工程质量人人有责，只有人人都关心工程的质量，做好本职工作，才能生产出高质量的工程。

#### 3. 全企业的质量管理

全企业的质量管理一方面要求企业各管理层次都要有明确的质量管理内容，各层次质量管理的侧重点要突出，每个部门应有质量计划、质量目标和对策，层层控制；另一方面则要求把分散在各部门的质量管理职能发挥出来。如水利水电工程中的“三检制”，就充分反映了这一观点。

#### 4. 多方法的管理

影响工程质量的因素越来越复杂，既有物质的因素，又有人为的因素；既有技术因素，又有管理因素；既有内部因素，又有企业外部因素。要搞好工程质量，就必须把这些影响因素控制起来，分析对工程质量的不同影响，灵活运用各种现代化管理方法来解决工程质量问题。

### （三）全面质量管理的基本指导思想

#### 1. 质量第一、以质量求生存

任何产品都必须达到所要求的质量水平，否则就没有或未实现其使用价值，从而给消费者和社会带来损失。从这个意义上讲，质量必须是第一位的。贯彻“质量第一”的思想要求企业全员，尤其是领导层有强烈的质量意识；要求企业根据用户或市场的需求，科学地确定质量目标，并安排人力、物力、财力予以保证。当质量与数量、社会效益与企业效益、长远利益与眼前利益发生矛盾时，应把质量、社会效益和长远利益放在首位。

“质量第一”并非“质量至上”。质量不能脱离市场水准，也不能不问成本而一味地讲求质量。应该重视质量成本的分析，把质量与成本加以统一，确定最适合的质量水平。

#### 2. 用户至上

在全面质量管理中，这是一个十分重要的指导思想。“用户至上”就是要树立以用户为中心，为用户服务的思想，要使产品质量和服务质量尽可能满足用户的要求。产品质量最终应以用户的满意程度为评判标准。这里的用户是广义的，不仅指产品出厂后的直接用户，而且把企业内部下道工序视作上道工序的用户。如混凝土工程、模板工程的质量直接影响混凝土浇筑这一下道关键工序的质量。每道工序的质量不仅影响下道工序质量，也会影响工程进度和费用。

#### 3. 质量是设计、制造出来的，而不是检验出来的

在生产过程中，检验是重要的，起到不允许不合格品出厂的把关作用，同时还可以将检验信息反馈到有关部门。但影响产品质量的真正因素并不是检验，而主要是设计和制造。设计质量是先天性的，在设计的时候就已经决定了质量的等级和水平，而制造是实现设计质量，是符合性质量。二者不可偏废，都应重视。

#### 4. 强调用数据说话

这就是要求在全面质量管理工作中具有科学的工作作风，在研究问题时不能满足于一知半解和表面，对问题不仅有定性分析，还尽量有定量分析，做到心中有数，这样可以避免主观盲目性。

在全面质量管理中广泛采用了各种统计方法和工具，其中用得最多的有七种，即因果图、排列图、直方图、相关图、控制图、分层法和调查表。常用的数理统计方法有回归分析法、方差分析法、多元分析法、试验分析法、时间序列分析法等。

5. 突出人的积极因素

从某种意义上讲，在开展质量管理活动的过程中，人的因素是最积极、最重要的因素。与质量检验阶段和统计质量控制阶段相比较，全面质量管理阶段格外强调调动人的积极因素的重要性。因为现代化生产多为大规模系统，环节众多，联系密切复杂，远非单纯靠质量检验或统计方法就能奏效。必须调动人的积极因素，加强质量意识，发挥人的主观能动性，以确保产品和服务的质量。全面质量管理的特点之一就是全体人员参加管理。质量第一，人人有责。

要增强质量意识，调动人的积极因素，一靠教育，二靠规范，不仅需要依靠教育培训和考核，还要依靠有关质量的立法以及必要的行政手段等激励及处罚措施。

## （四）全面质量管理的工作原则

1. 预防原则

在企业的质量管理工作中，要认真贯彻预防为主的原则，凡事要防患于未然。在产品制造阶段应该采用科学方法对生产过程进行控制，尽量把不合格产品消灭在产生之前。在产品的检验阶段，不论是对最终产品还是在制品，都要及时反馈质量信息并认真处理。

2. 经济原则

全面质量管理强调质量，但无论是质量保证的水平，还是预防不合格的深度，都是没有止境的，必须考虑经济性，建立合理的经济界限，这就是所谓的经济原则。因此，在产品设计制定质量标准时、在生产过程中进行质量控制时、在选择质量检验方式（如抽样检验、全数检验）时，都必须考虑其经济性。

3. 协作原则

协作是大生产的必然要求。生产和管理分工越细，就越要求协作。一个具体单位的质量问题往往涉及许多部门，如无良好的协作是很难解决的。因此，强调协作是全面质量管理的一条重要原则，也反映了系统科学全局观点的要求。

4. 按照 PDCA 循环组织活动

PDCA 循环是质量体系活动所应遵循的科学工作程序，周而复始，内外嵌套，循环不已，以求质量不断提高。

## （五）全面质量管理的运转方式

全面质量管理是按照计划（plan，P）、执行（do，D）、检查（check，C）、处理（act，A）的管理循环方式进行的。PDCA 管理循环包括四个阶段和八个步骤。

1. 四个阶段

①计划阶段。按使用者要求，根据具体生产技术条件，找出生产中存在的问题及原因，拟订生产对策和措施计划。

②执行阶段。按预定生产对策和措施计划组织实施。

③检查阶段。对生产成品进行必要的检查和测试，即把执行的工作结果与预定目标进行对比，检查执行过程中出现的情况和问题。

④处理阶段。把经过检查发现的各种问题及用户意见进行处理。凡符合计划要求的，予以肯定，并进行成文标准化；对不符合设计要求和不能解决的问题，转入下一循环以进一步研究解决。

2. 八个步骤

①分析现状，找出问题。不能凭印象和表面作判断，结论要用数据表示。

②分析产生问题的原因。要把可能的原因一一加以分析。

③找出主要原因。只有找出主要原因进行剖析，才能改进工作，提高产品质量。

④拟订措施，制订计划。针对主要原因拟订措施，制订计划，确定目标。

以上四个步骤属计划（P）阶段的工作内容。

⑤执行措施，执行计划。此为执行（D）阶段的工作内容。

⑥检查工作，检查效果。对执行情况进行检查，总结经验教训。此为检查（C）阶段的工作内容。

⑦标准化巩固成绩。

⑧遗留问题转入下期。

以上步骤⑦和步骤⑧为处理（A）阶段的工作内容。PDCA 管理循环的工作程序如图 8-1 所示。

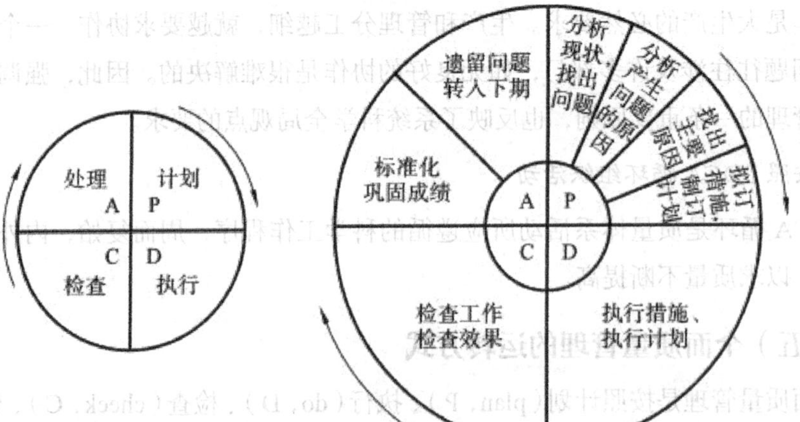


图 8-1 PDCA 管理循环的工作程序

3.PDCA 循环的特点

①四个阶段缺一不可，先后次序不能颠倒。就好像一个转动的车轮，在解决质量问题中，滚动前进，逐步提高产品质量。

②企业内部的 PDCA 循环各级都有，整个企业是一个大循环，企业各部门又有自己的循环，如图 8-2 所示。大循环是小循环的依据，小循环又是大循环的具体逐级贯彻落实的体现。

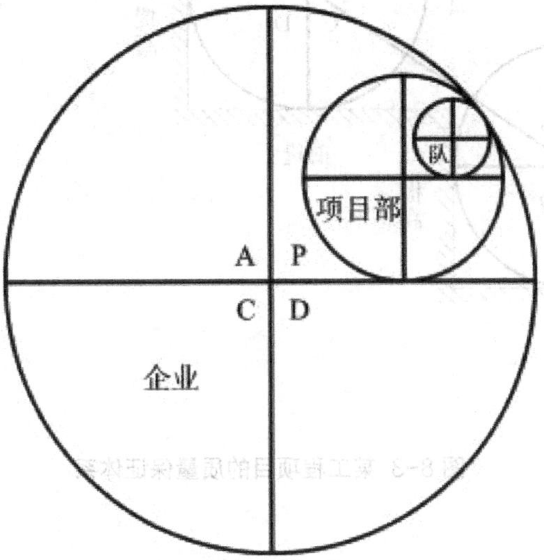


图 8-2 PDCA 循环运转示意图

③ PDCA 循环不是在原地转动，而是在转动中前进。每个循环结束，质量便提高一级。每一个 PDCA 循环都不是在原地周而复始地转动，而是像爬楼梯那样，每一个循环都有新的目标和内容。这就意味着前进了一步，从原有水平上升到了新的水平，每经过一次循环，也就解决了一批问题，质量水平就有新的提高。

④A 阶段是一个循环的关键，这一阶段（处理阶段）的目的在于总结经验、巩固成果、纠正错误，以利于下一个管理循环。必须把成功的经验纳入标准，定为规程，使之标准化、制度化，以便在下一个循环中遵照办理，使质量水平逐步提高。

必须指出，质量的好坏反映了人们质量意识的强弱，也反映了人们对提高产品质量意义的认识水平的高低。在有了较强的质量意识后，还应使全体人员对全面质量管理的基本思想和方法有所了解，这就需要开展全面质量管理，加强质量教育的培训工作，贯彻执行质量责任制并形成制度，持之以恒，从而使工程施工质量水平不断提高。

## （六）质量保证体系的建立和运转

工程项目在实施过程中，要建立质量保证机构和质量保证体系，图 8-3 即为某工程项目的质量保证体系。

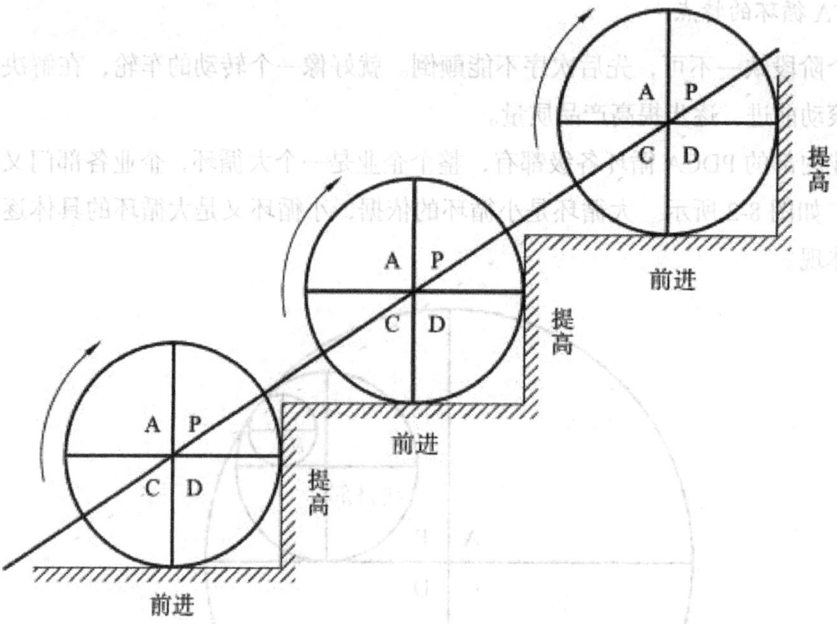


图 8-3 某工程项目的质量保证体系

# 第三节 工程质量统计与分析

## 一、质量数据

利用质量数据和统计分析方法进行项目质量控制，是控制工程质量的重要手段。通常，收集和整理质量数据，进行统计分析比较，找出生产过程中的质量规律，判断工程产品质量状况，发现存在的质量问题，找出引起质量问题的原因，并及时采取措施，预防和处理质量事故，可使工程质量始终处于受控状态。

质量数据是用以描述工程质量特性的数据。它是进行质量控制的基础，没有质量数据，就不可能有现代化的科学的质量控制。

### （一）质量数据的类型

质量数据按其自身特征，可分为计量值数据和计数值数据。

1. 计量值数据

计量值数据是可以连续取值的连续型数据。如长度、重量、面积、标高等，一般可以用测量工具或仪器等测量，且带有小数。

2. 计数值数据

计数值数据是不连续的离散型数据。如不合格品数、不合格的构件数等，这些反映质量状况的数据是不能用测量器具来度量的，采用计数的办法，只能出现0、1、2等非负数的整数。

质量数据按其收集目的，可分为控制性数据和验收性数据。

1. 控制性数据

控制性数据一般是以工序作为研究对象，是为分析、预测施工过程是否处于稳定状态，而定期随机地抽样检验获得的质量数据。

2. 验收性数据

验收性数据是以工程的最终实体内容为研究对象，为分析、判断其质量是否达到技术标准或用户的要求，而采取随机抽样检验获取的质量数据。

### （二）质量数据的波动及其原因

在施工过程中常可看到，在相同的设备、原材料、工艺及操作人员条件下，生产的同一种产品的质量不同，反映在质量数据上，即质量数据具有波动性，其影响因素有偶然性因素和系统性因素两大类。偶然性因素引起的质量数据波动属于正常波动。偶然性因素是无法或难以控制的因素，所造成的质量数据的波动量不大，没有倾向性，作用是随机的，工程质量只受偶然性因素影响时，生产才处于稳定状态。由系统性因素造成的质量数据波动属于异常波动。系统性因素是可控制、易消除的因素，这类因素不经常发生，但具有明显的倾向性，对工程质量的影响较大。

质量控制的目的就是，找出出现异常波动的原因，即系统性因素是什么，并加以排除，使质量只受偶然性因素的影响。

### （三）质量数据的收集

质量数据的收集总的要求应当是随机地抽样，即整批数据中每一个数据被抽到的概率相同。常用的方法有随机法、系统抽样法、二次抽样法和分层抽样法。

### （四）样本数据特征

为了进行统计分析和运用特征数据对质量进行控制，经常要使用统计特征数据。

统计特征数据主要有均值、中位数、极值、极差、标准偏差、变异系数。其中，均值、中位数表示数据集中的位置；极值、极差、标准偏差、变异系数表示数据的波动情况，即分散程度。

## 二、质量控制的统计方法

通过对质量数据的收集、整理和统计分析，找出质量的变化规律和存在的质量问题，提出进一步的改进措施，这种运用数学工具进行质量控制的方法，是所有涉及质量管理的人员所必须掌握的，它可以使质量控制工作定量化和规范化。下面介绍几种在质量控制中常用的数学工具及方法：

### （一）直方图法

#### 1. 直方图的用途

直方图又称频率分布直方图，是将产品质量频率的分布状态用直方图形来表示，根据直方图形的分布形状和与公差界限的距离来观察、探索质量分布规律，分析和判断整个生产过程是否正常。

利用直方图可以制定质量标准，确定公差范围，可以判明质量分布情况是否符合标准。

#### 2. 直方图的分析

直方图有以下几种分布形式：

①锯齿型：产生原因一般是分组不当或组距确定不当。

②正常型：说明生产过程正常，质量稳定。

③绝壁型：一般是由剔除下限以下的数据造成的。

④孤岛型：一般是材质发生变化或他人临时替班所造成的。

⑤双峰型：把两种不同的设备或工艺的数据混在一起造成的。

⑥平顶型：生产过程中有缓慢变化的因素起主导作用。

#### 3. 注意事项

①直方图是静态的，不能反映质量的动态变化。

②画直方图时，数据不能太少，一般应多于 50 个数据，否则画出的直方图难以正确反映总体的分布状态。

③直方图出现异常时，应注意将收集的数据分层，然后画直方图。

④直方图呈正态分布时，可求平均值和标准差。

### （二）排列图法

排列图法又称巴雷特法、主次排列图法，是分析影响质量的主要因素的有效方法，将众多的因素进行排列，主要因素就一目了然了。

排列图法由一个横坐标、两个纵坐标、几个长方形和一条曲线组成。左侧的纵坐标是频数或件数，右侧的纵坐标是累计频率，横轴则是项目或因素，按项目频数大小顺序在横轴上自左而右画长方形，其高度为频数，再根据右侧的纵坐标画出累计频率曲线，该曲线也称巴雷特曲线。

### （三）因果分析图法

因果分析图也叫鱼刺图、树枝图，这是一种逐步深入研究和讨论质量问题的图示方法。在工程建设过程中，任何一种质量问题的产生，一般都是多种原因造成的。这些原因有大有小，按照大小顺序分别用主干、大枝、中枝、小枝来表示，这样，就可一目了然地观察出导致质量问题的原因，并以此为据，制定相应对策。

### （四）管理图法

管理图也称控制图，它可反映生产过程随时间变化而变化的质量动态，即为反映生产过程中各个阶段质量波动状态的图形。管理图利用上下控制界限，将产品质量特性控制在正常波动范围内，一旦有异常反应，通过管理图就可以发现，并及时处理。

### （五）相关图法

产品质量与影响因素之间常有一定的相互关系，但不一定是严格的函数关系，这种关系称为相关关系，可利用直角坐标系将两个变量之间的关系表达出来。相关图的形式有正相关、负相关、非线性相关和无相关。

此外还有调查表法、分层法等。

# 第四节　工程质量事故的处理

## 一、工程质量事故与分类

水利水电工程在建设中或完工后，由设计、施工、监理、材料、设备、工程管理和咨询等方面因素，造成工程质量不符合规程、规范和合同要求的质量标准，影响工程的使用寿命或正常运行，需采取补救措施或返工处理的，统称为工程质量事故。日常所说的事故大多指施工质量事故。

在水利水电工程中，按照对工程的耐久性和正常使用的影响程度、检查和处理质量事故对工期的影响程度以及直接经济损失的大小，将质量事故分为一般质量事故、较大质量事故、重大质量事故和特大质量事故。

①一般质量事故：指对工程造成一定经济损失，经处理后不影响正常使用，不影响工程使用寿命的事故。达不到一般质量事故标准的统称为质量缺陷。

②较大质量事故：指对工程造成较大经济损失或延误较短工期，经处理后不影响正常使用，但对工程使用寿命有较大影响的事故。

③重大质量事故：指对工程造成重大经济损失或延误较长工期，经处理后不影响正常使用，但对工程使用寿命有较大影响的事故。

④特大质量事故：指对工程造成特大经济损失或长时间延误工期，经处理后仍对工程正常使用和使用寿命有较大影响的事故。

## 二、工程质量事故的处理

### （一）引发事故的原因

引发工程质量事故的原因很多，最基本的还是人、机械、材料、工艺和环境等方面的原因，一般可分为直接原因和间接原因两类。

直接原因主要有人的行为不规范和材料、机械不符合规定状态。如：设计人员不按规范设计、监理人员不按规范进行监理、施工人员违反规程操作等，属于人的行为不规范；又如水泥、钢材等某些指标不合格，属于材料不符合规定状态。

间接原因是指质量事故发生地的环境条件不佳，如：施工管理混乱、质量检查监督失职、质量保证体系不健全等。间接原因往往导致直接原因的发生。

事故原因也可从工程的参建各方来寻查，业主、监理单位、设计单位、施工单位，以及材料、机械、设备等供应商的某些行为也会造成质量事故。

### （二）事故处理的目的

工程质量事故分析与处理的目的主要是：正确分析事故原因，防止事故恶化；创造正常的施工条件；排除隐患，预防事故发生；总结经验教训，区分事故责任；采取有效的处理措施，尽量减少经济损失，保证工程质量。

### （三）事故处理的原则

质量事故发生后，应坚持“三不放过”的原则，即事故原因不查清不放过，事故主要责任人和职工未受到教育不放过，补救措施不落实不放过。

发生质量事故，应立即向有关部门（业主、监理单位、设计单位和质量监督机构等）汇报，并提交质量事故报告。

因质量事故而造成的损失费用，坚持事故责任方是谁，由谁承担的原则。若责任在施工承包商，则事故分析与处理的一切费用由承包商自己负责；若施工中事故责任不在承包商，则承包商可依据合同向业主提出索赔；若事故责任在设计或监理单位，应按照有关合同条款给予相关单位必要的经济处罚；构成犯罪的，移交司法机关处理。

### （四）事故处理的程序方法

事故处理的程序如下：

1. 下达工程施工暂停令。

2. 组织人员调查事故原因。

3. 事故原因分析。

4. 事故处理与检查验收。

5. 下达复工令。

事故处理的方法有两大类：

1. 修补。这种方法适用于通过修补可以不影响工程的外观和正常使用的质量事故。

2. 返工。这种方法适用于严重违反规范或标准，影响工程使用和安全，且无法修补，必须返工的质量事故。

有些工程质量问题，虽严重超过了规程、规范的要求，已具有质量事故的性质，不过可针对工程的具体情况，通过分析论证，不需要作专门处理，但要记录在案。如混凝土蜂窝、麻面等缺陷，可通过涂抹、打磨等方式处理；由于欠挖或模板问题使结构断面被削弱，经设计复核验算，仍能满足承载要求的，也可不作处理，但必须记录在案，并有设计和监理单位的鉴定意见。

# 第五节 工程质量评定与验收

## 一、工程质量评定

### （一）工程质量评定的意义

工程质量评定是依据国家或相关部门统一制定的现行标准和方法，对照具体施工项目的质量结果，确定质量等级的过程。其意义在于统一评定标准和方法，正确反映工程的质量，使之具有可比性，同时，也能考核企业等级和技术水平，促进施工企业提高质量。

工程质量评定以单元工程质量评定为基础，其评定的先后次序是单元工程、分部工程和单位工程。

工程质量的评定在施工单位（承包商）自评的基础上，由建设（监理）单位复核，报政府质量监督机构核定。

## （二）工程质量评定依据

1. 国家与水利水电部门颁布的有关行业规程、规范和技术标准。

2. 经批准的设计文件、施工图纸、设计修改通知、厂家提供的设备安装说明书及有关技术文件。

3. 工程合同采用的技术标准。

4. 工程试运行期间的试验及观测分析成果。

## （三）工程质量评定标准

### 1. 单元工程质量评定标准

当单元工程质量达不到合格标准时，必须及时处理，其质量等级按以下原则确定：

①全部返工重做的，可重新评定等级。

②经加固补强并经过鉴定能达到设计要求的，质量只能评定为合格。

③经鉴定达不到设计要求，但建设（监理）单位认为能基本满足安全和使用功能要求的，可不补强加固；或经补强加固后，改变外形尺寸或造成永久缺陷的，建设（监理）单位认为能基本满足设计要求的，质量可按合格处理。

### 2. 分部工程质量评定标准

分部工程质量合格的条件是：①单元工程质量全部合格；②中间产品质量及原材料质量全部合格，金属结构及启闭机制造质量合格，机电产品质量合格。

分部工程质量优良的条件是：①单元工程质量全部合格，其中有 50% 以上达到优良，主要单元工程、重要隐蔽工程及关键部位的单位工程质量优良，且未发生过质量事故；②中间产品质量全部合格，其中混凝土拌和物质量达到优良，原材料质量、金属结构及启闭机制造质量合格，机电产品质量合格。

### 3. 单位工程质量评定标准

单位工程质量合格的条件是：①分部工程质量全部合格；②中间产品质量及原材料质量全部合格，金属结构及启闭机制造质量合格，机电产品质量合格；③外观质量得分率在 70% 以上；④施工质量检验资料基本齐全。

单位工程质量优良的条件是：①分部工程质量全部合格，其中有 80% 以上达到优良，主要分部工程质量优良，且未发生过重大质量事故；②中间产品质量全部合格，其中混凝土拌和物质量达到优良，原材料质量、金属结构及启闭机制造质量合格，机电产品质量合格；③外观质量得分率在 85% 以上；④施工质量检验资料齐全。

### 4. 总体工程质量评定标准

单位工程质量全部合格，工程质量可评为合格；如其中 50% 以上的单位工程质量优良，且主要建筑物单位工程质量优良，则工程质量可评为优良。

## 二、工程质量验收

### （一）工程质量验收概述

工程质量验收是在工程质量评定的基础上，依据一个既定的验收标准，采取一定的手段来检验工程产品的特性是否满足验收标准的过程。水利水电工程验收分为分部工程验收、阶段验收、单位工程验收和竣工验收。按照验收的性质，工程质量验收可分为投入使用验收和完工验收。工程验收的目的是：检查工程是否按照批准的设计进行建设；检查已完工程在设计、施工、设备制造安装等的质量，并对验收遗留问题提出处理要求；检查工程是否具备运行或进行下一阶段建设的条件；总结工程建设中的经验教训，并对工程作出评价；及时移交工程，尽早发挥投资效益。

工程验收的依据是：有关法律、规章和技术标准，主管部门有关文件，批准的设计文件及相应设计变更、修设文件，施工合同，监理签发的施工图纸和说明，设备技术说明书等。当工程具备验收条件时，应及时组织验收。未经验收或验收不合格的工程，不得交付使用或进行后续工程施工。验收工作应相互衔接，不应重复进行。

工程进行验收时必须要有质量评定意见。阶段验收和单位工程验收应有水利水电工程质量监督单位的工程质量评价意见；竣工验收必须有水利水电工程质量监督单位的工程质量评定报告，竣工验收委员会在其基础上鉴定工程质量等级。

### （二）工程质量验收的主要工作

#### 1. 分部工程验收

分部工程验收应具备的条件是：所有单元工程已经完工且质量全部合格。

分部工程验收的主要工作是：鉴定工程是否达到设计标准；按现行国家或行业技术标准，评定工程质量等级；对验收遗留问题提出处理意见。分部工程验收的图纸、资料和成果是竣工验收资料的组成部分。

#### 2. 阶段验收

根据工程建设需要，当工程建设达到一定关键阶段时（如基础处理完毕、截流、水库蓄水、机组启动、输水工程通水等），应进行阶段验收。阶段验收的主要工作是：检查已完工程的质量和形象面貌；检查在建工程建设情况；检查待建工程的计划安排和主要技术措施落实情况，以及是否具备施工条件；检查拟投入使用工程是否具备运行条件；对验收遗留问题提出处理要求。

#### 3. 完工验收

完工验收应具备的条件是所有分部工程已经完工并验收合格。完工验收的主要工作是：检查工程是否按批准的设计完成建设；检查工程质量，评定质量等级，对工程缺陷提出处理要求；对验收遗留问题提出处理要求；按照合同规定，施工单位向项目法人移交工程。

4. 竣工验收

工程在投入使用前，必须通过竣工验收。竣工验收应在全部工程完工后 3 个月内进行。

进行竣工验收确有困难的，经工程验收主持单位同意，可以适当延长期限。竣工验收应具备以下条件：工程已按批准的设计规定的内容全部建成；各工程能正常运行；历次验收所发现的问题已基本处理完毕；归档资料符合工程档案资料管理的有关规定；工程建设征地补偿及移民安置等问题已基本处理完毕，工程主要建筑物安全保护范围内的迁建和工程管理土地征用工作已经完成；工程投资已经全部到位；竣工决算已经完成，并通过竣工审计。

竣工验收的主要工作：审查项目法人“工程建设管理工作报告”和初步验收工作组“初步验收工作报告”，检查工程建设和运行情况，协调处理有关问题，讨论并通过“竣工验收鉴定书”。

# 第九章　水利工程施工项目成本管理

## 第一节　施工项目成本管理的基本任务

### 一、施工项目成本的概念

施工项目成本是指建筑施工企业完成单位施工项目，所发生的全部生产费用的总和，包括完成该项目所发生的人工费、材料费、施工机械费、措施项目费、管理费，但是不包括利润和税金，也不包括构成施工项目价值的一切非生产性支出。

施工项目成本的构成如下：

#### （一）直接成本

1. 直接工程费

①人工费；②材料费；③施工机械使用费。

2. 措施费

①环境保护费、文明施工费、安全施工费；②临时设施费、夜间施工费、二次搬运费；③大型机械设备进出场及安装费；④混凝土、钢筋混凝土模板及支架费；⑤脚手架费、已完成工程及设备保护费、施工排水费、降水费。

#### （二）间接成本

1. 规费

①工程排污费、工程定额测定费、住房公积金；②社会保障费，包括养老、失业、医疗保险费；③危险作业意外伤害保险费。

2. 企业管理费

①管理人员工资、办公费、差旅交通费、工会经费；②固定资产使用费、工具用具使用费、劳动保险费；③职工教育经费、财产保险费、财务费。

## 二、施工项目成本的主要形式

### （一）直接成本和间接成本

施工项目成本按照生产费用计入成本的方法可分为直接成本和间接成本。直接成本是指直接用于并能够直接计入施工项目的费用，如工资、材料费用等。间接成本是指不能够直接计入施工项目的费用，只能按照一定的计算基数和一定的比例分配并计入施工项目的费用，如管理费、规费等。

### （二）固定成本和变动成本

施工项目成本按照生产费用与产量的关系可分为固定成本和变动成本。在一段时间和一定工程量的范围内，固定成本不会随工程量的变动而变动，如折旧费、大修费等；变动成本会随工程量的变化而变动，如人工费、材料费等。

### （三）预算成本、计划成本和实际成本

施工项目成本按照控制的目标，从发生的时间可分为预算成本、计划成本和实际成本。

预算成本是根据施工图结合国家或地区的预算定额及施工技术等条件计算出的工程费用。是确定工程造价和施工企业投标的依据，也是编制计划成本和考核实际成本的依据。它反映的是一定范围内的平均水平。

计划成本是施工项目经理在施工前，根据施工项目成本管理目的，结合施工项目的实际管理水平编制的计算成本。编制计划成本有利于加强项目成本管理、建立健全施工项目成本责任制，控制成本消耗、提高经济效益。它反映的是企业的平均先进水平。

实际成本是施工项目在报告期内通过会计核算计算出的项目的实际消耗。

## 三、施工项目成本管理的基本内容

施工项目成本管理包括成本预测和决策、成本计划编制、成本计划实施、成本核算、成本检查、成本分析以及成本考核。成本计划的编制与实施是关键的环节。因此，在进行施工项目成本管理的过程中，必须具体研究每一项内容的有效工作方式和关键控制措施，从而使得施工项目整体的成本控制获得预期效果。

### （一）施工项目成本预测

施工项目成本预测是根据一定的成本信息结合具体情况，采用一定的方法对施工项目成本可能发生或发展的趋势作出的判断和推测。成本决策则是在预测的基础上确定降低成本的方案，并从可选的方案中选择最佳的成本方案。

成本预测的方法有定性预测法和定量预测法。

1. 定性预测法

定性预测是指具有一定经验的人员或有关专家依据经验和能力水平对成本未来发展的态势或性质作出分析和判断。该方法受人为因素影响很大，并且不能量化，具体包括专家会议法、专家调查法（德尔菲法）、主观概率预测法。

2. 定量预测法

定量预测法是指根据收集的比较完备的历史数据，运用一定的方法计算分析，以此来判断成本变化的情况。此法受历史数据的影响较大，可以量化，具体包括移动平均法、指数滑移法、回归预测法。

## （二）施工项目成本计划

成本计划是一切管理活动的首要环节。施工项目成本计划是在预测和决策的基础上对成本的实施作出计划性的安排和布置，是施工项目降低成本的指导性文件。

制定施工项目成本计划的原则如下：

1. 从实际出发

根据国家的方针政策，从企业的实际情况出发，充分挖掘企业内部潜力，使降低成本指标切实可行。

2. 与其他目标计划相结合

制定工程项目成本计划必须与其他各项计划（如施工方案、生产进度、财务计划等）密切结合。一方面，工程项目成本计划要根据项目的生产、技术组织措施、劳动工资、材料供应等计划来编制；另一方面，工程项目成本计划又影响着其他各种计划指标适应降低成本指标的要求。

3. 采用先进的经济技术定额的原则

根据施工的具体特点，有针对性地采取切实可行的技术组织措施。

4. 统一领导、分级管理

在项目经理的领导下，以财务和计划部门为中心，发动全体职工共同总结降低成本的经验，找出降低成本的正确途径。

5. 弹性原则

应留有充分的余地，保持目标成本有一定弹性。在制定期内，项目经理部内外技术经济状况和供销条件会发生一些不可预料的变化，尤其是供应材料，市场价格千变万化，给目标的制定带来了一定的困难，因而在制定目标时，应充分考虑这些情况，使成本计划保持一定的适应能力。

## （三）施工项目成本控制

成本控制包括事前控制、事中控制和事后控制。

### 1. 工程前期的成本控制（事前控制）

成本的事前控制是通过成本的预测和决策，落实降低成本措施，编制目标成本计划而层层展开的，分为工程投标阶段和施工准备阶段的成本控制。成本计划属于事前控制。

### 2. 实施期间成本控制（事中控制）

事中控制是指在项目施工过程中，通过一定的方法和技术措施，加强对影响成本的因素进行管理，将施工中所发生的各种消耗和支出尽量控制在成本计划内。

事中控制的任务是：建立成本管理体系；项目经理部应将各项费用指标进行分解，以确定各个部门的成本指标；加强成本的控制。事中控制要以合同造价为依据，从预算成本和实际成本两方面控制项目成本。实际成本控制应对主要工料的数量和单价、分包成本和各项费用等影响成本的主要因素进行控制，主要是加强施工任务单和限额领料单的管理；将施工任务单和限额领料单的结算资料与施工预算进行核对，计算分部（分项）工程成本差异，分析产生差异的原因，采取相应的纠偏措施；做好月度成本原始资料的收集、整理及核算；在月度成本核算的基础上，实行责任成本核算。除此之外，还应经常检查对外经济合同履行情况，定期检查各责任部门和责任者的成本控制情况，检查责、权、利的落实情况。

### 3. 竣工验收阶段的成本控制（事后控制）

事后控制主要是重视竣工验收工作，对照合同价的变化，将实际成本与目标成本之间的差距加以分析，进一步挖掘降低成本的潜力。主要工作是合理安排时间，完成工程竣工扫尾工作，把耗用的时间降到最低；重视竣工验收工作，顺利交付使用；及时办理工程结算；在工程保修期间，应由项目经理指定保修工作者，并责成保修工作者提交保修计划；将实际成本与计划成本进行比较，计算成本差异，明确是节约还是浪费；分析成本节约或超支的原因和责任归属。

## （四）施工项目成本核算

施工项目成本核算是指对项目施工过程中所发生的费用进行核算。它包括两个基本的环节：一是归集费用，计算成本实际发生额；二是采取一定的方法计算施工项目的总成本和单位成本。

### 1. 施工项目成本核算的对象

①一个单位工程由几个施工单位共同施工，各单位都应以同一单位工程作为成本核算对象。

②规模大、工期长的单位工程可以划分为若干部位,以分部工程作为成本核算对象。

③同一建设项目,由同一施工单位施工,在同一施工地点,属于同一结构类型,开工、竣工时间相近的若干单位工程可以合并作为一个成本核算对象。

④改、扩建的零星工程可以将开工、竣工时间相近,且属于同一个建设项目的各单位工程合并成一个成本核算对象。

⑤土方工程、打桩工程可以根据实际情况,以一个单位工程为成本核算对象。

2. 工程项目成本核算的基本框架

①人工费核算:内包人工费、外包人工费。

②材料费核算:编制材料消耗汇总表。

③周转材料费核算: a. 实行内部租赁制; b. 项目经理部与出租方按月结算租赁费用; c. 周转材料进出时,加强计量验收制度; d. 租用周转材料的进退场费,按照实际发生数,由调入方承担; e. 对 U 形卡、脚手架等零件,在竣工验收时,进行清点,按实际情况计入成本; f. 租赁周转材料时,不再分配承担周转材料差价。

④结构件费核算: a. 按照单位工程使用对象编制结构件耗用月报表; b. 结构件单价以项目经理部与外加工单位签订的合同为准; c. 耗用的结构件品种和数量应与施工产值相对应; d. 结构件的高进、高出价差核算同材料费的高进、高出价差核算一致; e. 如发生结构件的一般价差,可计入当月项目成本; f. 部位分项分包工程,按照企业通常采用的类似结构件管理核算方法; g. 在结构件外加工和部位分项分包工程施工过程中,尽量获取经营利益或转嫁压价、让利风险产生的利益。

⑤机械使用费核算: a. 机械设备实行内部租赁制; b. 租赁费根据机械使用台班、停用台班和内部租赁价计算,计入项目成本; c. 机械进出场费,按规定由承租项目承担; d. 各类大中小型机械,其租赁费全额计入项目机械成本; e. 结算原始凭证由项目指定人签证,确认开班和停班数,据以结算费用; f. 向外部单位租赁机械,按当月租赁费用金额计入项目机械成本。

⑥其他直接费核算: a. 材料二次搬运费,临时设施摊销费; b. 生产工具用具使用费; c. 除上述费用外,其他直接费均按实际发生时的有效结算凭证计算,计入项目成本。

⑦施工间接费核算: a. 要求以项目经理部为单位编制工资单和奖金单,列支工作人员薪金; b. 劳务公司所提供的炊事人员、服务人员、警卫人员承包服务费,计入施工间接费; c. 内部银行的存贷利息,计入内部利息; d. 先按项目归集施工间接费总账,再按一定分配标准计入收益成本。

⑧分包工程成本核算: a. 包清工工程,纳入外包人工费内核算; b. 部位分项分包工程,纳入结构件费内核算; c. 机械作业分包工程,只统计分包费用,不包括物耗价值; d. 项目经理部应增设分建成本项目,核算双包工程、机械作业分包工程的成本状况。

## （五）施工项目成本分析

施工项目成本分析就是在成本核算的基础上采用一定的方法，对所发生的成本进行比较分析，检查成本发生的合理性，找出成本的变动规律，寻求降低成本的途径。施工项目成本分析方法主要有对比分析法、连环替代法、差额计算法和挣值法。

### 1. 对比分析法

对比分析法是通过实际完成成本与计划成本或承包成本进行对比，找出差异，分析原因，以便改进。这种方法简单易行，但注意比较指标的内容要一致。

### 2. 连环替代法

连环替代法可用来分析各种因素对成本形成的影响。分析的顺序是：先绝对量指标，后相对量指标；先实物量指标，后货币量指标。

### 3. 差额计算法

差额计算法是因素分析法的简化。

### 4. 挣值法

挣值法主要用来分析成本目标实施与期望之间的差异，是一种偏差分析方法，其分析过程如下：

①明确三个关键变量。a. 项目计划完成工作的预算成本 BCWS（BCWS= 计划工作量 × 预算定额）；b. 项目已完成工作的实际成本 ACWP；c. 项目已完成的预算成本 BCWP（BCWP= 已完成工作量 × 该工作量的预算定额）。

②两种偏差的计算。a. 项目成本偏差 Cv=BCWP–ACWP，当 Cv>0 时，表明项目实施处于节支状态；当 Cv<0 时，表明项目实施处于超支状态。b. 项目进度偏差 Sv=BCWP–BCWS，当 Sv>0 时，表明项目实施超过计划进度；当 Sv<0 时，表明项目实施落后于计划进度。

③两个指数变量。a. 计划完工指数 SCI=BCWP/BCWS，当 SCI>1 时，表明项目实际完成的工作量超过计划工作量；当 SCI<1 时，表明项目实际完成的工作量少于计划工作量。b. 成本绩效指数 CPI=ACWP/BCWP，当 CPI>1 时，表明实际成本多于计划成本，资金使用率较低；当 CPI<1 时，表明实际成本少于计划成本，资金使用率较高。

## （六）成本考核

成本考核就是在施工项目竣工后，对项目成本的负责人考核成本完成情况，以做到有奖有罚，避免“吃大锅饭”，以提高职工的劳动积极性。

施工项目成本考核的目的是通过衡量项目成本降低的实际成果，对成本指标完成情况进行总结和评价。

施工项目成本考核应分层进行，企业对项目经理部进行成本管理考核，项目经理部对项目部内部各作业队进行成本管理考核。

施工项目成本考核的内容是既要对计划目标成本的完成情况进行考核，又要对成本管理工作业绩进行考核。

施工项目成本考核的要求如下：

1. 企业对项目经理部进行考核的时候，以责任目标成本为依据。
2. 项目经理部以控制过程为考核重点。
3. 成本考核要与进度、质量、安全指标的完成情况相联系。
4. 应形成考核文件，对责任人进行奖罚提供依据。

# 第二节　施工项目成本控制

## 一、施工项目成本控制的原则

1. 以收定支的原则。
2. 全面控制的原则。
3. 动态性原则。
4. 目标管理原则。
5. 例外性原则。
6. 责、权、利、效相结合的原则。

## 二、施工项目成本控制的依据

1. 工程承包合同。
2. 施工进度计划。
3. 施工项目成本计划。
4. 各种变更资料。

## 三、施工项目成本控制的步骤

1. 比较施工项目成本计划与实际的差值，确定是节约还是超支。
2. 分析节约或超支的原因。
3. 预测整个项目的施工成本，为决策提供依据。
4. 施工项目成本计划在执行的过程中出现偏差，采取相应的措施加以纠正。
5. 检查成本完成情况，为今后的工作积累经验。

## 四、施工项目成本控制的手段

### （一）计划控制

计划控制是用计划的手段对施工项目成本进行控制。施工项目成本预测和决策为成本计划的编制提供依据。编制成本计划应先设计降低成本的技术组织措施，再编制降低成本的计划，将承包成本额降低，而形成计划成本，从而成为施工过程中成本控制的标准。

成本计划编制方法有以下两种：

1. 常用方法

在概预算编制能力较强，定额比较完备的情况下，特别是施工图预算与施工预算编制经验比较丰富的企业，施工项目成本目标可采用定额估算法确定。施工图预算反映的是完成施工项目任务所需的直接成本和间接成本，是招投标中编制标底的依据，也是施工项目考核经营成果的基础。施工预算是施工项目经理部根据施工定额制定的，作为内部经济核算的依据。

过去，通常以两算（概算、预算）对比差额与所采用技术措施带来的节约额来估算计划成本的降低额，其计算公式为：计划成本降低额 = 两算对比差额 + 技术措施节约额。

2. 计划成本法

施工项目成本计划中计划成本的编制方法通常有以下几种：

①施工预算法。计算公式为：计划成本 = 施工预算成本 − 技术措施节约额。

②技术措施法。计算公式为：计划成本 = 施工图预算成本 − 技术措施节约额。

③成本习性法。计算公式为：计划成本 = 施工项目变动成本 + 施工项目固定成本。

④按实计算法：施工项目部以施工图预算的各种消耗量为依据，结合成本计划降低目标，由各职能部门结合本部门的实际情况，分别计算各部门的计划成本，最后汇总得出项目的总计划成本。

### （二）预算控制

预算控制是在施工前根据一定的标准（如定额）或者要求（如利润）计算的买卖（交易）价格，在市场经济中也可以叫作估算或承包价格。它作为一种收入的最高限额，减去预期利润，便是工程预算成本数额，也可以用来作为成本控制的标准。预算控制成本可分为两种类型：一是包干预算，即一次性固定预算总额，不论中间有何变化，成本总额不予调整；二是弹性预算，即先确定包干总额，但是可根据工程的变化进行商洽，做出相应的变动。我国目前大部分工程采用弹性预算控制。

### （三）会计控制

会计控制是指以会计方法为手段，以记录实际发生的经济业务及证明经济业务的合法凭证为依据，对成本的支出进行核算与监督，从而发挥成本控制作用。会计控制方法系统性强、严格、具体、计算准确、政策性强，是理想的必需的成本控制方法。

### （四）制度控制

制度是对例行活动应遵行的方法、程序、要求及标准作出的规定。成本的控制制度就是通过制定成本管理的制度，对成本控制作出具体的规定，作为行动的准则，约束管理人员和工人，达到控制成本的目的。如：成本管理责任制度、技术组织措施制度、定额管理制度、材料管理制度、劳动工资管理制度、固定资产管理制度等，都与成本控制关系非常密切。

在施工项目成本管理中，上述手段应同时进行并综合使用，不应孤立地使用某一种控制手段。

## 五、施工项目成本控制常用的方法

### （一）偏差分析法

在施工项目成本控制中，把已完工程成本的实际值与计划值的差异称为施工项目成本偏差，即施工项目成本偏差 = 已完工程实际成本 – 已完工程计划成本。若计算结果为正数，表示施工项目成本超支；反之，则为节约。该方法为事后控制的一种方法，也是成本分析的一种方法。

### （二）以施工图预算控制成本

采用此法时，要认真分析企业实际的管理水平与定额水平之间的差异，否则达不到控制成本的目的。

#### 1. 人工费的控制

项目经理与施工作业队签订劳动合同时，应该将人工费单价定得低一些，其余的部分可以用于定额外人工费和关键工序的奖励费。这样，人工费就不会超支，而且还留有余地，以备关键工序之需。

#### 2. 材料费的控制

在按“量价分离”方法计算工程造价的条件下，水泥、钢材、木材的价格由市场价格而定，施行高进高出，即地方材料的预算价格 = 基准价 ×（1+ 材差系数）。因为材料价格随市场价格变动频繁，所以项目材料管理人员必须经常关注材料市场价格的变动情况，并积累详细的市场信息。

3. 周转设备使用费的控制

施工图预算中的周转设备使用费为耗用数与市场价格之积，而实际产生的周转设备使用费等于企业内部的租赁价格或摊销费，由于两者计算方法不同，只能以周转设备预算费的总量来控制实际发生的周转设备使用费的总量。

4. 施工机械使用费的控制

施工图预算中的施工机械使用费 = 工程量 × 定额台班单价。由于施工项目的特殊性，实际的机械使用率不可能达到预算定额的取定水平，加上机械的折旧率又有较大的滞后性，施工图预算中的施工机械使用费往往小于实际发生的施工机械使用费。在这种情况下，可以用施工图预算中的施工机械使用费和增加的机械费补贴来控制机械费的支出。

5. 构件加工费和分包工程费的控制

在市场经济条件下，混凝土构件、金属构件、木制品和成型钢筋的加工，以及相关的打桩、吊装、安装、装饰和其他专项工程的分包，都要以经济合同来明确双方的权利和义务。签订合同的时候绝不允许合同金额超过施工图预算。

## （三）以施工预算控制成本消耗

以施工预算控制成本消耗即以施工过程中的各种消耗量（包括人工工日、材料消耗、机械台班消耗量）为控制依据，以施工图预算所确定的消耗量为标准，人工单价、材料价格、机械台班单价则以承包合同所确定的单价为控制标准。该方法由于所选的定额是企业定额，能反映企业的实际情况，控制标准相对能够结合企业实际，比较切实可行。具体的处理方法如下：

1. 项目开工以前，编制整个工程项目的施工预算，作为指导和管理施工的依据。

2. 对生产班组的任务安排，必须签发施工任务单和限额领料单，并向生产班组进行技术交底。

3. 施工任务单和限额领料单在执行过程中，要求生产班组根据实际完成的工程量和实际消耗人工、实际消耗材料做好原始记录，作为施工任务单和限额领料单结算的依据。

4. 在任务完成后，根据回收的施工任务单和限额领料单进行结算，并按照结算内容支付报酬。

# 第三节　施工项目成本降低的措施

## （一）加强图纸会审，减少设计造成的浪费

施工单位应该在满足用户的要求和保证工程质量的前提下，联系项目施工的主、客观条件，对设计图纸进行认真的会审，并提出积极的修改意见，在取得用户和设计单位的同意后，修改设计图纸，同时办理增减账。

## （二）加强合同预算管理，增加工程预算收入

深入研究招标文件、合同文件，正确编写施工图预算；把合同规定的“开口”项目作为增加预算收入的重要方面；根据工程变更资料及时办理增减账。项目承包方应就工程变更对既定施工方法、机械设备使用、材料供应、劳动力调配和工期目标影响程度，以及实施变更内容所需要的资料进行合理估价，及时办理增减账手续，并通过工程结算从建设单位取得补偿。

## （三）制定先进合理的施工方案，减少不必要的窝工等损失

施工方案不同，工期就不同，所需的机械也不同，发生的费用也不同。因此，制定施工方案要以合同工期和上级要求为依据，综合考虑项目规模、性质、复杂程度、现场条件、装备情况、人员素质等因素。

## （四）落实技术措施，组织均衡施工

1. 根据施工具体情况，合理规划施工现场平面布置（包括机械布置，材料、构件的堆方场地，车辆进出施工现场的运输道路，临时设施搭建数量和标准等），为文明施工、减少浪费创造条件。

2. 严格执行技术规范和预防为主的方针，确保工程质量，减少零星工程的修补，消灭质量事故，不断降低质量成本。

3. 根据工程设计特点和要求，运用技术优势，采取有效的技术组织措施，将经济与技术相结合。

4. 严格执行安全施工操作规程，减少一般安全事故，确保安全生产，将事故损失降到最低。

## （五）降低因量差和价差所产生的材料成本

1. 材料采购和构件加工要求选择质优价廉、运距短的供应单位。对到场的材料、构件要正确计量，认真验收，若遇到产品不合格或用量不足的情况，要进行索赔。切实做到降低材料、构件的采购成本，减少采购、加工过程中的管理损耗。

2. 根据项目施工的进度计划，及时组织材料、构件的供应，保证项目施工顺利进行，防止因停工造成损失。在构件生产过程中，要按照施工顺序组织配套供应，以免因规格不齐产生施工间隙，浪费时间和人力。

3. 在施工过程中，严格按照限额领料制度，控制材料消耗，同时，还要做好余料回收和利用工作，为考核材料的实际消耗水平提供正确的数据。

4. 根据施工需要，合理安排材料储备，降低资金占用率，提高资金利用效率。

### （六）提高机械的利用效果

1. 根据工程特点和施工方案，合理选择机械的型号、规格和数量。

2. 根据施工需要，合理安排机械施工，充分发挥机械的效能，控制机械使用成本。

3. 严格执行机械维修和养护制度，加强平时的维修保养，保证机械完好和在施工过程中运转良好。

### （七）重视人的因素，加强激励制度的作用，调动职工的积极性

1. 对关键工序施工的关键班组要实行重奖。

2. 对材料操作损耗特别大的工序，可由生产班组直接承包。

3. 施行钢模零件和脚手架螺栓有偿回收。

4. 施行班组“落手清”承包。

# 第四节　工程价款的结算与索赔

## 一、工程价款的结算

### （一）工程价款类别

#### 1. 预付工程款

预付工程款是指施工合同签订后工程开工前，发包方预先支付给承包方的工程价款。该款项一般用于准备材料，所以又称工程备料款。预付工程款不得超过合同金额的 30%。

#### 2. 工程进度款

工程进度款是指在施工过程中，根据合同约定按照工程形象进度，划分不同阶段支付的工程款。

3. 工程尾款

工程尾款是指工程竣工结算时，保留的工程质量保证（保修）金，待工程保修期满后清算的款项。其中，竣工结算是指工程竣工后，根据施工合同、招标投标文件、竣工资料、现场签证等，编制的工程结算总造价文件。根据竣工结算文件，承包方与发包方办理竣工总结算。

## （二）工程价款结算办法

1. 预付工程款结算办法

预付工程款结算办法如下：

①包工包料工程的预付工程款按合同约定拨付，原则上预付比例不低于合同金额的 10%、不高于合同金额的 30%。对于重大工程项目，按年度工程计划逐年预付。

②在具备施工条件的前提下，发包人应在双方签订合同后的一个月内或不迟于约定的开工日期前的 7d 内支付预付工程款，发包人不按约定支付时，承包人应在预付时间到期后 10d 内，向发包人发出要求预付的通知，发包人收到通知后仍不按要求预付时，承包人可于发出通知 14d 后，停止施工，发包人应向承包人支付从约定应付之日起计算的应付款利息，并承担违约责任。

③预付的工程款必须在合同中约定抵扣方式，并在工程进度款中进行抵扣。

④凡是没有签订合同或是不具备施工条件的工程，发包人不得预付工程款，不得以预付工程款的名义转移资金。

2. 工程进度款结算办法

工程进度款结算办法如下：

①按月结算与支付，即实行按月支付进度款，竣工后清算的方法。合同工期在两年以上的工程，须在年终进行工程盘点，办理年度结算。

②分段结算与支付，即当年开工、当年不能竣工的工程，按照工程进度、形象进度划分不同的阶段支付工程进度款。具体划分在合同中明确。

工程进度款支付时应遵循以下原则：

①根据工程计量结果，承包人应向发包人提出支付工程进度款申请，在承包人发出申请后 14d 内，发包人应按不低于工程价款的 60%、不高于工程价款的 90% 向承包人支付工程进度款。

②发包人超过约定的支付时间不支付工程进度款时，承包人应及时向发包人发出要求付款通知，发包人收到承包人通知后仍不能按照要求付款时，可与承包人协商签订延期付款的协议，经承包人同意后可延期付款，协议应明确延期支付的时间，并从工程计量结果确认后第 15d 起计算应付款的利息。

③发包人不按合同约定支付工程进度款，双方未达成延期付款的协议，导致施工无法进行时，承包人可停止施工，由发包人承担违约责任。

工程尾款结算与竣工结算密切相关，故在竣工结算部分一并讲解。

## （三）竣工结算

工程竣工后，双方应按照合同价款及合同价款的调整内容以及索赔事项，进行工程竣工结算。

### 1. 工程竣工结算的方式

工程竣工结算分为单位工程竣工结算、单项工程竣工结算和建设项目竣工总结算。

### 2. 工程竣工结算的审编

单位工程竣工结算由承包人编制，发包人审查。实行总承包的工程，由具体承包人编制，在总承包人审查的基础上，发包人审查。

单项工程竣工结算或者建设项目竣工总结算由总承包人编制，发包人进行审查，也可以委托具有相关资质的工程造价机构进行审查。政府投资项目由同级财政部门审查。

单项工程竣工结算或建设项目竣工总结算经发、承包人签字盖章后有效。

### 3. 工程竣工结算审查期限

单项工程竣工后，承包人应在提交竣工验收报告的同时，向发包人递交竣工结算报告及完整的结算资料，发包人按以下规定时限进行核对并提交审查意见：

①工程价款结算金额在500万元以下，从接到竣工结算报告和完整的竣工结算资料之日起20d。

②工程价款结算金额在500万~2000万元，从接到竣工结算报告和完整的竣工结算资料之日起30d。

③工程价款结算金额在2000万~5000万元，从接到竣工结算报告和完整的竣工结算资料之日起45d。

④工程价款结算金额在5000万元以上，从接到竣工结算报告和完整的竣工结算资料之日起60d。

建设项目竣工总结算在最后一个单项工程竣工结算审查确认后15d内汇总，送发包人30d内审查完毕。

### 4. 合同外零星项目工程价款结算

发包人要求承包人完成合同之外的零星项目，承包人应在接受发包人要求的7d内就用工数量和单价、机械台班数量和单价、使用材料金额等向发包人提出施工签证，由发包人签证后施工，如发包人未签证，承包人施工后发生争议的，责任由承包人承担。

5. 工程尾款

发包人根据确认的竣工结算报告向承包人支付竣工结算款，保留 5% 左右的质量保证金，待工程交付使用、质保期满后清算，质保期内如有返修，发生的费用应在质量保证金中扣除。

## 二、工程索赔

### （一）索赔的原因

1. 业主违约

业主违约常表现为业主或其委托人未能按合同约定为承包商提供施工的必要条件，或未能在约定的时间内支付工程款，有时，也可能是监理工程师的不适当决定或苛刻的检查等引起索赔。

2. 合同缺陷

合同缺陷是指合同文件规定不严谨甚至矛盾、有遗漏或错误等。因合同缺陷产生索赔，对于合同双方来说是不应该的，除非某一方存在恶意而另一方又太马虎。

3. 施工条件变化

施工条件的变化对工程造价和工期影响较大。

4. 工程变更

施工中发现设计问题、改变质量等级或施工顺序、指令增加新的工作、变更建筑材料、暂停或加快施工等会导致工程变更。

5. 工期拖延

施工中受天气、水文地质等因素的影响出现工期拖延。

6. 监理工程师的指令

监理工程师的指令可能造成工程成本增加或工期延长。

7. 国家政策以及法律、法规变更

对直接影响工程造价的政策以及法律、法规的变更，合同双方应按约定的办法处理。

### （二）索赔价款结算

发包人未能按合同约定履行自己的各项义务或发生错误，给另一方造成经济损失的，由受损方按合同约定条款提出索赔，索赔金额按合同约定支付。

# 第十章 水利工程施工安全风险管理

## 第一节 施工安全评价与指标体系

### 一、施工安全评价

#### （一）施工特点

水利工程施工与我们常见的建筑工程施工如公路建设、桥梁架设、楼体工程等有相似之处。例如：工程一般针对钢筋、混凝土、沙石、钢构、大型机械设备等进行施工，施工理论和方法也基本相同，一些工具器械也可以通用。同时相比于一般建筑工程施工而言水利工程施工也有一些自身特点：

①水利工程多涉及大坝、河道、堤坝、湖泊、箱涵等建设工程，环境和季节对工程的施工影响较大，很难进行预测并精确计算，这就为施工留下很大的安全隐患。

②水利工程施工范围较广，尤其是线状工程施工，施工场地之间的距离一般较远，造成了各施工场地之间的沟通联系不便，使得整个施工过程的安全管理难度加大。

③水利工程的施工场地环境多变，且多为露天环境，很难对现场进行有效的封闭隔离，施工作业人员、交通运输工具、机械工程设备、建筑材料的安全管理难度增加。

④施工器械、施工材料质量良莠不齐，现场的操作带来的机械危害也时有发生。

⑤由于施工现场环境恶劣，招聘的工人普遍文化教育程度不高，专业知识水平不足，也缺乏必要的安全知识和保护意识，这为整个项目的施工增加了安全隐患。综上所述，水利工程施工过程中存在着大量安全隐患，我们要增强安全意识，在提高施工工艺的同时，更应该采取科学的手段与方法对工程进行安全评价，发现安全隐患，及时发布安全预警信息。

#### （二）安全评价内容

安全评价起源于20世纪30年代，国内外诸多学者对安全评价的概念进行了概括和总结，目前，普遍接受的定义是《安全评价通则》：以实现安全为宗旨，应用安全系统的工程原理和方法，识别和分析工程、系统、生产和管理行为和社会活动中存在的危险和有害因素，预测判断发生事故和造成职业危害的可能性及其严重性，提出科学、合理、可行的安全风险管理对策建议。在国外，安全评价也称为风险评估或危险评估，它是基于工程设计和系统的安全性，应用安全系统的工程原理和方法，对工程、系统中存在的危险和有害因素进行辨识与分析，判断工程和系统发生事故和职业危害的可能性及其严重性，提供防范措施和管理决策的科学依据。

安全评价既需要以安全评价理论为支撑，又需要理论与实际经验相结合，两者缺一不可。

对施工进行安全评价目的是判断和预测建设过程中存在的安全隐患以及可能造成的工程损失和危险程度，针对安全隐患及早做出安全防护，为施工提供安全保障。

## （三）安全评价的特点和原则

### 1. 安全评价的特点

安全评价作为保障施工安全的重要措施，主要特点如下：

①真实性。进行安全评价时所采用的数据和信息都是施工现场的实际数据，保障了评价数据的真实性。

②全面性。对项目的整个施工过程进行安全评价，全面分析各个施工环节和影响因素，保障了评价的信息覆盖全面性。

③预测性。传统的安全管理均是事后工程，即事故发生后再分析事故发生的原因，进行补救处理。但是有些事故发生后造成的损失巨大且大多很难弥补，因此我们必须做好全过程的安全管理工作，针对施工项目展开安全评价就是预先找出施工或管理中可能存在的安全隐患，预测该因素可能造成的影响及影响程度，针对隐患因素制订出合理的预防措施。

④反馈性。将施工安全从概念抽象成可量化的指标，并与前期预测数据进行对比，验证模型和相关理论的正确性，完善相关政策和理论。

### 2. 安全评价的原则

安全评价是为了预防、减少事故的发生，为了保障安全评价的有效性，对施工过程进行安全评价时应遵循以下原则：

①独立性。整个安全评价过程应公开透明，评估专家互不干扰，保障了评价结果的独立性。

②客观性。各评价专家应是与项目无利益相关者，使其每次对项目打分评价均站在项目安全的角度，以保障评价结果的客观性。

③科学性。整个评价过程必须保障数据的真实性和评价方法的适用性，及时调整评价指标权重比例，以保障评价结果的科学性。

3. 安全评价的意义

安全评价是施工建设中的重要环节，与日常安全监督检查工作不同，安全评价通过分析和建模，对施工过程进行整体评价，对造成损害的可能性、损失程度及应采取的防护措施进行科学的分析和评价，其意义体现在以下几个方面：

①有利于建立完整的工程建设信息底账，为项目决策提供理论依据。随着社会现代信息化水平的不断提高，工程需逐步完善工程建设信息管理，完善现有的评价模型和理论，为相关政策、理论的发展提供大数据支持，建立完善的信息底账意义重大、影响深远。

②对项目前期建设进行反馈，及时采取防护措施，使项目建设更规范化、标准化。我国安全施工的基本方针是“安全第一，预防为主，综合治理”，对施工进行安全评价，弥补前期预测的不足，预防安全事故的发生，使工程朝着安全、有序的方向发展，有助于完善工程施工的标准。

③减少工程建设浪费，避免资金损失，提高资金利用率和项目的管理水平。对施工过程进行安全评价不仅能及时发现安全隐患，还能预测隐患所能带来的经济损失，如果损失不可避免，及早发现则可以合理地选择减少事故的措施，将损失降至最低，提高资金的利用率。

## （四）安全评价方法

1. 定性分析法

①专家评议法。

专家评议法是多位专家参与，根据项目的建设经验、项目建设情况以及项目发展趋势，对项目的发展进行分析、预测的方法。

②德尔菲法。

德尔菲法也称为专家函询调查法，基于该系统的应用，采用匿名发表评论的方法，即必须不与团队成员之间相互讨论，与团队成员之间不发生横向联系，只与调查员之间联系，经过几轮磋商，使专家小组的预测意见趋于集中，最后作出符合市场未来发展趋势的预测结论。

③失效模式和后果分析法。

失效模式和后果分析法是一种综合性的分析技术，主要用于识别和分析施工过程中可能出现的故障模式，以及这些故障模式发生后对工程的影响，制订出有针对性的控制措施以有效地减少施工过程中的风险。

2. 定量分析法

①层次分析法。

层次分析法（简称 AHP 法）是在进行定量分析的基础上将与决策有关的元素分解成方案、原则、目标等层次的决策方法。

②模糊综合评价法。

模糊综合评价法是一种基于模糊数学的综合评价方法。该方法根据模糊数学的隶属度理论的方法把定性评价转化为定量评价，即用模糊数学对受到多种因素制约的事物或对象作出一个总体的评价。

③主成分分析法。

主成分分析法（PCA）也被称为主分量分析，在研究多元问题时，变量太多会增加问题的复杂性的分析，主成分分析法（PCA）是用较少的变量去解释原来资料中最原始的数据，将许多相关性很高的变量转化成彼此独立或不相关的变量，是利用降维的思想，将多变量转化为少数几个综合变量。

## 二、评价指标体系的建立

### （一）指标体系建立原则

影响水利工程施工安全的因素很多，在对这些评价元素进行选取和归类时，应遵循以下建立原则：

①系统性各评价指标要从不同方面体现出影响水利工程施工安全的主要因素，每个指标之间既要相互独立，又存在彼此之间的联系，共同构成评价指标体系的有机统一体。

②典型性评价指标的选取和归类必须具有一定的典型性，尽可能地体现出水利工程施工安全因素的一个典型特征。另外指标数量有限，更要合理分配指标的权重。

③科学性每个评价指标必须具备科学性和客观性，才能正确反映客观实际系统的本质，反映出影响系统安全的主要因素。

④可量化指标体系的建立是为了对复杂系统进行抽象以达到对系统定量的评价，评价指标的建立也通过量化才能精确地展现系统的真实性，各指标必须具有可操作性和可比性。

⑤稳定性建立评价体系时，评价指标应具有稳定性，受偶然因素影响波动较大的指标应予以排除。

### （二）评价指标的建立影响

水利工程施工安全的指标多种多样，经过调研，将影响安全的指标体系分为四类：人的风险、机械设备风险、环境风险、项目风险。

#### 1. 人的风险

在对水利工程施工安全进行评价时，人的风险是评价方法必须考虑的问题，研究表明，由于人的不安全行为而导致的事故占 80% 以上，水利工程施工大多是在一个有限的场地内集中了大量的施工人员、建筑材料和施工机械机具。施工过程中人工操作较多，劳动强度较大，很容易由于人为失误酿成安全事故。

①企业管理制度。

由于我国现阶段水利工程施工安全生产体制还有待完善，施工企业的管理制度很大程度上决定了施工过程中的安全状况，管理制度决定了自身安全水平的高低以及所用分包单位的资质，其完善程度直接影响到管理层及员工的安全态度和安全意识。

②施工人员素质。

施工人员作为工程建设的直接实施者，素质水平直接制约着施工的成效，施工人员的素质主要包括文化素质、经验水平、宣传教育、执行能力等。施工人员受文化教育的情况影响着施工操作规范性以及对安全的认识水平；水利工程施工的特点决定了施工过程烦琐，面对复杂的施工环境，施工人员的经验水平直接影响到能不能对施工现场的危险因素进行快速、准确的辨识；整个施工队伍人员素质良莠不齐，对安全的认识水平也普遍不高，公司的宣传教育力度能大大增加人员的安全意识；安全施工规章、制度最终要落实到具体施工过程中才能取得预期的效果。

③施工操作规范。

施工人员必须经过安全技术培训，熟知和遵守所在岗位的安全技术操作规程，并应定期接受安全技术考核，针对焊接、电气、空气压缩机、龙门吊、车辆驾驶以及各种工程机械操作等岗位人员必须经过专业培训，获得相关操作证书后，方能持证上岗。

④安全防护用品

加强安全防护用品使用的监督管理，防止安全帽、安全带、安全防护网、绝缘手套、口罩、绝缘鞋等不合格的防护用品进入施工场地，根据《建筑法》《安全生产法》及地方相关法规定在一些场景必须配备安全防护用具，否则不允许进入施工场地。

**2. 机械设备风险**

水利工程施工是将各种建筑材料进行整合的系统过程，在施工过程中需要各种机械设备的辅助，机械设备的正确使用也是保障施工安全的一个重要方面。

①脚手架工程。

脚手架既要满足施工需要，又要为保证工程质量和提高工效创造条件，同时应为组织快速施工提供工作面，确保施工人员的人身安全。脚手架要有足够的牢固性和稳定性，保证在施工期间对所规定的荷载或在气候条件的影响下不变形、不摇晃、不倾斜，能确保作业人员的人身安全；要有足够的面积满足堆料、运输、操作和行走的要求；构造要简单，搭设、拆除和搬运要方便，使用要安全。

②施工机械器具。

施工过程使用的机械设备、起重机械（包含外租机械设备及工具）应采取多种形式的检查措施，消除所有损坏机械设备的行为，消除影响人身健康和安全的因素以及使环境遭到污染的因素，以保障施工安全和施工人员的健康，形成保证体系，明确各级单位安全职责。

③消防安全设施。

参照相关规定在施工场地内安设消防设施，适时开展消防安全专项检查，对存在安全隐患的地方发出整改通知书，制订整改计划，限期整改。定期进行防火安全教育，检查电源线路、电器设备、消防设备、消防器材的维护保养情况，检查消防通道是否畅通等。

④施工供电及照明。

高低压配电柜、动力照明配电箱的安装必须满足相关标准要求，电气管线保护要采用符合设计要求的管材，特殊材料管之间的连接要采用丝接方式。电缆设备和灯具的安装要满足施工规范，做好防雷设施。

### 3. 环境风险

由水利工程施工的特点可知，施工环境对施工安全作业也有很大影响，施工环境又是客观存在的，不会以人的意志为转移，因此面对复杂的施工环境，只能采取相应的控制措施，尽量削弱环境因素对安全工作的不利影响。

①施工作业环境。

施工作业环境对人员施工有着很大影响，当环境适宜时人们会进入较好的工作状态，相反，会影响工人的作业效率，甚至导致意外事故的发生。

②物体打击。

作业环境中常见的物体打击事故主要有以下几种：高空坠物、人为扔杂物伤人、起重吊装物料坠落伤人、设备运转飞出物料伤人、放炮乱石伤人等。

③施工通道。

施工通道是建筑物出入口位置或者在建工程地面入口通道位置，该位置可能发生的伤亡事故有火灾、倒塌、触电、中毒等，在施工通道建设时要防止坍塌、流沙、膨胀性围岩等情况，该位置的施工是为了防止物体坠落产生的物体打击事故，防护材料及防护范围均应满足相关标准。

### 4. 项目风险

在进行水利工程施工安全评价时，项目本身的风险也是不可忽略的重要因素，项目本身影响施工安全的因素也是多种多样。

①建设规模。

建设规模由小变大使得施工难度增大，危险因素也随之变化，会出现多种不安全因素。跨度的增大、空间增高会使施工的复杂程度成倍增加，也会大大增加施工难度，容易造成安全隐患。

②地质条件。

施工场地地质条件复杂程度对施工安全影响很大，如土洞、岩溶、断层、断裂等，严重影响施工打桩建基的选型和施工质量的安全。如果对施工场地岩土条件认识不足，可能会造成在施工中改桩型、严重的质量安全隐患和巨大的经济损失。

③气候环境。

对于水利工程施工，从基础到完工整个工程的70%都在露天的环境下进行，并且施工周期一般较长，工人要能承受高温、寒冷等恶劣天气，根据施工地的气候特征选择不同的评价因素，常见的有高温、雷雨、大雾、严寒等。

④地形地貌。

我国地域广阔，具有平原、高原、盆地、丘陵、山地等地形地貌。对地形地貌进行分析是因地制宜开展水利工程施工安全评价的基础工作之一。

⑤涵位特征。

在箱涵施工时，不可避免地要跨越沟谷、河流、人工渠道等。涵位特征的选择也决定了它的功能、造价和使用年限，进行安全评价时要查看涵位特征是否因地制宜，综合考虑地形地貌、水文条件等。

⑥施工工艺。

水利工程施工过程中，由于机械设备需要大范围使用，一些施工工艺本身的复杂性，使得操作本身具有一定的危险性，因此施工工艺的成熟度及相关人员技术掌握情况有必要加强。

## 第二节　水利工程施工安全管理系统

由于水利工程施工项目规模日趋庞大，施工工艺复杂，技术参与人员密集，每个大型的水利工程施工项目都被看作一个开放的复杂巨系统，因此单纯的选择一种评价方法对施工进行安全评价已经不能完整地解决系统问题，必须用开放的复杂巨系统理论研究水利工程施工的安全管理问题。

在水利工程施工中应用一个以人为主，借助网络信息化的系统，其中专家体系在系统中的作用是最重要的。例如，评价体系指标元素的确定、评价方法的选择、评价指标体系的建立、评价结果的真实性判断等，这些环节在进行安全管理中是非常普遍的，但是在大型水利工程施工项目中只有依靠专家群体的经验与知识才能把工作处理好。这种研究中的专家体系由跨领域、跨层次的专家动态组合而成，专家体系包含五部分：政府部门、行业部门、建设单位（包括监理）、施工企业和安全专家，五种力量协同管理的五位一体模式，政府及主管部门随时检查监督，安全监理可根据日常监管如实反映整体安全施工的情况，专家可以对安全管理信息进行高层判断、评判和潜在风险识别，施工企业则可以及时得到反馈和指导，劳动者也可以及时得到安全指导信息，学习安全施工的有关知识，与现场安全监管有机结合，最终实现全方位、全过程、全时段的施工安全管理。

## 一、系统分析

目前，水利工程施工安全管理对于信息存储仍然采用纸介质方式，这就使存储介质的数据量大，资料查找不方便，给数据分析和决策带来不便。信息交流方面，由于各种工程信息主要记载在纸上，使工程项目安全管理相关资料都需要人工传递，影响了信息传递的准确性、及时性、全面性，使各单位不能随时了解工程施工情况。因此，各级政府部门、行业部门、建设及监理单位、施工企业以及施工安全方面的专家学者应该协同工作，形成水利工程安全管理的五位一体的体制。利用计算机云技术管理各种施工安全信息（文本、图片、照片、视频，以及有关安全的法律法规、政策、标准、应急预案、典型案例等），通过信息共享，政府及主管部门可以随时检查监督，而旁站的安全监理可根据日常监理如实反应整体安全施工的情况，专家可以对安全管理信息进行高层判断、评判和潜在风险识别，施工企业则可以及时得到反馈和指导，劳动者也可以及时得到安全指导信息，学习安全施工的有关知识，与现场安全监管有机结合，最终实现全方位、全过程、全时段的施工安全管理。

## 二、系统架构

软件结构的优劣从根本上决定了应用系统的优劣，良好的架构设计是项目成功的保证，为项目提供优越的运行性能，本系统的软件结构根据目前业界的统一标准构建，为应用实施提供了良好的平台。系统采用了 B/S 实施方案，既可以保证系统的灵活性和简便性，又可以保证远程客户访问系统，使用统一的界面作为客户端程序，方便远程客户访问系统。本系统服务器部分采用三层架构，由表现层、业务逻辑层、数据持久层构成，具体实现采用 J2EE 多个开源框架组成，即 Struts2、Hibernate 和 Spring，业务层采用 Spring，表示层采用 Struts2，而持久层则采用 Hibernate，模型与视图相分离，利用这三个框架各自的特点与优势，将它们无缝地整合起来应用到项目开发中，这三个框架分工明确，充分降低了开发中的耦合度。

## 三、系统功能

根据水利、建筑施工安全管理需求进行系统分析，将水利工程施工安全管理系统按照模块化进行设计，将系统按功能划分为六个模块：安全资料模块、评价体系模块、工程管理模块、评分管理模块、安全预警模块、用户管理模块。

用户管理模块主要为用户提供各种施工安全方面的文件资料；法规与应急管理模块主要负责水利工程施工的法规与标准和应急预案资料的查询及管理；评价体系和安全信息管理模块作为水利工程施工安全管理系统的核心部分，充分发挥自身专业化的技能，科学管理施工的安全性，保证施工的进度、质量和安全性；评价模型库模块主要是通过打分法、定量与定性结合法、模糊评价、神经网络评价以及网络分析法等对施工项目进行评价，且相互之间可以相互验证，提高评价的公正性与准确性，施工单位必须按照水利工程施工行业的质量检验体系和施工标准规范，依托相关的国家施工法律和相关行业规范，科学合理地编制本工程质检体系和检验标准，确保工程的施工进度和施工验收工作的顺利开展。工程管理模块对在建工程进行管理，可对工程进行分段划分，对标段资料进行信息管理，对标段的不同施工单元进行管理，并可根据评价体系为不同施工单元指定不同评价内容；安全预警模块主要是对施工安全预警的管理及发布，贯穿项目管理的始末，可以有效地对施工过程存在的不安全因素进行预警，做到提前预防及安全防范措施。

### （一）系统主界面

启动数据库和服务器，在任何一台联网的计算机上打开浏览器，在地址栏输入服务器相应的 URL，进入登录界面。为防止恶意用户利用工具进行攻击，页面采用了随机验证码机制，验证图片由服务器动态生成。用户点击安全资料链接可进入安全资料模块，进行资料的查阅；也可点击进行用户注册。会员用户输入用户名、密码、验证码，信息正确后进入系统。任何用户注册后需经业主方审核通过后，才能登录系统。

### （二）法规与应急管理

水利工程施工是一个危险性高且容易发生事故的行业。水利工程施工中人员流动较大、露天和高处作业多、工程施工的复杂性及工作环境的多变性都导致施工现场安全事故频发。因此，非常有必要对按照相关的法律法规进行系统化的管理。此模块主要用于存储与管理各种信息资源，包括法规与标准（存储水利工程施工安全评价管理参考的相关法律、行政法规、地方性法规、部委规章、国家标准、行业标准、地方标准）、应急预案参考（提供各类应急预案、急救相关知识、相关学术文章、相关法律法规、管理制度与操作规程，为确保事故发生后，能迅速有效地开展抢救工作，最大限度地降低员工及相关方安全风险）。用户可根据需求，方便地检索所需的资料，为各种用户提供施工安全方面的文件资料。用户可在法规与应急管理模块的菜单栏中根据不同的分类查找自己需要的资料，点击后在右侧内容区域进行显示。

## （三）评价体系模块

不同角色用户登录后，由于权限不同，看到的页面是不同的。系统主要设置了四个用户角色，分别是业主、施工单位、监理、专家。

1. 评价类别（一级分类）管理

评价体系模块主要由业主负责，包括对施工工程进行评价的评价方法及其相对应的指标体系。主要有参考依据、类别管理、项目管理、检查内容管理以及神经网络数据样本管理等部分。

安全评价是为了杜绝、减少事故的发生，为了保障安全评价的有效性，对施工过程进行安全评价时应遵循以下原则：

①独立性。整个安全评价过程应公开透明，评估专家互不干扰，保障了评价结果的独立性。

②客观性。评价专家应是与项目无利益相关者，使其每次对项目打分评价均站在项目安全的角度，以保障评价结果的客观性。

③科学性。整个评价过程必须保障数据的真实性和评价方法的适用性，及时调整评价指标权重比例，以保障评价结果的科学性。参考依据部分为安全评价的有效进行提供了依据。

评价类别主要是一级类别的划分，用户可根据不同行业标准以及参考依据进行自行划分，本系统主要包括安全管理、施工机具、桩机及起重吊装设备、施工用电、脚手架工程、模板工程、基坑支护、劳动防护用品、消防安全、办公生活区在内的10个一级评价指标，用户还可以根据施工安全评价指标进行类别的添加、修改、删除。页面打开后默认显示全部类别，如内容较多，可通过底部的“翻页”按钮查看。

通过点击上面的“添加”按钮，可弹出窗口进行类别的添加。其中内容不能为空，显示次序必须为整数数字，否则不能提交。显示次序主要是用来对类别进行人工排序，数字小的排在前面。类别刚添加时，分值为0，当其中有二级项目时（通过项目管理进行操作），分值会更新为其包含的二级项目分值的总和。用户在某一类别所在的行用鼠标左键单击，可选中这一类别。在类别选中的状态下，可点击“修改”或“删除”按钮可进行相应的操作。如未选中类别，而直接操作，则会弹出对话框，提示相关信息。

对于一级分类下还有二级项目内容的情况下，此分类是不允许直接删除的，需在二级项目管理页面中将此分类下的所有数据清空后才行，即当其分值为0时，方可删除。

2. 评价项目（二级分类）管理

评价项目属于类别（一级分类）的子模块。如“安全管理”属于一级分类，即类别模块，包含“市场准入”“安全机构设置及人员配备”“安全生产责任制”“安全目标管理”“安全生产管理制度”等多个评价项目。

在默认情况下，项目管理页面不显示任何记录，用户需点击“搜索”按钮进行搜索。所属类别为一级分类，从已添加的一级分类中选取，检查项目由用户手工输入，可选择这两项中的任何一项进行搜索；当“所属类别”和“检查项目”都不为空时，搜索条件是“且”的关系。在检查结果中，用户可以用鼠标选中相应记录，进行修改、删除，方法同一级分类操作。也可点击“添加”按钮，添加新的项目。管理评价内容的操作主要是为评价项目（二级分类）添加具体内容，用户选择类别和项目后，可点击“添加”按钮进行添加。经过对不同工程的各种评价内容进行分类、总结归纳，一共划分出三种考核类型：是非型、多选型、文本框型。

3. 检查内容管理

检查内容管理负责对施工单元进行评价，是评价体系的核心内容，只有选择科学、实用、有效的评价方法，才能真正实现施工企业安全管理的可预见性以及高效率，实现水利工程施工安全管理从事后分析型转向事先预防型。经过安全评价，施工企业才能建立起安全生产的量化体系，改善安全生产条件，提高企业安全生产管理水平。

本系统为检查内容管理方面提供了打分法、定量与定性相结合、模糊评价法、神经网络预测法以及网络分析法等多种评价方法。定性分析方法是一种从研究对象的“质”或对类型方面来分析事物，描述事物的一般特点，揭示事物之间相互关系的方法。定量分析方法是为了确定认识对象的规模、速度、范围、程度等数量关系，解决认识对象“是多大”“有多少”等问题的方法。系统通过专家调查法对水利工程施工过程中的定性问题，如边坡稳定问题、脚手架施工方案等进行评价。由于专家不能随时随地在施工现场，可以将施工现场中的有关资料上传到系统，专家可以通过本系统做到远程评价。定量评价是现场监理根据现场数据对施工安全中的定量问题，如安全防护用品的佩戴及使用、现场文明用电情况等进行具体精细的评价。一般来说，定量比定性具体、精确且具操作性。但水利工程施工安全评价不同于一般的工作评价，有些可以定量评价，有些不能或很难量化。因此，对于不能量化的成果，就要选择合适的评价方法使其评价结果公正。

运用定性定量相结合的方法，在评价过程中将专家依靠经验知识进行的定性分析与监理基于现场资料的定量判断结合在一起，综合两者的结论，辅助形成决策。评价人员可以通过多种方式进行评价，充分展示自己的经验、知识，还可以自主搜索和使用必要的资源、数据、文档、信息系统等，辅助完成评价工作。

## （四）工程管理模块

工程管理模块主要是业主对整个工程的管理、施工单位对所管辖标段的管理。此模块主要包括标段管理、施工单元管理、施工单元考核内容管理、评价得分详情、模糊评价结果以及神经网络评价结果等部分。不同的角色用户在此模块中具有的权限是不同的。

1. 标段管理

此模块分为两部分，一部分是业主对标段的管理，另一部分是施工单位对标段的管理。

①业主对标段进行管理。

此模块是业主特有的功能，主要用于将一个工程划分为多个标段，交由不同的施工单位去管理。业主可为工程添加标段，也可修改标段信息，或删除标段。选中一个标段后，点击其中的“查看资料”将会弹出新页面，显示此标段的“所有信息”（这些信息是由施工单位负责维护的，其中施工单位是从已有用户中选择，是否开放有“开放”（开放给施工单位管理）和“关闭”（禁止施工单位对其操作）两个选项，所有数据不能为空。

②施工单位对标段进行管理。

施工单位通过登录主界面登录后，会进入标段管理界面。如果某施工单位负责对多个标段的施工，则首先选择要管理的标段选择后可进入标段管理主界面，如施工单位只负责一个标段，则直接进入标段管理主界面。施工单位可通过菜单栏对相应信息进行管理，总体分为以下两类。

企业资质安全证件。这部分主要是负责管理有关安全管理的各种证件（企业资质证、安全生产合格证），用户第一次点企业资质安全证件时，系统会提示上传相关信息并转入上传页面。施工单位可在此发布图片、文件信息，并作文字说明。点击提交即可发布。点击右上角的编辑，可进入编辑页面，对信息进行修改。

信息的发布与管理。除企业资质安全证件以外的信息，全部归入信息发布与管理进行发布管理。主要包含规章制度和操作规程（安全生产责任制考核办法，部门、工种队、班组安全施工协议书，安全管理目标，安全责任目标的分解情况，安全教育培训制度，安全技术交底制度，安全检查制度，隐患排查治理制度，机械设备安全管理制度，生产安全事故报告制度，食堂卫生管理制度，防火管理制度，电气安全管理制度，脚手架安全管理制度，特种作业持证上岗制度，机械设备验收制度，安全生产会议制度，用火审批制度，班前安全活动制度，加强分包、承包方安全管理制度等文本，各工种的安全操作规程，已制订的生产安全事故应急救援预案、防汛预案、安全检查制度，隐患排查治理制度，安全生产费用管理制度），工人安全培训记录，施工组织设计及批复文件，工程安全技术交底表格，危险源管理的相关文件（包括危险源调查、识别、评价并采取有效控制措施），施工安全日志（翔实的），特种作业持证上岗情况，事故档案，各种施工机具的验收合格书，施工用电安全管理情况，脚手架管理（包括施工方案、高脚手架结构计算书及检查情况）。点击“信息发布”，选择栏目后，可发布文字、图片、文件、视频等信息。

2. 施工单元管理

施工单元代表着标段的不同施工阶段，此模块主要由施工单位负责，业主也具有此功能，同时比施工单位多了评价核算功能。施工单位可在此页面增加新的施工单元，也可修改、删除单元资料。同时，在菜单栏点击，可以发布与此施工单元有关的文字、图片、视频等信息。施工单位只能管理自己标段的单元信息，而业主可以对所有标段的施工单元进行操作（但不能为施工单位发布单元信息），同时可对各施工单元进行评价结果核算。业主可选择打分法核算、模糊评价核算、神经网络核算中的一种方法进行核算，核算后，结果会显示在列表中。

## （五）评分模块

此模块主要涉及的角色是业主和专家。业主负责指定评价内容，专家负责审核标段资料，并对施工单元进行打分。最后由业主对结果进行核算。

首先由业主确定施工单元要考核的内容，选好相应施工单元后，可点击“添加”按钮，选择要评价的项目，其中的评价项目来自评价体系模块（详见 4.3 节评价体系模块）。每个标段可以根据现场不同情况指定多个考核项目。同时可以点击查看打开测试页面，了解具体评分内容。

专家通过登录主界面登录到系统，首先选择要测评的标段，选择相应标段后，可进入标段信息主页面，对施工单位所管理的标段信息进行检查。点击施工单元评价，可对施工单元信息进行检测和评价。点击“进行评价”，专家进入评分主界面。选择其中的一项，点击“进行打分”，进入具体评分页面。

## （六）安全预警模块

安全预警机制是一种针对防范事故发生制订的一系列有效方案。预警机制，顾名思义就是预先发布警告的制度。

此模块主要由专家向施工单位发布安全预警信息，提醒施工单位做好相应工作。由专家选择相应标段，进行信息发布。业主对不同标段进行预警信息的删除与修改。施工单位登录标段管理主界面后，首先显示的就是标段信息和预警信息。

# 第三节　项目风险管理方法

## 一、国内外研究现状

### （一）国外研究现状

项目管理自20世纪30年代在美国出现后，经过几十年的研究，得到了很大发展。而风险管理是项目管理的一个重要的组成部分，源于"一战"后的德国，20世纪50年代以后，受到了欧美各国的普遍重视和广泛应用，自80年代以来，项目风险管理的研究在施工建筑工程领域、财务金融领域引起了高度重视，欧美国家的大中型企业成立了专门风险研究机构，美国还成立了风险研究所和保险与风险管理协会等学术团体，专门研究和工商企业的风险管理工作。

20世纪70年代中期，风险管理课程已在大部分的美国大学工商学院开设。还给通过风险管理资格考试的人员颁发了ARM证书。专家学者还在1983年的风险管理年会上通过了风险管理的一般原则，即101条风险管理准则。

### （二）国内研究现状

我国的风险研究起步较晚。改革开放前，我国执行的是高度集中的计划经济体制。1991年，在《航空学报》上顾昌耀和邱苑华两位学者首次开展了风险决策研究。十多年来，我国特别针对项目安全风险管理的著作出版很少，大部分是对国外理论的简单论述，风险管理研究重点着眼于进度风险、投资风险控制，对施工过程的风险识别和分析以及风险应对措施，重视程度不足，这主要是由于项目管理理论是从引进国外的网络计划技术开始的。从建国开始，到改革开放初期，由于长时间是计划经济体制，工程项目建设一般以国家和国有大型企业为主体，所有风险责任由国家承担，与企业没有直接利害关系。体制改革后，工程项目建设投资已从单一的国家主体向多元化主体转变，施工企业由过去计划经济体制下的大型国有企业向民营、国营、个体企业逐渐转化，工程风险管理越来越引起政府有关部门和企业所重视。

目前，我国工程建设企业项目管理与国外发达国家相比，主要存在以下几个方面的差距：

①国内大部分勘察设计单位、施工承包商、监理单位没有一个完整健全的项目管理组织机构和项目管理体系，没有建立一个贯穿于工程项目建设全过程的项目经济管理组织，"项目班子因项目而建，班子随项目完工而散"的现象十分普遍。大多数勘

察设计单位除极少数设立项目控制部、综合管理部、现场协调管理部、试运行（开车）部等组织机构外,其余只是设立了一个现场二级机构——现场设代处,在设计咨询服务、内部管理组织、技术服务、人才结构等方面，不能满足工程建设设计咨询方面的要求。监理单位、施工承包单位、施工总承包单位等一般也是把服务领域局限在工程的施工阶段上，在组织结构、人员构成、设备、设施配置、技术标准和服务水平上都不能满足全过程项目管理的要求。

②现行的法律、规章制度不完善。我国虽然已经有了相关法律、规章，但至今没有一个在项目管理专业和行业范围的指导性实施准则。有些工程没有按照国家有关规定实行招投标制，有些则采用议标或是假招标。

③大部分设计、施工、监理单位均没有建立系统的项目管理工作手册和工作程序，项目管理方法和手段落后,缺乏先进的项目信息管理系统。项目风险管理的体系、进程、措施方法等也与国际通行模式有一定的差距。许多投资者仅仅看重项目的经济效益而忽视了风险因素对项目的巨大影响，往往盲目投资却造成巨大的经济损失，也为后续的安全事故的发生埋下了隐患。而国外建设工程一般都具备高水平的信息管理技术和计算机应用技术，有强大的基础数据库为工程项目实施和管理作支撑，在项目管理系统中，高水平的CAD辅助设计系统和集成化得到普遍采用，并发挥着重要作用。

④国内的科技创新机制不健全，对新技术研发与科研成果在生产实践中的应用不重视。国内大部分施工建筑企业普遍缺乏国际先进水平的工艺技术和工程技术，缺少自己独有的专利技术和专有技术，项目管理人员素质普遍低下，能够独立进行工艺设计和科技创新的能力极其匮乏。我国到1991年才成立全国性的项目管理研究会，对项目管理，特别是风险管理的研究和实践起步较晚，而且我国项目管理人才培养和资质认定工作目前多偏重于施工承包商和监理工程师方面，忽视了对投资方、建设项目业主方的项目管理人员的培训，考核和资质认定，所有这些都造成了项目管理人员素质的低下。

⑤企业内部未能按照国际通用的项目管理模式、程序、标准进行项目风险管理、熟悉项目管理软件，熟悉法律、合同、技术文件，熟练对安全、进度、质量、投资、信息进行掌控的复合型的高级项目管理人才严重不足。

⑥具有国际竞争实力的工程公司数量相对较少，目前只有中国石化、中国石油等特大型国际工程公司，在国外进行简单的国际总承包施工，基本还是过去劳动密集型管理模式，业务范围狭窄，市场份额较小。而到了2007年，世界排名第一的工程公司美国柏克德公司的年营业收入比美国排名第二的福陆公司大约高32.73%，比排名第三的凯洛格布朗路特公司（KBR）大约高147.18%，2007年合同总额达到341亿美元。这些外国跨国公司业务领域宽，涉及多个专业，对外国际承包营业额占总营业额的一半左右，有的甚至更高，具有较强的抗风险能力和投融资能力，国际竞争力很强。

⑦由于工程总承包和项目管理的市场发育不健全，多数大中型项目投资单位均为国有投资主体，建设项目业主出于自身的利益考虑，对项目的施工建设不愿采用工程总承包和项目管理方式组织实施。

## 二、项目风险

### （一）项目风险的含义

在日常生活中，我们经常谈论到风险（Risk）一词，经常从不同的角度来理解风险的含义。风险既是一种概率事件，又代表一种不肯定性，它是一种潜在的、对将来有可能发生并造成损害的判断和推测。一般来说，风险的概念是指损害的不明确性。它是指在一定期限内和特定条件下发生的各项可能的变化幅度。但这一概念，还没有在经济领域、决策分析领域、保险界形成一个公认的定义。美国学者罗伯特·梅尔在《保险基本原理》一书中和英国学者拉尔夫·L. 克莱因在《项目风险管理》中都对风险做出了定义。

北京航空航天大学管理学院杜端甫教授则认为，风险是指损害发生的不明确性，它是人们预期目标与实际效果发生偏差的一种综合。

目前，要全面理解风险的定义，主要从以下七个方面进行：

①风险与人的行为息息相关，它涵盖了个人、单位、组织等各个层面。风险的发生与人的行为有联系，不以人的客观意志为转移。

②风险是随着客观条件的改变而变化的。虽然人们在施工过程中无法全面掌控客观条件，但是通过分析、判断，来把握客观条件发生转变的规律，对有关的风险变化的状况作出科学合理的推断，以此做好风险管理工作。

③决策行为与风险状态是风险发生的基础条件，二者相辅相成，缺一不可，所有风险都是二者相互统一的结果。

④风险是指事件的后果与目标发生的偏差，它具有可变性。在产生风险的条件发生转变时，风险的性质和数量也会随之发生变化，具体表现在风险发生性质的变化、风险造成的损害程度以及产生新的风险类别。

⑤风险是指实际产生的结果与预定目标发生了一定的偏差，真实反映了现实活动中人们的理想目标与现实目标之间的差异。

⑥根据概率理论，风险的损害程度取决于其导致损失的概率分布。人们可以发挥个人的主观能动性，对风险产生的概率及破坏程度做出判断，从而对风险因素做出推论和评判。

⑦水利工程由于施工工期较长、涉及建设范畴广泛、存在一定的风险因素及种类繁多且复杂，致使工程项目在建设期限内面临的危险因素各不相同，而且众多的风险

因素由于相互有一定的内在联系，与外界的关系也错综复杂，相互影响，又使得风险目标呈现出多样、多层次的特点。

### （二）项目风险的特征

工程施工建设项目是一项繁杂的系统工程。而项目风险则是在项目施工建设这一特定的环境下发生的，工程项目风险与项目建设活动息息相关，通过对工程项目风险特征的研究能够使我们深刻认识到工程项目风险的独特性。

风险是普遍存在的客观因素。风险发生的不确定性，超出了人的主观意识并独立存在，它贯穿于项目发展的全过程。人类一直渴望采取一种有效的控制方法和手段，来降低或消除风险，但迄今为止也只是在一定区域内改变其存在和发展的环境，减少其发生的次数，降低其造成的损失程度，而不能从根本上消除风险。

偶然性和必然性。任何风险都是各种因素相互影响的结果。个别的风险事故从表象上看具有偶然性，对大量风险事故的调查、分析，发现风险的发生具有较为显著的规律性。这就使得人们能够采用概率分析或其他风险统计方法去估计风险发生的概率和破坏程度，确保了工程建设的正常运行。

风险不是一成不变的，具有可变化性。这是指在项目实施的整个寿命周期内，各种风险随着项目的进行而发生着变化。项目何时何处发生风险、发生何种风险及风险程度是不确定的。

水利建设施工项目的开发时间长、投资额大、工程施工区域广，受环境、地质条件、资金、进度、质量、安全等多方面的影响，风险因素种类繁多且复杂，各种各样的风险存在于施工建设的各个环节中。各类风险之间关系的复杂性以及与项目建设的交叉影响，使得风险具备不同的层次。

风险和收益可以相互转化。风险和收益是相辅相成的，可以同时存在。高收益一定伴随着高风险。任何事情和行为的发生都有它存在的原因和相应的结果。在一定的环境下，风险和收益能够相互顺利转化。随着人们对风险因素的辨识能力增强，逐渐能够有效地认识、分析、抵制和控制风险，就能在一定程度上降低项目风险带来的损失范围和程度及项目风险的不确定性程度。

## 三、项目风险管理

项目风险管理是项目管理研究的一个重要内容，也是风险管理理论在建设项目管理领域的发展与应用。近年来，随着全球范围内工程建设的持续繁荣，工程项目建设过程的安全风险管理已成为项目管理研究领域中一个尤为突出的问题。如何做好工程项目风险管理工作、减少发生概率和降低风险损失，成为目前工程建设项目管理的重要议题。期刊上工程项目风险管理论文的不断涌现，也表明了学术界和工业界对工程项目风险管理研究与实践的重视。

## （一）项目风险管理的定义

项目风险管理（Projec is anagement）是指对项目风险从认识、辨别、衡量项目风险，策划、编制、选择风险管理方案等一系列程序，是一个动态循环、系统完整的过程。

要想认识项目风险，就必须了解风险的特征。首先，风险的潜在特征，容易使人们忽视它的存在，导致发生的概率增加和损失增大；它的客观性，也使得人们只能采取一些措施使其潜在风险最小化，并不能完全消除；它的主观特性，会使其受到特定环境的影响而变化；它的可预见性，能够让我们通过一系列的管理方法，来减少项目风险的不确定性。

## （二）建设工程项目风险管理的特征

工程项目建设活动是一项错综复杂的，具有多学科知识的综合性系统工程，涉及社会、自然、经济、技术、系统管理等多门学科。项目风险管理是在项目施工建设这一特定范围内发生的，与项目建设的各项工作联系紧密，通过对项目风险系统特性的研究，能更加清楚地认识到项目风险管理的独特性。建设工程项目风险管理的风险来源、风险的发生过程、风险潜在的破坏能力、风险损失的波及范围以及风险的破坏力复杂多样，仅凭单一的管理理论或单一的工程技术、合同、组织、教育等措施，来进行管理都有其一定的局限性，必须采用全方位、多元化的方法、手段，才能以最少的成本得到最大的效益。

建设工程项目风险管理有其独特的特征。项目风险控制是一项具有综合性的高端管理工作，它涉及项目管理的全过程和各个方面，项目管理的各个子系统，必须与安全、质量、进度、合同管理相融合；不同的风险处理方法也不尽相同。项目风险之间对立统一、相辅相成，通过项目特殊的环境和方法进行结合，形成特定的综合风险。只有对项目管理系统以及系统的环境进行深入、细致的了解，才可能采取切实可行的应对措施，进行有效的风险管理。风险管理实质上是做好事前控制，依据过去的经验教训，采取概率分析法对将要发生的情况进行预测，据此采用相应的应对措施。

工程项目风险管理在不同阶段随项目建设的不断进展，各种风险依次相继显现或消亡，它必须与建设项目所在行业、施工区域、施工环境、项目的复杂性等条件进行全方位的综合考虑。任何系统都有其生存的特殊环境，施工环境不同，同一类型的项目风险因素造成的影响也存在差异。风险管理应该以投资安全为核心，采取更加有效的风险控制、监控措施，降低风险的发生概率，减少事故损失，保证工程项目目标的圆满完成。

## （三）项目风险的管理过程

项目风险管理过程，一般由若干个阶段组成，这些阶段不仅相互作用，而且相互影响。对于项目风险管理过程的认识，不同的组织和个人有不同的认识。

美国项目管理协会（PMI）编制的 PMBOOK（2000）版中将风险管理过程分为风险管理规划、识别、定性分析、量化分析、应对设计、风险监控和控制六个部分。

2000 年，复旦大学出版的《项目管理》一书把项目风险管理划分为识别、分析与评估、处理和监视四个过程。

根据我国对项目管理的定义和特性的研究,将风险的过程分为风险规划、风险识别、风险分析与评估、风险处理和风险监控几个阶段：

1. 项目风险管理规划

风险管理规划是指在进行风险管理时，对项目风险管理的流程进行规划，并形成书面文件的一系列工作。风险规划采取一整套切实可行的方法和策略，对风险项目进行辨别和追踪。制订出风险因素的应对方法，对施工项目开展风险评估，以此来推断风险变化的状况。风险规划主要考虑的因素有：风险策略、预定角色、风险容忍程度、风险分解结构、风险管理指标等。

风险管理规划过程是设计和进行风险管理活动内容的依据，表达了在风险管理规划过程中内部与外部活动的相互作用。风险管理规划的方法有：风险管理图表法、项目工作分解结构（WBS）。

风险管理规划一般包括以下几项内容：

①通过调查、研究，对可能存在的潜在风险及损失，进行分析、辨识。

②对已经辨识的风险采取科学有效的方法进行定量的估计和评价。

③研究可能减少风险的措施方案，对其可操作性、经济性进行考虑，评估残留风险因素对项目造成的影响。

④初步制订风险因素的动态管理计划及监控方案。

⑤根据项目实际的变动状况，对现在执行的风险规划进行追踪，并作出修改。

2. 项目风险管理识别

风险识别是项目管理者识别风险来源、确定风险发生条件、描述风险特征并评价风险影响的过程。有风险来源、风险事件和风险征兆三个相互关联的因素。

风险识别的目的主要是方便评估风险危害的程度以及采取有效的应对方案。风险具有隐蔽性，而人们无法观察到存在的内在危险，往往被表面现象迷惑。因此，风险识别在风险管理中显得尤为重要。管理风险的第一步是识别风险，要充分考虑到风险造成的危害程度及潜在损失，只有正确地进行了识别，才能有效地采取措施来控制、转移或管理风险。进行风险识别的主体范围较广，包括工程项目责任方、风险管理组、主要持股人、主管风险处理的责任人以及风险负责人等。在对风险进行识别时，风险识别主体需要确定风险类型、影响范围、存在条件、因素、地域特点、类别等各方面内容。

风险识别具备的全员性、整体性、动态变化、综合性等特点，决定了风险管理识别的首要步骤是对各种风险因素和可能发生的风险事件进行分析，重点分析项目中有哪些潜在的风险因素？这些因素引发的危害程度多大？这些风险造成的影响范围及后果有多大？任何忽视、无限扩大和压缩项目风险的范围、种类和后果的做法都会给项目带来极大的影响。

风险识别主要采用故障树法、专家调查法、风险分析问询法、德尔菲法、头脑风暴法、情景分析法、SWOT 分析法和敏感性分析法等进行有效辨别。专家调查法是邀请专家查找各种的风险因素，并对其危险后果做出定性估量。故障树法是采用图标的方式将引起风险发生的原因进行分解，或把具有较大危害的风险分解成较小的、具体的风险。

风险识别就是从项目的整体系统入手，贯穿工程项目的各个方面和整个发展过程，将导致风险事件发生的复杂因素细化为易识别的基础单位。从众多的关系中抓住关键要素，分析关键要素对项目建设的影响。通常包括资料的收集与风险形势估计两个步骤。

工程项目的全面风险管理的首要步骤是风险识别，它在风险管理控制中有着承上启下的作用。

### 3. 项目风险管理

风险分析是由工程项目风险管理人员，应用风险分析工具、风险分析技术，根据各种风险因素的类别，对风险存在的条件和发生的期限、地点、风险造成的危害影响和损失程度、风险发生的概率、危害程度以及风险的可控性进行分析的过程。目前，风险管理分析的主要方法包括：决策树法、模糊分析法等。

所谓决策树法，就是运用图形来表示各决策阶段所能达到的预期值，通过核算，最终筛选出效益最大、成本最小的方法。决策树法是随机决策模型中最常使用的，能有效控制决策风险。

模糊集合理论是由美国自动控制专家查德教授在 1965 年提出的。该综合评价法采用模糊数学对受到多种因素制约的事物或对象做出一个总体评价。它结果清晰、系统性强，能较好地解决模糊的、不易量化的问题，适合各种非确定性问题。

### 4. 项目风险管理评估

项目风险评价是以项目风险识别和分析为基础，运用风险评价特有的系统模型，对各种风险发生的概率及损失的大小进行估算，对项目风险因素进行排序的过程，为风险应对措施的合理性提供科学的依据。工程项目风险评价的标准有项目分类、系统风险管理计划、风险识别应有的效果、工程进展状况等。进行分析与评价的数据应准确和可靠。

风险评估又称风险测定、估算、测量。它是对已经识别、分析出来的风险因素的权重进行检测，对一定范围内某一风险的发生测算出概率。主要目的是比较、评估项目各实施方案或施工措施所造成的风险发生的概率和损失大小程度，以便选择最优化的方案。

风险识别之后才能实施风险评估计划，它是对已存在的工程项目风险因素进行量化的过程。人们将已分类的、经过辨别的风险，综合考虑风险事件发生的概率和引起损失的后果，按照其权重进行排序。通过风险识别能够加深风险管理人员对工程项目本身和所在环境的了解，可以使人们用多种方法来加强对施工过程中存在的风险因素进行控制。

风险评估工作一般是由经过培训的专业人员来进行的，但在施工企业内部基本上是由工程项目部的计划、财务、安全、质量、进度控制等部门人员分别实施的。他们利用掌握的风险评估方法与工具，对承担的工程项目的目标工期、进度要求、质量要求、安全目标等方面加以评估，对安全风险因素进行定量预测。风险评估在项目风险管理研究中是一个热门话题。目前，风险评估的方法主要有综合评价法、模糊评价法、风险图法、模拟法和主观概率法等。

5. 项目风险管理处置

对项目进行风险处置就是对已辨识的风险因素，通过采取减轻、转移、回避、自留和储备等风险应对手段，来降低风险的损失程度，减少风险事件的发生。不同的风险类型有不同的应对处理方式。风险处置由专业的管理人员来处理，主要包括对风险因素的辨识、风险事件发生的原因分析、可采取的措施的成本分析、处理风险的时间以及对后续工程的影响程度等。风险管理处置的风险控制是指采取相应技术措施，降低风险事件造成的影响。工程项目管理者一般情况下采用以下方法来控制风险：

①风险回避：充分考虑风险因素发生及可能造成的危害程度，拒绝实施方案，杜绝风险事件的发生。该措施属于事前控制、主动控制。

②风险转移：为降低或减轻风险损失，通过其他方式或手段将损害程度转嫁给他人，分为非保险转移及保险转移两种形式。在工程项目施工中，风险转移一般以建筑（安装）施工一切险、投标保证金、履约保函等形式出现。

③风险自留：建设投资方自己主动承担风险损失。

④风险分散：根据项目的多样性、多层次性的特点，将项目投资用于不同的项目层次和不同的项目类别。

⑤风险降低：采取必要措施，来减少事件发生概率和风险损失。

6. 项目风险管理监控

风险监控就是通过一系列行之有效的方法和手段，对项目实施进行策划、分析识别、应对处置，来保证风险管理目标的实现。检查应对措施的实际效果是否与所设想的效果相同；寻找进一步细化和完善风险处理措施的机会，从中得到信息的反馈，以便使将来的决策方法更加符合实际情况。

风险监控由风险管理人员实施，主要是利用风险监控工具和技术，对已发现或潜在的问题及时提出警告，进行反馈。风险监控实际上是一个实时的、连续的不间断的过程。它主要采取审核检查法、项目风险报告、赢得值法等方法。

# 第四节　水利工程项目风险管理的特征

## 一、水利工程风险管理目的和意义

随着我国国民经济的发展，工程建设项目越来越多，投资规模逐年增加，新技术、新工艺、新设备的不断研发利用，导致项目工程建设过程中面临的各种风险也日渐增多。有的风险会造成工期的拖延；有的风险会造成施工质量低劣，从而严重影响建筑物的使用功能，甚至危害到人民生命财产的健康；有的风险会使企业经营处于破产边缘。

减少风险的发生或降低风险的损失，将风险造成的不利影响降到最低程度，需要对工程项目建设进行有效的风险管理和控制，使科技发展与经济发展相适应，更有效地控制工程项目的安全、投资、进度和质量计划，更加合理地利用有限的人力、物力和财力，提高工程经济效益、降低施工成本。加强建设工程项目的风险管理与控制工作，将成为有效加强项目工程管理的重要课题之一。

中国是世界上水能资源最丰富的国家，可能开发的装机容量达 378.53GW，占世界总量的 16.74%，水利工程是通过对大自然加以改造并合理利用自然资源产生良好效益的工程，通常是指以防洪、发电、灌溉、供水、航运以及改善水环境质量为目标的综合性、系统性工程，它包括高边坡开挖、坝基开挖、大坝混凝土浇筑、各种交通隧洞、导流洞和引水洞、灌浆平洞等的施工以及水力发电机组的安装等施工项目。在水电工程施工建设过程中，受到各种不确定因素的影响，只有成功地进行风险识别，才能更好地做好项目管理，要及时发现、研究项目各阶段可能出现的风险，并分清轻重缓急，要有侧重点。针对不同的风险因素采取不同的措施，保证工程项目以最小的风险损失得到最大的投资效益。

风险管理理论在 20 世纪 80 年代中期进入我国后，在二滩水电站、三峡水利枢纽工程、黄河小浪底水利枢纽工程项目都已成功地进行了运用。在水电站施工过程中加强现场安全风险管理，提高施工人员的安全风险意识，运用科学合理的分析手段，加强水电项目工程建设中风险因素监控力度，采取有针对性的控制段，能够有效提高水电项目的投资效益，保证水利工程项目的顺利实施，提高水利工程建设的设计与项目管理水平。

随着风险管理专题研究工作的不断深入进行，工程项目的安全风险意识也在不断增强。在项目建设过程中，熟练运用风险识别技术，认真开展风险评估与分析，对存在的风险事件及时采取应对措施，减少或降低风险损失。科学、合理地利用现有的人力、物力和财力，确保项目投资的正确性，树立工程项目决策的全局意识和总体经营理念，对保证国民经济长期、持续、稳定协调地发展，提高我国的项目风险管理水平和企业的整体效益具有重要的实际意义。

## 二、水利工程风险管理的特点

水利工程建设是按照水利工程设计内容和要求，进行水利工程项目的建筑与安装工程。由于水利工程项目的复杂性、多样性，项目及其建设有其自身的特点及规律，风险产生的因素也是多种多样的，各种因素之间又错综复杂，水电生产行业有不同于其他行业的特殊性，从而导致水电行业风险的多样性和多层次性。因此，水利工程与其他工程相比，具有以下显著特征：

①多样性。水利建设系统工程包括水工建筑物、水轮发电机组、水轮机组辅助系统、输变电及开关站、高低压线路、计算机监控及保护系统等多个单位工程。

②固定性。水利工程建设场址固定，不能移动，具有明显的固定性。

③独特性。与工民建设项目相比，水利工程项目体型庞大、结构复杂，而且建造时间、地点、地形、工程地质、水文地质条件、材料供应、技术工艺和项目目标不相同，每个水电工程都具有独特的唯一性。

④水利工程主要承担发电、蓄水和泄洪任务，施工队伍需要具备国家认定的专业资质，并且按照国家规程规范标准进行施工作业。

⑤水利工程的地质条件相对复杂，必须由专业的勘察设计部门进行专门的设计研究。

⑥水利工程建设要根据水流条件及工程建设要求进行施工作业，对当地的水环境影响较大。

⑦水利工程建设基本是露天作业，易受外界环境因素影响。为了保证质量，在寒冬或酷暑季节须分别采取保暖或降温措施。同时，施工流域易受地表径流变化、气候因素、电网调度、电网运行及洪水、地震、台风、海啸等其他不可抗力因素的影响。

⑧水利工程建设道路交通不便，施工准备任务量大，交叉作业多，施工干扰较大，防洪度汛任务繁重。

⑨对环境的巨大影响。大容量水库、高水头电站的安全生产管理工作，直接关系到施工人员和下游人民群众的生命和财产安全。

水电生产的以上特点，决定了水电安全生产风险因素具有长期性、复杂性、瞬时性、不可逆转性、对环境影响的巨大性、因素多维性等特性。

## 三、水利工程风险因素划分

水利工程建设工程项目按照不同的划分原则，有不同的风险因素。这些风险因素并不是独立存在的，而是相互依赖、相辅相成的。不能简单地进行风险因素划分。一般而言，水利工程项目有以下三种划分方式：

**1. 水利工程发展阶段**

①勘察设计招投标阶段风险：主要存在招标代理风险、招投标信息缺失风险、投标单位报价失误风险和其他风险等。

②施工阶段风险：主要是工程质量、施工进度、费用投资、安全管理风险等。

③运行阶段风险：主要是地质灾害、消防火灾、爆炸、水轮发电机设备故障、起重设备故障等风险。

**2. 风险产生原因及性质**

①自然风险：主要指由于洪水、暴雨、地震、飓风等自然因素带来的风险。

②政治风险：主要指由于政局变化、政权更迭、罢工、战争等引发社会动荡，而造成人身伤亡和财产损失的风险。

③经济风险：主要指由于国家和社会一些大的经济因素变化的风险以及经营管理不善、市场预测错误、价格上下浮动、供求关系变化、通货膨胀、汇率变动等因素所导致经济损失的风险。

④技术风险：主要指由于科学技术的发展而来的风险，如核辐射风险。

⑤信用风险：主要指合同一方由于业务能力、管理能力、财务能力等有缺陷或没有圆满履行合同而给另一方带来的风险。

⑥社会风险：主要指由于宗教信仰、社会治安、劳动者素质、习惯、社会风俗等带来的风险。

⑦组织风险：主要指由于项目有关各方关系不协调以及其他不确定性而引起的风险。

⑧行为风险：主要指由于个人或组织的过失、疏忽、侥幸、故意等不当行为，造成的人员伤害、财产损失的风险。

**3. 水利工程项目主体**

①业主方的风险：在工程项目的实施过程中，存在很多不同的干扰因素，业主方承担了很多，如投资、经济、政治、自然和管理等方面的风险。

②承包商的风险：承包商的风险贯穿于工程项目建设投标阶段、项目实施阶段和项目竣工验收交付使用阶段。

③其他主体的风险：包括监理单位、设计单位、勘察单位等在项目实施过程中承担的风险。

# 第五节 水利工程建设项目风险管理措施

## 一、水利工程风险识别

在水利工程建设中，实施风险识别是水电建设项目风险控制的基本环节，通过对水电工程存在的风险因素进行调查、研究和分析辨识后，查找出水利工程施工过程中存在的危险源，并找出减少或降低风险因素向风险事故转化的条件。

### （一）水利工程风险识别方法

风险识别方法大致可分为定性分析、定量分析、定性与定量相结合的综合评估方法。定性风险分析是依据研究者的学识、经验教训及政策走向等非量化材料，对系统风险做出决断。定量风险分析是在定性分析的研究基础上，对造成危害的程度进行定量的描述，可信度增加。综合分析方法是把定性和定量两种方式相结合，通过对最深层面受到的危害的评估，对总的风险程度进行量化，对风险程度进行动态评价。

#### 1. 定性分析方法

定性风险分析方法有头脑风暴法、德尔菲法、故障树法、风险分析问询法、情景分析法。在水利项目风险管理过程中，主要采用以下几种方法：

①头脑风暴法：又叫畅谈法、集思法。通常采用会议的形式，引导参加会议的人员围绕一个中心议题，畅所欲言，激发灵感。一般由班组的施工人员共同对施工工序作业中存在的危险因素进行分析，提出处理方法。主要适用于重要工序，如焊接、施工爆破、起重吊装等。

②德尔菲法：通常采用试卷问题调查的形式，对存在的危险源进行分析、识别，提出规避风险的方法和要求。它具有隐蔽性，不易受他人或其他因素影响。

③ LEC 法：根据 D=LEC 公式，依据 L——发生事故的概率、E——人员处于危险环境的频率、C——发生事故带来的破坏程度，赋予三个因素不同的权重，对施工过程的风险因素进行评价的方法。其中：

L 值：事故发生的概率，按照完全能够发生、有可能发生、偶然能够发生、发生的可能性小除了意外、很不可能但可以设想、极不可能、实际不可能共七种情况分类。

E 值：处于危险环境频率，按照接连不断、工作时间内暴露、每周一次或偶然、每月一次、每年几次、非常罕见共六种情况分类。

C 值：事故破坏程度，按照 10 人以上死亡、3 ~ 9 人死亡、1 ~ 2 人死亡、严重、重大伤残、引人注意共六种情况分类。

**2. 定量分析方法**

①风险分解结构法（RBS）。

RBS（Ris　reakdow　tructure）是指风险结构树。它将引发水利建设项目的风险因素分解成许多“风险单元”，这使得水电工程建设风险因素更加具体化，从而更便于风险的识别。

风险分解结构（RBS）分析是对风险因素按类别分解，对投资影响风险因素系统分层分析，并分解至基本风险因素，将其与工程项目分解之后的基本活动相对应，以确定风险因素对各基本活动的进度、安全、投资等方面造成的影响。

②工作分解结构法（WBS）。

WBS（Wor　reakdow　tructure）主要是通过对工程项目的逐层分解，将不同的项目类型分解成为适当的单元工作，形成 WBS 文档和树形图表等，明确工程项目在实施过程中每一个工作单元的任务、责任人、工程进度以及投资、质量等内容。

WBS 分解法的核心是合理科学地对水电工程工作进行分解，在分解过程中要贯穿施工项目全过程，同时又要适度划分，不能划分地过细或者过粗。划分原则基本上按照招投标文件规定的的合同标段和水电工程施工规范要求进行。

**3. 综合分析方法**

①概率风险评估：是定性与定量相结合的方法，它以事件树和故障树为核心，将其运用到水电建设项目的安全风险分析中。主要是针对施工过程中的重大危险项目、重要工序等进行危险源分析，对发现的危险因素进行辨识，确定各风险源后果大小及发生风险的概率。

②模糊层次分析法：是将两种风险分析方法相互配合应用的新型综合评价方法。主要是将风险指标系统按递阶层次分解，运用层次分析法确定指标，按层次指标进行模糊综合评价，然后得出总的综合评价结果。

### （二）水利工程风险识别步骤

①对可能面临的危害进行推测和预报。

②对发现的风险因素进行识别、分析，对存在的问题逐一检查、落实，直至找到风险源头，将控制措施落实。

③对重要风险因素的构成和影响危害进行分析，按照主要、次要风险因素进行排序。

④对存在的风险因素分别采取不同的控制措施、方法。

## 二、水利工程风险评估

在对水利建设工程的风险进行识别后，就要对水利工程存在的风险进行估计，要遵循风险评估理论的原则，结合工程特点，按照水电工程风险评估规定和步骤来分析。水电工程项目风险评估的步骤主要有以下四个方面：

①将识别出来的风险因素，转化为事件发生的概率和机会分布。

②对某种单一的工程风险可能对水电工程造成的损失进行估计。

③从水利工程项目的某种风险的全局入手，预测项目各种风险因素可能造成的损失度和出现的概率。

④对风险造成的损失的期望值与实际造成的损失值之间的偏差程度进行统计、汇总。

一般来说，水利工程项目的风险主要存在于施工过程当中。对于一个单位施工工程项目来说，主要风险是设计缺陷、工艺技术落后、原材料质量以及作业人员忽视安全造成的风险事件，而气候、恶劣天气等自然灾害造成的事故以及施工过程中对第三者造成伤害的机会都比较小，一旦发生，会对工程施工造成严重后果。因此，对水利工程要采取特殊的风险评价方法进行分析、评价。

目前，水利工程建设项目的风险评价过程采用 A1D1HALL 三维结构图来表示，通过对 A1D1HALL 三维结构的每一个小的单元进行风险评估，判断水利系统存在的风险。

## 三、水利工程风险应对

水利工程建设项目风险管理的主要应对方案有回避、转移、自留三种方式。

### （一）水利工程风险回避

水利工程主要是采取以下方式进行风险回避：

①所有的施工项目严格按照国家招投标法等有关规定，进行招投标工作；从中选择满足国家法律、法规和强制性标准要求的设计、监理和施工单位。

②严格按照国家关于建设工程等有关工程招投标规定，严禁对主体工程随意肢解分包、转包，防止将工程分包给没有资质资格的皮包公司。

③根据现场施工状况编制施工计划和方案。施工方案在符合设计要求的情况下，尽量回避地质复杂的作业区域。

### （二）水利工程风险自留

水利建设方（业主）根据工程现场的实际情况，无法避开的风险因素由自身来承担。

这种方式事前要进行周密的分析、规划，采取可靠的预控手段，尽可能将风险控制在可控范围内。

### （三）水利工程风险转移

水电工程项目中的风险转移，行之有效且经常采用的方式是质保金、保险等。在招投标时为规避合同流标而规定的投标保证金、履约保证金制度；在施工过程中为了杜绝安全事故造成人员、设备损失而施行的建设工程施工一切险、安全工程施工一切险制度等都得到了迅速的发展。

## 四、水利工程安全管理

在水利工程工程项目建设中推行项目风险管理，对减少工程安全事故的发生，降低危害程度具有深远的意义和重大影响。在工程建设施工过程中，如何将风险管理理论与工程建设实际相结合，使水利工程建设项目的风险管理措施落到实处，将工程事故的发生概率和损害程度降到最低，是当前水利工程项目管理的首要问题。

根据我国多年的工程建设管理经验、教训告诉我们，在水利工程建设项目施工过程中预防事故的发生，降低危害程度，最大限度地保障员工生命财产安全，必须建立安全生产管理的长效机制。

风险管理理论着眼于项目建设的全过程的管理，而安全生产管理工作着重于施工过程的管理，强调“人人为我，我为人人”的安全理念，在生产过程中施行安全动态管理，加强施工现场的安全隐患排查和治理。风险管理理论是安全生产管理的理论基础，安全生产管理是风险管理理论在工程建设施工过程的具体应用，因此更具有针对性和实践性。

# 第十一章　水利工程建设进度管理和诚信建设

## 第一节　国内水利工程进度控制和管理

### 一、水利工程进度控制和管理的常用方法

#### （一）项目进度管理的概念

项目进度管理是根据工程项目的进度目标，编制经济合理的进度计划，并据此检查工程项目进度计划的执行情况，若发现实际执行情况与计划进度不一致，就要及时分析原因，并采取必要的措施对原工程进度计划进行调整或修正的过程，工程项目进度管理的目的就是实现最优工期，多、快、好、省地完成任务。

项目进度控制的一个循环过程包括计划、实施、检查、调整四个过程。计划是指根据施工项目的具体情况，合理编制符合工期要求的最优计划；实施是指进度计划的落实与执行；检查是指在进度计划的落实与执行过程中，跟踪检查实际进度，并与计划对比分析，确定两者之间的关系；调整是指根据检查对比的结果，分析实际进度与计划进度之间的偏差对工期的影响，采取切合实际的调整措施，使计划进度符合新的实际情况，在新的起点上，进行下一轮控制循环，如此循环下去，直到完成施工任务。

#### （二）项目进度管理的原理

工程项目进度管理是以现代科学管理原理作为其理论基础的，主要有系统原理、动态控制原理、弹性原理和封闭循环原理、信息反馈原理等。

1. 系统控制原理

该原理认为，工程项目施工进度管理本身是一个系统工程，包括项目施工进度计划系统和项目施工进度实施系统两部分内容。项目必须按照系统控制原理，强化其控制全过程。

2. 动态控制原理

工程项目进度管理随着施工活动向前推进，根据变化情况，应进行实时的动态控制，以保证计划符合变化的情况，同时，这种动态控制又是按照计划、实施、检查、调整这四个不断循环的过程进行控制的。在项目实施过程中，可分别以整个施工项目、单位工程、分部工程为对象，建立不同层次的循环控制系统，并循环下去。这样每循环一次，其项目管理水平就会提高一步。

3. 弹性原理

工程项目进度计划工期长、影响进度因素多，其中有的已被人们掌握，因此，要根据统计经验估计出影响的程度和出现的可能性，并在确定进度目标时，进行实现目标的风险分析。在计划编制者具备了这些知识和实践经验之后，编制施工项目进度计划时就会留有余地，使施工进度计划具有弹性。在进行工程项目进度管理时，便可以利用这些弹性，缩短有关工作的时间，或者改变它们之间的搭接关系。如果检查之前拖延了工期，通过缩短剩余计划工期的方法，仍能达到预期的计划目标，这就是工程项目进度管理中对弹性原理的应用。

4. 封闭循环原理

工程项目进度管理是从编制项目施工进度计划开始的，由于影响因素的复杂和不确定性，在计划实施的全过程中，需要连续跟踪检查，不断地将实际进度与计划进度进行比较，如果运行正常，可继续执行原计划；如果有偏差，应在分析其产生的原因后，采取相应的解决措施和办法，对原进度计划进行调整和修订，然后再进入一个新的计划执行过程。由计划、实施、检查、比较、分析、纠偏等环节形成的一个封闭的循环回路。工程项目进度管理的全过程就是在许多这样的封闭循环中不断地调整、修正与纠偏，最终实现总目标。

5. 信息反馈原理

反馈是控制系统把信息输送出去，又把其作用结果返送回来，并对信息的再输出施加影响，起到控制的作用。

工程项目进度管理的过程实质上就是对有关施工活动和进度的信息不断搜集、加工、汇总、反馈的过程。施工项目信息管理中心要对搜集的施工进度和相关因素的资料进行加工分析，由领导做出决策后，向下发出指令，指导施工或对原计划做出新的调整、部署；基层作业组织根据计划和指令安排施工活动，并将实际进度和遇到的问题随时上报。每天都有大量的内外部信息、纵横向信息流进流出，因而必须建立健全工程项目进度管理的信息网络，使信息准确、及时、畅通，反馈灵敏、有力，以便能正确运用信息对施工活动进行有效控制，才能确保施工项目的顺利实施和如期完成。

## （三）项目进度管理的办法

### 1. 分析影响工程项目进度的因素

水利工程项目的施工具有工期长（往往跨四至五年或更长）、地理条件复杂、决定工期的因素众多的特点。编制计划和执行施工进度计划时必须充分认识和估计这些因素，才能克服其影响，使得施工进度尽可能按计划进行。一般影响进度计划的主要因素有：

①项目管理内部原因。

②相关单位的因素。

③不可预见因素。

### 2. 项目进度管理方法

项目进度管理方法主要是规划、控制和协调。规划是指确定施工项目总进度管理目标和分进度管理目标、年进度管理目标，并编制其进度计划。控制是指在施工项目实施的全过程中，进行施工实际进度与施工计划的比较，出现偏差时及时进行调整。协调是指协调与施工进度有关的单位、部门和工作队组之间的进度关系。

### 3. 施工进度管理的主要措施

项目进度管理采取的主要措施有组织措施、技术措施、合同措施、经济措施。

组织措施主要是指：①落实各层次的进度管理人员、具体任务和工作责任。②建立进度管理的组织系统。③按照施工项目的结构、进展阶段或合同结构等进行分解，确定其进度目标，建立控制目标体系。④确定精度管理工作制度，如检查时间、方法、协调会议时间、参加人等。⑤对应详尽的因素分析和预测。技术措施主要是采取加快施工进度的技术方法。合同措施是指签订合同时，合同条款对合同工期和与进度有关的合同约定。经济措施是指实现进度计划的资金保证措施。具体的措施种类和主要内容：①管理信息措施：建立对施工进度能有效控制的监测、分析、调整、反馈信息系统和信息管理工作制度，随时监控施工过程的信息流，实现连续、动态的全过程，紧促目标控制。②组织措施：建立施工项目进度实施和控制的组织系统，订立进度管理工作制度、检查方法、召开协调会议时间、人员等，落实各层次进度管理人员、具体任务和工作职责，确定施工项目进度目标，建立工程项目进度管理目标体系。③技术措施：尽可能采取先进的施工技术、方法和新材料、新工艺、新技术，保证进度目标实现；落实施工方案、做好设计优化工作，出现问题时及时地调整工作之间的逻辑关系，加快施工进度。④合同措施：以合同的形式保证工期进度的实现。即：保证总进度管理目标与合同总工期相一致；分部工程项目工期与单位工程总工期目标相一致；供货、供电、运输、构件、材料加工等合同规定的提供服务时间与有关的进度管理目标相一致。

⑤经济措施：落实实现进度的保证资金；签订并实施关于进度和工期的经济承包责任制、责任书、合同；建立并实施关于工期和进度的奖惩办法、制度。

4.项目进度管理体系

①进度计划体系。

进度计划体系的内容主要有：施工准备工作计划、施工总进度计划、单位工程施工进度计划、分部工程进度计划。

②项目进度管理目标体系。

项目进度管理总目标是依据施工项目总进度计划确定的。对项目进度管理总目标进行层层分解，形成实施进度管理、相互制约的目标体系。

③项目进度管理目标的确定。

在确定施工进度管理目标时，必须全面细致地分析与建设工程进度有关的有利因素和不利因素，只有这样，才能制订出一个科学的、合理的进度管理目标。确定施工进度管理目标的主要依据有：建设工程总进度目标对施工工期的要求，工期定额、类似工程项目的实际进度，工程难易程度和工程条件的落实情况等。

④项目进度管理程序。

工程项目进度管理应严格按照以下程序进行进度管理：

根据施工合同的要求确定施工进度目标，明确计划开工日期、计划总工期和计划竣工日期，确定项目分期分批的开竣工日期。

编制施工进度计划，具体安排实现计划目标的工艺关系、组织关系、搭接关系、起止时间、劳动力计划、材料计划、机械计划及其他保证性计划。分包人负责根据项目施工进度计划编制分包工程施工进度计划。

进行计划交底，落实责任，并向监理工程师提交开工申请报告，按监理工程师开工令确定的日期开工。

实施项目进度计划。项目管理者应通过施工部署、组织协调、生产调度和指挥、改善施工程序和方法的决策等，应用技术、经济和管理手段实现有效的进度管理。项目管理部门首先要建立进度实施、控制的科学组织系统和严密的工作制度，然后依据工程项目进度管理目标体系，对施工的全过程进行系统控制。全部任务完成后，进行进度管理总结，并编写进度管理报告。

## 二、项目进度计划的编制和实施

### （一）项目进度计划的编制

项目进度计划是表示各项工作（单位工程、分部工程或分项工程、单元工程）的施工顺序、开始和结束的时间以及相互衔接关系的计划。

它既是承包单位进行施工管理的核心指导文件，也是监理工程师实施进度控制的依据。项目进度计划通常是按工程对象编制的。

1. 项目计划的编制要求

①组织应依据合同文件、项目管理规划文件、资源条件与内外部约束提案件编制项目进度计划。

②组织应提出项目控制性进度计划。控制性进度计划包括：整个项目的总进度计划、分阶段进度计划、自项目进度计划和单体进度计划、年（季）进度计划。

③项目经理部应编制项目作业性进度计划。作业性进度计划包括：分部分项工程进度计划、月（旬）作业计划。

④各类进度计划应包括：编制说明、进度计划表、资源需要量及供应平衡表。

2. 项目进度计划编制的程序

项目进度计划编制的程序：确定进度计划目标→进行工作分解→收集编制依据→确定工作起止时间及里程碑→处理各工作之间的逻辑关系→编制进度表→编制进度说明书→编制资源需求量及供应平衡表→报批

3. 项目进度计划的编制方法

项目进度计划的编制可使用文字说明、里程碑表、工作量表、横道图计划、网络计划等方法。作业性进度计划必须采用网络计划方法或横道计划方法。

## （二）项目进度计划的实施

项目进度计划的实施就是施工活动的进展，也就是施工进度计划指导施工活动落实和完成计划。施工项目计划逐步实施的进程就是施工项目建设逐步完成的过程。

1. 项目进度计划实施要求

①经批准的进度计划，应向执行者进行交底并落实责任。

②进度计划执行者应制订实施计划方案。

③在实施进度计划的过程中应进行的工作：跟踪检查收集实际进度数据、将收集的实际数据与进度计划数据比较、分析计划执行的情况、对产生的计划变化采取相应措施进行纠偏或调整、检查纠偏措施落实的情况、进度计划的变更必须与有关部门和单位进行沟通。

2. 项目进度计划实施步骤

为了保证施工项目进度计划的实施，并且尽量按照编制的计划时间逐步实现，工程项目进度计划的实施应按以下步骤进行：①向计划执行者进行交底并落实责任；②制订实施计划的方案；③跟踪记录、收集实际进度数据；④做好施工中的调度和协调工作。

## 三、工程项目进度计划的调整

工程项目进度计划的调整应依据进度计划检查结果，在进度计划执行发生偏离的时候，通过对工程量、起止时间、工作关系、资源提供和必要的目标进行调整，或通过局部改变施工顺序、重新确认作业过程等相互协作的方式，对工作关系进行的调整，充分利用施工的时间和空间进行合理交叉衔接，并编制调整后的施工进度计划，以保证施工总目标的实现。

### （一）分析进度偏差的影响

在工程项目实施过程中，通过比较实际进度与计划进度，发现有进度偏差时，需要分析该偏差对后续工作及总工期的影响，从而采取相应的调整措施对原进度计划进行调整，以确保工期目标的顺利实现。进度偏差的大小及位置不同，对后续工作和总工期的影响程度是不同的，分析时需要利用网络计划中工作总时差和自由时差的概念进行判断，分析的步骤：分析进度偏差的工作是否为关键线路的关键工作→分析进度偏差是否大于总时差→分析进度偏差是否大于自由时差。

经过分析，进度控制人员可以确认应该调整的产生进度偏差的工作和调整偏差值的大小，以便确定采取调整新措施，获得新的符合实际进度情况和计划目标的新进度计划。

### （二）项目进度计划调整方法

当工程项目施工实际进度影响到后续工作和总工期，需要对进度计划进行调整时，通常采取两种办法：①改变某些工作的逻辑关系。②缩短某些工作的持续时间。

这里以现代科学管理原理作为基础理论，采用工程进度管理的规划、控制和协调等方法对水利工程进度控制和管理进行了较全面的、系统的阐述，就是希望每一个项目管理者能够熟悉和加深项目进度管理的基本思路，使得项目进度管理的规划、控制和协调得到良好的运行。

# 第二节　水利工程工程进度管理存在的主要问题

## 一、水利工程进度管理对水电建设开发的影响

### （一）水电开发的流域化管理

在我国水利工程建设中，各流域开发的模式呈现出多样性，有一个流域单个主体

开发的模式，也有一个流域多个主题开发的模式；一般来说，大的流域有多个主体开发，小的流域则两种都有。

长江干流的开发主体除了三峡总公司外，在长江上游的金沙江中游由中国华电集团公司、中国华能集团公司、中国大唐集团公司、华睿投资集团有限公司和云南省开发投资有限公司等单位共同发起，成立了金沙江中游水电开发有限公司。黄河干流除了与小浪底水利枢纽建设管理局合署办公的黄河水利开发总公司外，也于1999年10月在黄河上游成立了黄河上游水电开发有限公司（由原国家电力公司、国电西北公司、青海省投资公司等10个股东共同出资组建），一些相对长江、黄河较小的流域，大多成立了合资开发的流域公司：

①1987年1月成立的湖北省清江开发公司，1995年8月改为湖北省清江水电投资公司，是我国第一家按现代企业制度组建的流域性水电开发公司，是国务院批准的第一家“流域、梯级、滚动、综合”开发试点单位。

②1990年成立的贵州乌江水电开发有限责任公司，于1997年完成改制。

③1991年成立了二滩水电开发有限责任公司。

④2002年成立了澜沧江水电开发有限公司。

⑤2000年成立了国电大渡河流域水电开发有限公司。

⑥2003年成立了云南华电怒江水电开发有限公司。

众多的水电开发公司均有共同的发展理念：①服从大局、服务经济、坚持科学发展，构建高效、和谐、平安的水电开发公司。②环保开发、和谐开发、加速开发、以人为本、全面协调、可持续的科学发展观。③“五位一体”的管理理念：设计是龙头，项目的成败、投资的高低，很大程度上取决于设计的质量和投入；施工是关键，设计再好，施工不到位就是从理论到实践的桥梁断了，施工是连接理论和时间的桥梁；监理是保障，施工进度是赶出来的，不是监理出来的，但是监理作为独立的第三方起到监督保障作用，从工程质量、工程进度、安全控制、环保控制这些方面能对工程起到监督保障的作用；投资方是主导，能否以最低的成本、最快的速度、最好的资源把项目建设起来，投资方的想法很重要。投资方的想法必须符合科学、符合规律、符合法律，在整个建设重要起主导作用；政府是依靠，过去是依赖政府，混淆企业与政府的关系，在任何一个地方，能不能有一个好的建设环境，能不能处理好与当地的利益关系，有政府支持是非常重要的。

水利工程进度管理对水电建设开发的影响是巨大的，水利工程的进度管理属于工程项目管理的范畴。工程项目管理已经推行了多年，并且已经形成了一套较为系统的理论、经验和方法，已经建成了一批项目管理较为成功的代表性大中型工程项目，比如：二滩水电站、广蓄电站、小浪底水电站、公伯峡水电站、桐柏水电站、丹江口水电站、龙滩水电站等。

### （二）工程进度管理对水电开发的影响

水电工程进度管理对水电建设开发主要有以下几个方面的影响：

①进度计划控制是水电工程建设管理的关键环节，制订科学严密的网络进度计划是实现工程总体建设目标的前提和基础，总的工程进度计划的好坏直接影响到施工计划、机电物资计划、移民计划、资金筹集计划、资金使用计划和单个项目的水电建设开发，影响到流域水电开发计划的实现。

②进度计划的执行同样是计划控制的重要环节，单个标段的进度执行的好坏，直接影响到整个项目开发目标的实现。

③合理、科学的进度计划，必须有科学的管理方法和合同约束条件，投资方要以最低的成本、最快的速度、最好的资源把项目建设起来；工程承包方要实现利益最大化的合同目标，双方的利益均要实现最大化；实现共赢是最佳的选择，以合同为依据、以合同为准绳，任何不严密（缺少约束）的条款都会导致履约双方的困难。

④重要节点目标进度控制一旦失控，将会导致整体进度计划延误，水利是同洪水、汛期赛跑的建设项目，错过工期意味着损失一年，比如，大江截流必须在最枯水时段截流，否则将会加大截流风险，严重的甚至会导致截流失败，工期滞后一年，损失巨大；坝体不能按期挡水，不能拦蓄洪水，否则将无法实现发电目标等。

## 二、水电建设进度管理存在的主要问题

### （一）水利建设工程总进度计划的编制和执行

水利工程建设总进度计划的编制和执行是工程建设管理的重要环节，科学、合理、细致地编制总进度计划是项目建设的前提，这里探讨的重点是在合理的总进度计划的基础上，如何去执行以及如何执行好总进度计划。

#### 1. 进度计划控制和执行

根据总进度计划目标，编制年、季度投资计划，并根据投资计划编制好年、季、月施工计划、机电物资计划、移民计划、资金筹集和使用计划、招投标计划。

#### 2. 工程项目的招投标工作的有序开展

招投标工作是应用技术经济评价方法和市场竞争机制的作用，有组织地开展选择成交中成熟的、规范的、科学的特殊交易方式，也就是工程管理的开始，目的就是发包人选择一家报价合理、响应性好、施工方案可行、发包人投资风险最小的合格中标人中标。中标人必须能够最大限度地满足投标文件规定的各项综合评价标准，能够满足招标文件的实质性要求，并且经评审的成本高于最低报价。

3. 中标承包商实施阶段施工组织设计的编制审定和计划执行

实施阶段的施工组织设计就是针对施工安装过程的复杂性，用系统的思想并遵循技术经济规律，对拟建工程的各阶段、各环节以及所需的各种资源进行统筹安排的计划管理行为，努力使复杂的生产过程，通过科学、经济、合理的规划安排，使建设项目能够连续、均衡、协调地进行施工，满足建设项目对工期、质量、安全、投资方面的各项要求，实现项目建设目标。

经过审定的施工组织设计在执行中，要切实做好交底工作、制订各项规章制度、实行各种经济承包制度、搞好施工的统筹安排和综合平衡，在这个过程中发现问题并及时进行调整施工组织设计，使之更切合实际。

## （二）目前水电建设进度管理中存在的主要问题

①资信（资质和信誉）管理力度不足，造成企业社会资信度不高；企业多种失信行为屡屡发生，主要包括拖欠款、违约、侵权、虚假信息、假冒伪劣产品、质量欺诈等；很多企业把诚信当成权宜之计，把合同关系当成隶属关系，以权、以势压人；有些企业利用占有国家垄断资源的有利条件要挟合作方；更有甚者，为了蝇头小利，以假冒伪劣的产品来欺瞒，遗祸百年。

②招投标市场的竞争环境与公平竞争监管疲软，造成竞争有失公允，利用招投标平台搞关系平衡；2000 年 1 月 1 日，我国颁布《中华人民共和国招投标法》，相应的招投标法规和实施细则使招投标工作取得了稳步、有序、深入的发展，逐步形成了公开、公正、公平的建筑市场的招投标的良好环境，并取得了较大的发展与进步。但是，个别企业和个人仍然无视法律法规，铤而走险，投招标监管不力为不法行为提供了滋生条件和温床，出现关系平衡决标和联合围标的现象；使得工程项目在投标阶段即出现“工程上马，干部下马”；投标成本挤占工程建设成本，施工中偷工减料、降低成本、劣质产品；施工中为降低成本，选择无资质、无信誉的合作分包商，以劣充好，降低资质等级、降低施工质量标准，恶意制造工程变更、拖延工期、要挟工程建设进度等问题。

③合同条件各方约束不足，履约中无相关条款或条款有漏洞导致履约困难，推诿扯皮；如某工程合同中约定“项目经理每年在施工现场的工作时间不得低于 305 天，否则将按 5 万元 / 每天接受处罚”，非常不尽人道，但是它的真实目的是保证实现工程进度、质量、安全目标，这样的约定使得履约双方有了基础的标准。

④实施过程中施工组织设计进度调整的责任确定缓慢；这种情况出现的原因一般是合同条款的约定不确定、含糊其辞；实施过程中缺少共同认定的规定条款，致使问题长时间搁置，时间长了，大家只能靠回忆录去判断责任，靠意愿和需要去确定责任、处理工程变更。

⑤工程建设中进度、质量、安全、投资协调控制不足；这个问题的提出，主要是我们往往不能正确处理和协调进度、质量、安全、投资的关系，片面地强调某一方面重要，而忽视另一方面或多方面的影响；四个方面的控制应该是：重点突出、齐头并进、缺一不可。很多管理人员可能不理解，管安全的一定要“安全第一”、管质量的一定要“百年大计，质量第一”。任何一个企业都必须建立以人为本、关爱生命的理念，但是我们必须清醒地认识到这四者是相互依存、相互支撑、协调发展、共同提高的整体，缺一不可。在水利工程建设中经常会出现工程进度滞后，管理者采取“大干 ×× 天、实现 ×× 目标”“努力拼抢、实现年内目标”等办法，实际上就是“赶工和抢工”；可以想象，在“赶工和抢工”的氛围中，要想保证安全和质量、有效控制成本是很难的。

⑥参建各方综合信心不足；信心不足实际上就是社会诚信不足，一是对社会诚信体系信心不足，二是对合作方的诚信不足产生质疑，三是对自己企业的竞争实力和诚信度产生怀疑。信心不足除了对工程的难易、复杂程度认识不足、对技术工艺水平谙熟差距判读不足、管理经验不足外，重要的就是对社会、企业诚信的认知不足。

# 第三节　水电建设进度控制的合同管理

水电建设进度管理属于工程项目管理的范畴，建设部于 2002 年颁布了《建设工程项目管理规范》（GB/T50326-2001），该规范的颁布实施对提高我国的工程项目管理水平起到了很好的推动作用。但随着近年来我国国民经济的快速发展，工程项目管理水平也得到了空前迅猛的发展与提高，特别是加入 WTO 后，国内建设工程市场逐步对外开放，这也对我国广大建筑工程施工企业提高自身的工程项目管理水平提出了更高的要求。原有的《建设工程项目管理规范》（GB/T50326-2001）已经不能满足工程项目管理发展的要求，建设部对《建设工程项目管理规范》（GB/T50326-2001）进行了修订，并于 2006 年 6 月 21 日，正式颁布了新版《建设工程项目管理规范》（GB/T50326-2006），自 2006 年 12 月 1 日起实施。我们就是要规范合同管理，通过实践到理论再到实践的过程，更加完善合同条款的约定，使得每一项工作内容都有款可查、有款可依、条款公正公平。

## 一、建设工程企业资信（资质和信誉）管理

### （一）资信管理的现状和问题

当前，建筑市场在体制和机制上还存在一些问题。建筑企业失信行为屡屡发生，主要包括恶意违约、拖欠款、侵权、虚假信息、假冒伪劣产品、质量欺诈等；很多企

业把诚信当成权宜之计，把合同关系当成隶属关系，以权以势压人；有些企业利用占有国家垄断资源的有利条件要挟合作方；更有甚者，为了蝇头小利以假冒伪劣的产品质量欺瞒，遗祸百年。企业资质和资格审核结果与企业实际能力不相符，市场主体行为诚信度不高，建筑市场的监管手段有限，建筑企业信誉监管的长效机制不健全。

## （二）资信管理问题

资信管理问题是源头，这些问题的解决不局限于某一部门，水利工程建设管理工作事关经济社会发展大局，国家高度重视，社会非常关注，群众也非常关心。坚持求真务实、坚持改革创新、坚持规范执法、坚持关注民生，加强调查研究，创新工作机制，解决突出问题，不断提高工程建设管理水平。

①规范建筑市场秩序必须注重长效机制建设，要按照工程建设的规律，严格实施法定基本建设程序，抓住关键环节，强化建筑市场和施工现场的“两场”联动管理，实现属地化、流域化、动态化和全过程监管。

②逐步形成行政决策、执行、监督相协调的机制。要将涉及建筑市场监督管理的建筑业管理、工程管理、资质和资格、招标投标、工程造价、质量和安全监督以及市场稽查等相关职能机构，进行协调，实现联动，相互配合，国家监督管理既分工管理又联动执法，既不重复执法又不留下空白，进行全过程、多环节的齐抓共管。

③将制度性巡查与日常程序性管理相结合，形成建筑市场监督管理的合力和建筑市场闭合管理体系，共同促进建筑市场的规范。

④要按照国务院新发布的《政府信息公开条例》，加快建筑市场监督管理信息系统建设，加大计算机和信息网络技术在工程招投标、信用体系建设、施工现场监管、工程质量安全监管、施工许可、合同履约跟踪监管中的应用，并实现信息在建筑市场监管职能机构之间的互联、互通和信息共享，强化政府部门对工程项目实施和建筑市场主体行为的监管，并逐步形成全国建筑市场监督管理信息系统；要加快电子政务建设，强化公共服务职能，方便市场主体，及时全面地发布政策法规、工程信息、企业资质和个人执业资格等相关信息，全面推行政务公开，不断提高行政行为的透明度和服务水平。

⑤流域开发的建设更要建立和完善信誉评测制度和评测办法，建立“黑名单”“不良记录”。这个评测要有监督机制，建设各方均要在项目建设中阶段性地接受参建各方的评测和监督。评测的结果直接影响建设企业的资信评定。

⑥除了建设企业的资信评定，还要对企业的主要管理者建立资信评测制度，建立“责任人黑名单”“责任人不良记录”。

⑦国家对国有控股的水利国有企业的资质管理相对比较严格；但是，水利国有控股的国有企业从1990年前后，逐步开始进行企业改制，其中重要的一项内容就是：不

再招收国有企业正式工人，只接收应届大学毕业生、复转军人；企业用工主要依靠社会资源。导致水利企业技术工人严重不足，后继乏人，社会闲散技术工人主要集中在民营企业；而这些雨后春笋般的民营企业基本是“八无企业”：无固定场所、无固定资产、无技术含量、无生产资金、无发展后劲、无信义、无证照（大量收费授权）、无抵押资产，他们开始大量地进入水利施工现场。水利工程建设的承包商名义上主体是国有控股的特级、一级、甲级企业，但实际上大量的缺少专业技能的民技工和民技工集中的“八无企业”充实施工生产一线，这导致了水利工程建设进度、质量、安全管理压力急剧增大，管理水平严重下滑。

所以，我们必须对进入水利工程建设的建筑企业和达成相关合作的、协议的企业建立资信审核、评测制度。

## 二、招投标市场的竞争环境与公平竞争

### （一）监督管理不到位

1. 招投标环境中存在同体监督

《中华人民共和国招投标法》条款清晰、定位准确，涵盖面广，是一部能够很好指导、规范和约束我国投招标工作的大法。但是在执法的过程中，监督缺位的现象是普遍存在的，招投标监督管理部门对招投标过程中的违法违规行为不履行或不正确履行其监管职责。在建设工程招投标后（或工程建成投产后），存在“工程上马、干部下马”的现象，说明我们的监督机构不能在过程中实施监督，在监督管理上存在监督管理体制混乱的现象；当前的招投标活动，省、市、县项目按行政隶属分别由各省、市、县的行业行政主管部门组织、管理、监督，而各地、各行业行政主管部门彼此没有联系，没有一个统一的、有权威的、强有力的、比较“超脱”的管理监督机构对各类招投标活动进行有效的监督管理。按现行的职责分工，对于招投标过程中出现违法活动的监督执法，分别由有关行政主管部门负责并受理投标人和其他利害关系人的投诉。也就是说，城建、水利、交通、铁道、民航、信息产业等行业和产业项目的招标投标活动的监督执法，分别由其行政主管部门负责，这实际上是一种同体监督的体制。

我们不能总是做“亡羊补牢”的事情，我们要做“防患于未然”的准备，要从源头抓起。这个源头是什么呢？

《中华人民共和国招投标法》条第十二条规定：“招标人有权自行选择招标代理机构，委托其办理招标事宜。任何单位和个人不得以任何方式为招标人指定招标代理机构。招标人具有编制招标文件和组织评标能力的，可以自行办理招标事宜。任何单位和个人不得强制其委托招标代理机构办理招标事宜。依法必须进行招标的项目，招标人自行办理招标事宜的，应当向有关行政监督部门备案。”这个源头就是：完善的、

具有市场运行环境和运行能力的招投标代理机构，或者是项目管理公司一类的专业的市场运行的公司。没有这样的市场，就导致招标人自行办理招标事宜，而只为有关行政监督部门备案；行政监督部门缺少专业的建设工程管理人员，很难做到过程中有效监督、管理；这种情况在招投标市场中表现得尤为明显。如：在某些地方和行业保护思想严重，公开、公正、公平竞争的招投标市场环境未完全建立，在招标的过程中存在着明显的倾向性，致使一些有实力的企业望而却步，被拒在竞争的行列之外。项目资金没有到位或者资金根本没有落实，手续不全就上项目的现象依然存在，严重违反了基本建设的程序和规律，扰乱了基本建设的市场秩序；招标主体碍于国企领导的颜面，出现打招呼、搞平衡等情况，搞平衡标；投标主体为了中标，采取非法手段买标的、买报价，搞围标报价等。

2. 怎样规避同体监督问题

我们知道，全世界所有国家的体育比赛规则是公平公正的，体育赛事的监督管理体制是比较完善的；体育比赛倡导的是强、快、美。而招投标倡导的是质优、价廉、诚信；共同的特征是以其竞争机制为其本质属性。在体育比赛场上有三个主要角色：裁判员、运动员、运动场，还有运动会管理委员会和赛场上的观众。委员会是制订规则的人，同时也是监督人和仲裁人，裁判员是规则的执行人，运动员是比赛的主体，运动场是保障比赛公平公正的基础平台，运动场上的观众对比赛的公正性和艺术水平做出评判。在这个竞争激烈的比赛场上，每个角色都是非常重要、不可缺少的。招投标人好比运动员、完善的招投标市场和环境就是运动场、监督机构和社会公众好比是裁判员。在运动的比赛中，运动场和运动规则的建立是问题的关键。

在投招标活动中，建立完善的、具有市场运行环境、丰富运行能力的招投标代理机构（或者是项目管理公司一类的专业的市场运行的公司）和招投标规则平台，以及对此平台的监督管理机制的进一步完善，是解决投招标管理和监督问题的源头。

## （二）领导干预或行业垄断决定招投标的现象仍然存在

①大中型水利工程建设的参建各方基本是国企，我们称呼企业的领导为“国企老总”，他们是有很强的组织观念的，是坚决执行“下级服从上级”的楷模。总是有一些“国企老总”“行政领导”们，无视国家法律法规，打招呼、写条子，为个人利益开绿灯。往往投招标的执行者把有些“国企老总”“行政领导”的干预当成“圣旨”，致使个别投招标活动中，为了“圣旨”“个别人”的利益，严重地干扰了投招标活动，“个别人”的不法行为和不法事件又往往被随意放大，所造成的负面影响远远大于事件本身。

②行业垄断是指政府或政府的行业主管部门为保护某特定行业的企业及其经济利益而实施的排斥、限制或妨碍其他行业参与竞争的行为。然而，行业垄断虽然与地区垄断有相似之处，但行业垄断有自身的特点，如果将其归入地区垄断之列，无论在理

论上还是实践上均会显得牵强。行业垄断与地区垄断的区别在于：首先，行业垄断保护的是部门或行业利益，地区垄断保护的是地方利益。其次，行业垄断排斥的是不同部门或行业之间的竞争，甚至包括同一地区不同部门之间的竞争，地区垄断排斥的是不同地区之间生产同类产品的企业之间的竞争；再次，行业垄断的结果是形成行业封锁或部门封锁（即条状封锁），而地区垄断的结果则是导致地区封锁（即块状封锁）；最后,行业垄断的实施者主要是行业的政府主管部门,地区垄断的实施者则主要是政府。

1. 行业垄断的表现形式

①限定他人购买自己的或者指定的其他经营者的商品（包括服务）。其情形是多种多样的。

②以检验商品质量、性能或者以拒绝或拖延提供服务、滥用收费等方式，阻碍他人购买、使用其他经营者提供的符合技术标准要求的其他商品，或者对不接受其不合理条件的用户、消费者拒绝、中断或者削减供应相关商品，迫使他人购买指定的商品。

③一些行业垄断者与行政机关或者公用企业等，相互串通，借助他人的优势地位实施限制竞争行为。

④利用交叉补贴等手段排挤他人的公平竞争。

2. 行业垄断和地区垄断的弊端

①垄断行业职工收入水平增长过快。

②社会福利受损。

一是消费者的利益受到损害，二是影响内需的扩大，三是影响其他产业的发展。我国客观存在流域开发公司对国有流域水资源流域垄断的现实，存在具备水利施工甲级资质、一级资质、特一级资质企业的特定范围招投标的现实。其他行业投标、招标垄断也客观存在。我国加入 WTO 已经多年，国际竞争国内化的态势已十分明朗，竞争也将日趋激烈。自然垄断部门多是国民经济中的基础性、命脉性部门。如果不能在较短的时期内克服自然垄断部门存在的上述问题，最终势必将严重影响到中国经济的国际竞争力。鉴于此，十六大报告及十六届三中全会决定强调要“打破垄断，引入市场竞争”，我们呼吁“公平公正公开竞争”的市场竞争环境的到来。

## 三、关于进度的合同条件规定

### （一）合同的含义

①合同是指平等主体的双方或多方当事人（自然人或法人）关于建立、变更、消灭民事法律关系的协议。此类合同是产生债的一种最为普遍和重要的根据，故又称债权合同。《中华人民共和国合同法》所规定的经济合同，属于债权合同的范围。合同有时也泛指发生一定权利、义务的协议，又称契约。

②合同是双方的法律行为。即需要两个或两个以上的当事人互为意思表示（将能够发生民事法律效果的意思表现于外部的行为）。双方当事人意思表示须达成协议，即意思表示要一致。合同是以发生、变更、终止民事法律关系为目的。合同是当事人在符合法律规范要求条件下，而达成的协议，故应为合法行为。合同一经成立即具有法律效力，在双方当事人之间就发生了权利、义务关系；或者使原有的民事法律关系发生变更或消灭。当事人一方或双方未按合同履行义务，就要依照合同或法律承担违约责任。

## （二）国内水利工程施工合同关于进度管理的合同条款约定与完善（未注明的均为专用条款）

在国内水利建设过程中，业主、设计、监理、政府、承包人都在强调：百年大计、质量第一，安全第一、预防为主，把质量和安全放在工程建设的首位；这样的理念和实际的做法是企业发展的生命，指导着质量和安全的工作。我们在这里重点叙述的是“进度”，在工作中，我们常说：不能以牺牲质量、牺牲安全为代价去盲目地追求进度，进度是可以抢回来的，失去了质量和安全就等于失去了企业发展的生命。很多项目就是在拼抢进度的时候，忽视了安全，酿成了安全事故，终生遗憾，为此付出失去生命、人身自由的沉重代价；还有很多项目在拼抢进度的时候，不再重视质量，采取偷工减料、以次充好、以假代真、降低质量标准等各种办法，结果可想而知。

造成这样结果的原因有很多，有利益驱使、野蛮施工、树碑立传、歌功颂德等，但是赶工期、抢进度、大干快上是其中一个重要的原因。时常可以看到施工工地挂着这样的标语横幅：“大干100天、实现年底生产目标”“努力拼抢、完成度汛目标”“精心组织、努力拼搏、实现大坝浇筑目标”等；实现年度目标靠的是精心的计划、科学的管理、严谨的工作、实事求是的态度。综合管理、均衡生产，向管理要综合效益，实现质量、安全、效益、进度共赢，是我们每一个管理者要思考和努力的大事。在众多水利工程建设合同中，对工程进度的控制的规定不尽相同，我们将在后续的论述中对工程建设进度管理合同条款的内容予以完善和调整，使之在指导和进度管理上更趋合理。

### 1. 合同进度计划

通用条款约定（专用条款：执行通用条款）：承包人应按《技术条款》规定的内容和期限以及监理人指示，编制施工总进度计划报送监理人审批。监理人应在本合同《技术条款》规定的期限内批复承包人。经监理人批准的施工总进度计划（称为合同进度计划），作为控制本工程合同工程进度的依据，并根据次编制年及合约进度计划报送监理人审批。在施工总进度计划批准前，应按签订协议书时商定的进度计划和监理人的指示，控制工程进展。

2. 修订进度计划

①通用条款。

不论何种原因发生工程的实际进度与条款所述的合同进度不符时，承包人应按监理人的指示在 28 天内提交一份修订进度计划报送监理人审批，监理人应在收到该计划后的 28 天内批复承包商。批准后的修订进度计划作为合同进度计划的补充文件。

不论何种原因造成施工进度计划拖后，承包人均应按监理人的指示，采取有效的措施赶上进度。承包人应在向监理人报送修订进度计划的同时，编制一份赶工措施报告报送监理人审批，赶工措施应以保证工程按期完工为前提，调整和修改进度计划。

②专用条款。

修订后：不论何种原因发生工程的实际进度与条款所述的合同进度不符时，承包人应按监理人的指示在 7 天内提交一份修订进度计划报送监理人审批，监理人应在收到该计划后的 7 天内批复承包商。批准后的修订进度计划作为合同进度计划的补充文件。

说明：专用条款对通用条款进行修订，主要修订是对承包商上报时间和监理人批复时间的修订，即 28 天改为 1 天，这种修订更加强调工期的重要性和紧迫性。

3. 工期延误

发包人工期延误（通用条款）：

在施工过程中发生下列情况之一，使关键项目的施工进度计划拖后而造成工期延误时，承包人可要求发包人延长合同规定的工期。

①增加合同中任何一项的工作内容。

②增加合同中关键项目的工程量超过 15%。

③增加额外的工程项目。

④改变合同中任何一项工作的标准或特性。

⑤各本合同中涉及的由发包人引起的工期延误。

⑥异常恶劣的气候条件。非承包商原因造成的任何干扰或阻碍。

若发生上面条款所列的事件时，承包人应立即通知法发包人监理人，并在发出该通知后的 28 天，向监理人提交一份细节报告，详细说明发生该事件的情节和对工期的影响程度，并按“修订进度计划条款”的规定修订进度计划和编制赶工措施报告报送监理人审批。若发包人要求修订的进度计划应保证工程按期完工，则应由发包人承担由于采取赶工措施所增加的费用。

若事件的持续时间较长或影响工期较长，当承包人采取了赶工措施而无法实现工程按期完工时，除应按以上 2 项规定的程序办理外，承包人应在事件结束的 14 天内，提交一份补充细节报告，详细说明要求延长工期的理由，并修订季度计划。此时发包人除按上述 2 项规定承担赶工费用外，还应按以下第 3 款规定的程序批准给予承包人延长工期的合理天数。

监理人应及时调查核实上述第 2 项和 3 项中承包人提交的细节报告和补充细节报告，并在修订进度计划的同时，与发包人和承包人协商确定延长工期的合理天数和补偿的合理额度，并通知承包人。

承包人要求延长的处理：

若发生 1 款所列的事件时，承包人应立即通知法定发包人和监理人，并在发出该通知后的 14 天，向监理人提交一份细节报告，详细说明发生该事件的情节和对工期的影响程度，并按“修订进度计划条款”的规定，修订进度计划和编制赶工措施报告报送监理人审批。若发包人要求修订的进度计划应保证工程按期完工，则应由发包人承担由于采取赶工措施所增加的费用。

说明: 发包人一般情况下是强势方，对强势方的合同约束要放在合同相应部位之前，以显示合同双方的公平地位。

承包人的工期延误：

由于承包人原因未能按合同进度计划完成预定工作的，承包人应按“修订计划条款”的规定采取赶工措施赶上进度。若采取赶工措施后，仍未能按合同规定的完工日期完工，承包人除自行承担采取赶工措施所增加的费用外，还应支付逾期完工违约金。逾期完工违约金额规定在专用条款中。若承包人的工期延误构成违约时，应按承包人违约规定办理。

承包人未能按合同规定的项目完工时间完成施工，则应按本款规定向业主支付逾期完工违约金。

说明：在国内的水电建设中，政府、业主、设计、监理、承包商组成的“五位一体”中，处于弱势方地位的是承包商，这是不争的事实；在工期延误的条款中，发包人工期延误的界定比较全面，并且把因发包人工期延误造成的“赶工”实现合同目标的费用和“赶工”后无法实现合同目标费用的处理约定的要尽可能地详尽和全面；在专用条款中把处理时间缩短为 14 天，这样做，是为了更好地使合同有利于处于弱势方的承包商，加快处理进程，减少工程建设的损失。

但是，在承包人的工期延误的合同约定中，体现的是专用条款的“承包人未能按合同规定的项目完工时间完成施工，则应按本款规定向业主支付逾期完工违约金。”，这个预期违约金的累计额度不超过合同价格的 10%，这个处罚的约定也必须相近和全面，利于过程中操作。

水电建设工期有其特殊的一方面，一旦控制工期不能按期完工，将会导致工程推迟一年；比如：水电工程的导流、截流项目，下闸蓄水项目等，必须要在实现汛期到来前实现计划度汛目标、拦蓄最后一场洪水的目标。我们不妨来算一笔账，以五亿元人民币的合同价格为例：一旦因承包人延误工期，导致所有要求完工的项目滞后一年工期，按违约金表计算，承包人应受到预期违约金罚款。罚款额达 8395 万元，按照预期违约金不超过合同价格 10% 的处罚金额达 5 千万元。这样的处罚结果，在目前的国内水电施工企业中执行的可能性虽然很小，几乎不可能执行。但是，这样的条款是足以对承包人产生威慑作用的。

4. 承包人违约

发生下列行为之一者属承包人违约。在本合同时实施过程中，发生承包人违约事件，承包人应按本合同规定向业主支付违约金。

①承包人无正当理由未按开工通知的要求及时组织施工和未按签订协议书时商定的进度计划有效地开展施工准备，造成工期延误的，违约金按“逾期违约金表”的规定办理。

②承包人违反合同“承包人不得将其承包的工程以任何形式分包或转让出去，承包人确定要进行专业分包的，必须经监理人和业主同意”条款的规定，私自将工程或工程的一部分分包出去的，取消分包并处以分包工程合同金额 5% 罚金。

③未经监理人和业主批准，承包人私自将已按合同规定进入工地的工程设备、施工设备（包括业主提供的施工设备）撤离工地的，违约金为每台 5 万元。

④承包人违反“不合格的工程、材料和工程设备的处理”条款规定：使用了不合格的材料或工程设备，并拒绝按监理工程师要求处理不合格的工程、材料或工程设备的，违约金为所使用材料或工程设备价值的 2 ~ 3 倍。

⑤由于承包人原因拒绝按合同进度计划及时完成合同规定的工程，而又未按“承包人工期延误”条款规定，采取有效措施赶上进度，造成工期延误的，违约金按“预期违约金表”的规定办理。

⑥承包人在保修期内拒绝按“工程保修期”的规定和工程移交证书中所列的缺陷清单内容进行修复，或经监理人检验认为修复质量不合格而承包人拒绝再进行修补时，业主将扣留质保金，并从保留金中支取款项修复缺陷。修复缺陷所需的金额超过保留金时，业主将向承包人追索超额部分。

⑦承包人否认合同有效或拒绝履行合同规定的承包人义务，或由于法律、财务等原因导致承包人无法履行或实质上已停止履行本合同的义务，业主可解除合同，并没收履约保证金。业主将依法向承包人追索其合同责任。

⑧承包人未按其投标承诺按期调遣主要施工设备及主要人员（项目经理、项目总工、地质专业负责人、安全工程师、施工安全检测技术负责人、总质检工程师和其他主要专业技术人员等）进场，或进场的施工设备不能满足工程质量和进度要求。发生本项所述的违约，承包人应支付相应的违约金。

⑨未经业主和监理人同意，更换项目经理或项目总工的，违约金为50万元/人次。

⑩承包人项目经理或项目总工未经业主或监理人同意擅自离开工地的，违约金为1万元/天。

⑪承包人违反合同有关水保环保的规定弃渣或排放施工废水废浆等。违约金：弃渣5万元/车次；排放施工废水废浆：5万元/次。承包人发生本项规定的违约行为后，应按监理人的指令在规定的时间内对弃渣和排放施工废水废浆进行清除，否则，业主有权委托其他承包人实施清理工作，费用由承包人承担。

⑫地下工程开挖施工中通风散烟不满足合同中有关环境保护的要求。违约金：2万元/次（此项违约金不包括政府环保部门对承包人作出的罚款处罚的金额）。

⑬当项目不能满足合同工期要求，并且经业主、监理人判断工程存在潜在的重大节点不能实现的情况下，业主、监理人将要求承包人第一责任人到施工现场开展工作，在规定的时间承包人第一责任人不能到位开展工作。违约金：50万元/人次。

⑭承包人拒不执行监理人“关键线路工期滞后增加资源”的指令。违约金：5万元/次。

上述违约金从当月的工程结算款中扣除。

5. **对承包人违约发出警告的合同条款**

①承包人发生4款及其他规定的违约行为时，监理人应及时向承包人发出书面警告，限令其在收到书面警告后7天内予以改正。承包人应立即采取有效措施认真改正，并尽可能挽回由于违约造成的延误和损失。由于承包人采取改正措施所增加的费用，应由承包人承担。

②承包人的主要施工设备不能按其承诺及时进场，或所进场的施工设备不能满足工程质量和进度要求时，业主有权从承包人的履约保函中提取款项购买或租赁工程所需的施工设备供承包人使用，所需费用由承包人承担。

③承包人在收到书面警告后7天仍不采取有效措施改正其违约行为，继续延误工期或严重影响工程质量，甚至危及工程安全，监理人可暂停支付工程价款，并按“监理人停工指示的工作程序”的相关规定暂停其工程或部分工程施工，责令其停工整顿，并限令承包人在7天内提交整改报告报监理人。费用由承包人承担。

④发生以上情况，业主或监理人立即将书面警告抄送承包人法人，承包人法人必须在7天内予以书面答复。

⑤监理人发出停工整改通知7天后，承包人继续无视监理人的指示，仍不提交整改报告，亦不采取整改措施，则业主可通知承包人解除合同。业主发出通知7天后派员进驻工地直接接管工程，使用承包商设备、临时施工材料，另行组织人员或委托其他承包人施工，但业主的这一行动不免除承包人按合同规定应负的责任。

⑥承包人主要施工设备或人员不能及时进场或不能满足施工质量或施工进度要求时，业主有权解除合同，并要求承包商立即退场。业主派员进驻工地直接接管工程，使用承包人设备、临时工程和材料，另行组织人员或委托其他承包人施工，但业主的这一行动不免除承包人按合同应负的责任。

⑦承包人在组织施工的过程中，严格按照年度、季度编制月进度计划，并将月进度计划分解成周计划、日计划；严格按照计划组织生产资源；严格执行月计划、周计划；当月无特殊情况，月计划实际完成产值、形象比例低于计划的80%，业主对承包人项目经理处罚5000元/月，连续三个月实际月产值或形象低于月计划的80%，业主将责成项目经理退场，承包人必须无条件地另选项目经理接任。新任项目经理必须在业主要求退场之日起7天内进场，新任项目经理的月计划考核时间从其进场的第三个结算月起计。

⑧承包人未完成月计划，业主将未完成计划部分产值的5%的金额在结算时扣减，并将此费用纳入对承包人奖励的综合奖励基金。同时强调：合同中的其他罚款一并进入综合奖励基金。

说明：条款⑦主要是对项目进度情况的约定，项目经理是工程项目管理的关键，虽然在进度不能满足时，对项目经理的处罚有些严厉，但对工程的管理是有益的，还可以适当增加工程进度最终结果满足合同要求的状况下的奖励措施。条款⑧主要是对处罚金额使用的约定，一定要把每个标段的处罚金额用于项目的综合奖励上，综合奖励的范围应该是以整个建设工程项目的目标为奖励对象。

6. **发包人违约**

①在履约合同过程中，发包人发生下述行为之一者属发包人违约：

发包人未能按合同规定的内容和时间提供施工用地、测量基准和应有发包人负责的部分准备工程等承包人施工所需的条件。

发包人未能按合同规定的期限向承包人提供应有发包人负责的施工图纸。

发包人未能按合同规定的时间支付各项预付款或合同价款，或拖延、拒绝批准付款申请和支付凭证，导致付款延误。

由于法律、财务等原因导致发包人已无法继续履行或实质上已停止履行本合同的义务。

②承包人有权暂停施工。

若发生第（6）款①中前两项违约时，承包人应及时向发包人和监理人发出通知，要求发包人采取有效措施限期提供上述条件和图纸，并要求延长工期和补偿费用。监理人收到承包人通知后，应立即与发包人和承包人共同协商补救办法。费用和工期延误责任，由发包人承担。

发包人收到承包人通知后的28天内未采取措施改正，则承包人有权暂停施工，并通知发包人和监理人。费用和工期延误责任，由发包人承担。

若发生第（6）款①中第三项的违约时，发包人应按规定加付逾期付款违约金，逾期28天仍不支付，则承包人有权暂停施工，并通知发包人和监理人。费用和工期延误责任，由发包人承担。

③发包人违约解除合同。

若发生第（6）款①中后两项的违约时，承包人已经按（6）款②中的规定发出通知，并采取了暂停施工的行动后，发包人仍不采取有效措施纠正其违约行为，承包人有权向发包人提出解除合同的要求，并抄送监理人。发包人在收到承包人书面要求后的28天内不答复承包人，则承包人有权立即采取行动解除合同。

说明：这一条款的约定主要是对发包人的约束，同时强调违约情况下承包人采取暂停施工的合法性，解除合同后的经济赔偿和工程已经施工部分的付款问题在其他条款中会有明确的约定。

## 四、监理人在施工合同中的条款

### （一）监理人和监理工程师

工程项目建设监理是监理单位受项目法人委托，依据国家批准的工程项目建设文件、有关工程建设法律、法规和工程建设监理合同及其他工程建设合同，对工程建设实施监督管理；总监理工程师受监理单位委托，代表监理单位对工程项目监理的实施和管理全面负责，行使合同赋予监理单位的权限，对工程项目监理的综合质量全面负责；并授权监理工程师负责某子项目监理工作。

### （二）国内工程建设项目施工合同中对监理人责任和权限的专用条款

在这些权限中，我们把众多的权限名称（审核权、评审权、核查权、审查权）共同用“评审权”予以替代，共同的表述为：调查核实并评定正确与否。以便于合同各方更加完整地理解和解释监理人的权限定义。

1.在施工合同实施中，业主赋予监理人以下权限：

①对业主选择施工单位、供货单位、项目经理、总工程师的建议权。

②工程实施的设计文件（包括由设计单位和承包人提供的设计）的评审权，只有经过监理人加盖公章的图纸及设计文件才能成为承包商有效的施工依据。

③对施工分包人资质和能力的评审权。

④就施工中有关事宜向业主提出优化的建议权。

⑤对承包人递交的施工组织设计、施工措施、计划和技术方案的评审权。

⑥对施工承包人的现场协调权。

⑦按合同规定发布开工令、停工令、返工令和复工令。

⑧工程中使用的主要工艺、材料、设备和施工质量的检验权和确认权、质量否决权。

⑨对承包人安全生产与施工环境保护的检查、监督权。

⑩对承包人施工进度的检查、监督权。

⑪根据施工合同的约定，行使工程量计量和工程价款支付凭证的评审和签证权。

⑫根据合同约定，对承包人实际投入的施工设备有审核和监督权。

⑬根据施工合同约定，对承包人实际投入的各类人员（项目经理、项目总工、主要技术和管理人员、检测、监测、施工安全监督及质检人员等）的执业能力有评审权。

⑭危及安全的紧急处置权。

⑮对竣工文件、资料、图纸的评审权。

⑯对影响到设计及工程质量、进度中的技术问题，有权向设计单位提出建议，并向业主作出书面报告。

⑰监理人收到业主或承包人的任何意见和要求（包括索赔），应及时核实并评价，再与双方协商。当业主和承包人发生争议时，监理人应根据职能，以独立的身份判断，公正地进行调节，并在规定的期限内提出书面评审建议。当双方的争议由合同规定的调解或仲裁机关仲裁时，应当提供所需的事实材料。

**2. 监理人在行使下列权利时，必须得到业主的书面批准或认可**

①未经业主同意，承包人不得将其承包的工程以任何形式分包出去。对于合同工程中专业性强的工作，承包人可以选择有相应资质的专业承包人承担。无论在投标时或在合同实施过程中，承包人确定要进行专业分包的，必须经监理人和业主同意，并应将承担分包工作分包人的资质、已完成的类似工程业绩等资料（投标时应随同资格审核资料一起）提交监理人和业主评审。经监理人和业主同意的分包，承包人应对其分包出去的工程以及分包人的任何工作和行为负全部责任。分包人应就其完成的工作成果向业主承担连带责任。承包人应向监理人和业主提交副本合同副本。

承担合同压力钢管制造的分包人应具有政府主管部门核发的大型压力钢管生产许可证。除合同另有规定外，承包人采购符合合同规定标准的材料不要求承包人征得监理和业主同意。承包人应将所有劳务分包合同的副本提交监理人和业主备案。对于专业性很强的工作，必要时业主有权要求承包人选择专业分包人。因实施专业分包工作引起的费用变化和风险由承包人承担。

②发生“工期延误”条款规定的情况，需要确定延长完工期限。

③发生“工程变更”条款规定的情况，需要做出工程变更决定。

④发生“备用金”条款规定的情况，需要办理备用金支付签证。

⑤作出影响工期、质量、合同价格等其他重大决定。

在现场监理过程中，如果监理人发现危及生命、工程或毗邻的财产等安全的紧急事件时，在不免除合同规定的承包人责任的情况下，监理人应立即指示承包人实施消除或减少这种危险所必须进行的工作，即使没有业主的事先批准，承包人也应立即遵照执行。实施上述工作涉及工程变更的，应按合同有关“变更”的规定办理。监理人无权免除或变更合同中规定的业主或承包人的义务、责任和权利。

## 五、及时处理工程变更、正确面对合同变更

变更分为工程变更和合同变更，工程变更主要是指在合同履约过程中，原合同清单工程量的增减、多少的变化，由于“设计文件”引起的不改变合同计价原则的新增项目价格（合同清单中没有）的变化；合同变更是由于合同边界条件发生重大变化，变化引起的费用已经是合同约定不能解决的,需要合同双方共同协商,共同约定的变化。

### （一）及时处理工程变更

1. 工程变更

在工程项目实施过程中，按照合同约定的程序对部分或全部工程在材料、工艺、功能、构造、尺寸、技术指标、工程数量及施工方法等方面做出的改变。工程变更的表现形式：更改工程有关部分的标高、基线、位置和尺寸；增减合同中约定的工程量；增减合同中约定的工程内容；改变工程质量、性质或工程类型；改变有关工程的施工顺序和时间安排；为使工程竣工而必需实施的任何种类的附加工作。

工程变更在合同中均有相应的约定，通用条款、专用条款的约定均是合同双方容易理解和执行的，其处理程序易于操作；但是往往变更处理的时效得不到很好的落实和执行，直接的结果就是承包人的变更费用无法支付，积少成多，易造成承包人资金垫付，资金运转困难，还可能出现业主资金计划滞后，给工程进度带来不必要的掣肘。能否及时地处理和支付工程变更费用，是工程建设中要引起重视的一个问题。在众多合同变更的条款中，为保证工程变更处理的更加及时，在专用条款约定中应增加如下内容：

①承包人向监理人提出书面变更请求报告 14 天内，监理人必须对承包人的变更申请予以确认：若同意变更，应按合同规定下发变更指令；若不同意变更，也应在上述期限内答复承包人。若监理人未在 14 天内答复承包人，则视为监理人已经同意承保人提出的作为变更的要求。承包人应向监理人提交一份变更报价书，监理人应在变更已经成立的基础上 28 天内对变更报价进行审核后做出变更决定，并通知承包人。

②承包人在收到监理人下发的变更指令或监理人发出的图纸和文件后，28 天内不

向监理人提交变更报价书，则认为承包人主动放弃变更权利。同时，承包人必须按监理人的指令内容或已发出的图纸和文件完成施工任务。

③发包人和承包人未对监理人的决定取得一致意见，则监理人可暂定他认为合适的价格和需要调整的工期，并将其暂定的变更处理意见通知发包人和承包人，此时承包人应遵照执行。对已实施的变更，监理人可将暂定的变更费用列入合同在规定的月进度付款中。若双方未执行，也未提请争议协调组评审，则监理人的暂定变更决定即为最终决定。

2. **正确面对合同变更**

合同变更是合同关系的局部变化（如标的数量的增减、价款的变化、履行时间、地点、方式的变化），而不是合同性质的变化（如买卖变为赠与，合同关系失去了同一性，此为合同的更新或更改）。《合同法》第 77 条第 1 款规定：当事人协商一致，可以变更合同。合同变更通常是当事人合意的结果。此外，合同也可能基于法律规定或法院裁决而变更，一方当事人可以请求人民法院或者仲裁机关，对重大误解或显失公平的合同予以变更。

### （二）案例

某电站高线公路施工由甲承包人施工，高线公路下方导流洞出口施工由乙承包人施工，两个项目为一家监理人监理；在甲承包人施工高线公路过程中，乙承包人开始进行导流洞施工，放线后得知：导流洞边坡开挖开口线将高线公路边坡开口线包括业主随即将此边坡的开挖划入乙承包人施工合同。乙承包人在边坡开挖过程中因边坡地质原因，边坡发生塌方，于是设计根据地质情况对边坡设计进行了优化，经优化的导流洞边坡开口线调整至高线公路路基以下。业主于是又将高线公路路基以上的开挖划入甲承包人施工合同。

此时正值汛期，高线公路路基以上的塌方仍在继续，高线路基以上的边坡开口线已经超出了导流洞边坡开口线。为了保证导流洞工程正常施工，高线公路路基以上的塌方开挖处理被业主和监理列为“汛期抢险项目”，并成立相应组织机构和编制抢险施工方案及各种应急预案；承包人再接受塌方段施工时曾经有过“对该塌方范围施工进行合同变更的申请口头表示”，但因种种利害关系，一直未提出书面合同变更申请，直至塌方部位抢险结束一个月后，才提出合同变更申请。

施工合同专用条款规定：在合同实施期间，业主或承包人认为需要对合同进行变更时，应当向另一方发出书面的合同变更的意向说明变更的事由和需要变更的内容，经业主和承包人就变更的内容进行协商达成一致后，双方签订合同变更协议。

在工程施工的 8 个月中，监理人就已经针对“合同变更”问题向合同双方进行了协调，监理人在协调没有结果的情况下，按工程变更下发了工程变更指令，并将其暂定的变更处理意见通知发包人和承包人，对已实施的变更，监理人将暂定的变更费用列入月进度款中进行了支付。有效地保证了承包人施工期间的资金，并且最大限度地减少了工程的安全风险。

但是，事情还没结束，工程结束后，承包人对已经支付的暂定结算费用约4500万元存在较大的意见分歧，承包人在分析成本后，提出了约10000万元的合同变更的费用申请。至此，我们再来看合同变更的专用条款，为避免事后算账的被动，合同的专用合同条款应该补充如下内容：

①在本合同实施过程中，发生业主或承包人任何一方认为需要对合同进行变更时，合同双方必须对任何一方的合同变更意向进行协商，并要达成一致；如不能达成一致，则合同任何一方有权选择不再合作的意向，不同意见范围的工程内容解除合同，业主另行选择承包人施工。

②在本合同实施过程中，业主或承包人任何一方在项目实施28天内未提出书面的“合同变更的意向书”，则认为永久放弃“合同变更意向和要求”。

③在本合同执行过程中，业主或承包人就变更的内容进行协商，不能达成一致意见，任何一方提请争议协调组评审时，监理人要向评审组提出公正的、独立的监理人意见。

④在本合同实施过程中，业主或承包人任何一方在项目实施28天内提出书面的“合同变更的意向书”，但是另一方未做答复，则视为同意一方提出的“合同变更意向和要求”。

# 第四节　水利工程建设诚信体系管理

## 一、企业诚信的现状

企业诚信建设是建立社会信用体系的重要内容，也是企业参与构建社会主义和谐社会的着力点之一。经过不断的努力，我国企业诚信管理水平有了较大提高，有力地支持了社会信用体系的建立和社会主义市场经济体制的完善。诚信已经成为工程建设管理的奠基石。

### （一）我国企业诚信建设现状

从企业实践层面来看，我国在企业诚信和信用管理方面都取得积极进展。主要表现在以下几个方面：

1. 企业不断重视诚信建设，创新诚信管理模式

企业诚信管理已经突破了单纯的道德规范的范畴，不断转变为企业新的管理职能，

成为企业发展战略的重要内容。许多企业开始制定诚信建设目标，建立诚信管理体系。中国企联的调查显示，83% 的企业已经或正在制定企业员工的诚信行为准则；64% 的企业有明确的诚信建设目标。信用评级、信用评估、道德准则制订、社会责任报告等，都不同程度被纳入企业诚信管理目标。72% 的企业设立了兼职的或专门诚信管理部门，负责部门通常为行政部、财务部、战略规划部、企划部和公共关系部等。例如，宝钢集团建立了诚信体系建设委员会，对员工诚信建设工作进行管理指导，通过制订诚信体系建设纲要，员工诚信守则，诚信教育管理、诚信承诺管理、诚信评价管理等一系列诚信管理制度，推动公司的诚信建设工作。

2. 企业信用风险防范制度逐步健全

中国企联的调查显示，75% 的企业对商业伙伴进行信用管理，主要方式有：信用评级、建立档案、评估和计算机数据库等。企业获得商业伙伴的信息渠道分布为：通过银行或金融机构的占 75%，通过行业协会的占 69%，通过行业内企业交流获取信息的占 66%。企业重视对商业伙伴信用进行监控和管理，说明企业信用管理的普及程度有了较大提高，企业通过多种途径了解和获取相关信用信息，信用管理的基础工作得到加强。

3. 企业重视职业道德管理，积极履行社会责任

调查显示，85% 的企业对员工有明确的职业道德要求，并与企业的奖惩制度挂钩。73% 的企业制订了职业道德规范类管理文件，涉及股东、员工、消费者、商业伙伴、行业、社会、政府等利益相关方。职业道德管理主要通过教育、培训、激励和约束等方式得以落实，一些企业还引入道德监察官制度，建立了利益冲突解决和道德问题处理机制。96% 的被调查企业重视社会责任的履行，87% 的企业认为履行社会责任是经济发展和社会进步的必然要求。这表明，社会责任已经被广大企业所接受并认识，大多数企业愿意通过履行社会责任树立良好的企业形象。

4. 企业诚信建设外部环境明显改善

近年来，各部门、各地方积极建立社会信用体系，企业诚信建设环境得到了较大改善，失信行为得到有效遏制。主要表现在：

①国家不断加强建立健全社会信用体系，社会信用法治环境不断完善。

②各级政府有关部门共同推进社会信用体系建设。

③信用服务行业逐步发展，信用需求日渐增加。行业协会和社团组织成为推动企业诚信建设的重要力量。

调查显示，59% 的被调查企业在银行、企业信用评价中心等机构进行了信用评级，通过银行或金融机构获取商业信用信息的被调查企业达到 75%，通过行业协会等中介组织的达到 69%。

## （二）我国企业诚信建设领域存在的主要问题

从提出建立社会信用体系以来，我国企业诚信建设有了明显的进展，但企业诚信建设现状还不能完全适应社会主义市场经济体制改革、经济全球化发展的要求，还存在一些问题和不足。当前，我国企业诚信建设存在的主要问题表现在以下四个方面：

### 1. 经济领域中信用缺失现象还比较突出

中国企联的调查显示，企业受到多种失信行为的困扰，主要包括拖欠款、违约、侵权、虚假信息、假冒伪劣产品、质量欺诈等。在企业遇到的失信现象中，被拖欠款所困扰的企业占被调查企业总数的 80%，违约的占 71%，侵权的占 47%，虚假信息的占 31%，假冒伪劣产品的占 28%，质量欺诈的占 13%。

### 2. 企业重大失信事件时有发生

近年来，我国由企业失信引发的重大事件呈现多发趋势。2006 年，比较突出，总体来说，数量比较多、范围比较广、解决比较难。据不完全统计，2006 年发生影响较大的企业诚信危机达到 390 多起，其中最受社会关注的危机有十多起。在某些行业，诚信危机呈现出多环节和多企业的特点。在某公司的制假案中，产品生产的供应、采购、进厂、生产、出厂等多个环节全都出现了诚信问题，生产和供求两方面企业均出现诚信问题。市场交易各个环节的失信和同业内企业群体失信造成了一些地区、一些行业的诚信水平有所下滑。

### 3. 我国企业诚信管理总体处于初级阶段

目前，国内只有少数企业建立了较完善的信用管理制度。虽然很多企业已经把诚信作为重要的战略事宜加以考虑，但从总体来看，企业诚信管理水平还处于初级阶段，主要原因是：

①企业诚信管理的人员和资源相对匮乏。我国信用管理专业人才的培养近年才开始，企业信用管理人员严重不足，87% 的企业感到缺少专业的诚信管理人员。

②企业诚信管理的组织结构、职责、程序和资源得不到落实，诚信管理体系不能形成。与跨国企业相比，我国企业诚信管理系统化、专业化水平较低。企业诚信总体水平滞后于市场经济的发展，信用管理不完善，管理绩效较低，道德管理滞后。

### 4. 企业诚信建设缺乏统一引导，企业诚信管理服务相对滞后

我国缺少在诚信管理方面的标准和应用，企业诚信管理体系的建立还在探索之中。在对是否有必要制订统一的企业诚信建设评价体系的调查结果中显示，66% 的企业认为很有必要，31% 的企业认为有必要，只有 3% 的企业认为无所谓。

企业对信用知识教育培训力度不够，信用文化建设薄弱，信用服务市场发育不够、需求不足，供给和需求存在结构性矛盾等。在对企业诚信需求调查中显示，69% 的被

调查企业继续了解客户的资信状况，47% 的企业急需了解企业信用风险控制的整体管理流程和业务控制环节的信息，22% 的企业愿意了解国内外先进企业的成功管理经验，19% 的企业愿意了解专业化的管理应收账款知识。这说明，在企业诚信管理服务领域还有许多工作要做。

## 二、加强法制、推动诚信建设

企业诚信建设是一项长期的、复杂的社会工程。随着更多的企业参与国际竞争，企业诚信建设已经成为影响我国的国际形象、影响对外开放进程的重要而紧迫的课题，需要社会各方面的共同努力来解决。当务之急应从以下几个方面推进我国企业诚信建设，具体建议的对策如下：

### （一）加强社会信用体系建设，完善相关立法

社会信用体系是市场经济体制中的重要制度安排。应加快建立与我国经济社会发展水平相适应的社会信用体系基本框架和运行机制。应参照其他国家有关信用立法的经验，结合我国信用立法的现实情况，一是修改或完善现行的相关法律法规；二是尽快起草企业诚信分类管理、数据征集及处理等相关法规。

### （二）推动政府诚信建设，加强政府管理和引导职能

要深化经济体制和行政管理体制改革，切实转变政府职能，加强政府的诚信建设，使政府成为全社会诚信的表率；要建立和完善社会诚信制度，协助建立失信约束和惩罚机制并监督行业规范发展；要加强全社会的诚信教育，形成社会共识和社会内聚力，形成社会成员诚信行为的良性预期和恪守诚信的社会氛围。

### （三）充分发挥商会和协会的作用，构建企业诚信建设指导和服务体系

行业信用建设是社会信用体系建设的重要组成部分，应充分发挥商会、协会的作用，促进行业信用建设和行业守信自律。目前，我国企业正处于诚信建设初期，诚信建设是市场经济体制下的新事物。随着经济体制改革的深化和政府职能的转变，商会协会作为联系政府和企业自律性服务组织，在经济和社会生活中的作用越来越重要。与此同时，开展行业信用建设也是商会协会履行自身职责的客观要求，有利于加强行业管理，提高行业自律水平，规范行业竞争秩序，维护行业利益和促进行业发展。近两年来，全国整规办、国务院国资委开展的商会、协会行业信用评价试点工作就是一项开创性的积极探索。

为更好地推动行业自律，更好地服务会员企业，企联高度重视企业诚信建设工作。早在 2002 年，通过广泛征求企业的意见，制订并发布了《企业诚信经营自律守则》，促进企业诚信经营。2006 年，又发布了《企业诚信自律倡议书》和《中国企业诚信状

况调研报告》，得到社会各方面的认可，在企业中产生了广泛影响。2019 年初，中国企联被全国整规办、国务院国资委批准成为国内首批行业信用试点单位。行业信用评价工作的深入开展将有利于推动行业自律，保障行业健康发展，为全面推动我国社会信用体系建设提供重要保障。

## （四）全面推进现代企业诚信管理体系建设

作为市场经济的主体，企业是诚信经营的实践者。在市场经济中，保持企业的健康和谐发展，一方面，企业的经营要有法律和制度的约束；另一方面，企业要加强自律，建立诚信文化，企业要将诚信作为自己的价值观，指导企业的管理实践，企业要考虑追求利益的行为方式，取信股东和员工，取信外部利益群体，如顾客、商业合作伙伴、相关政府部门等。

### 1. 树立现代市场经济体制的诚信观

①从构建社会主义和谐社会的高度认识企业诚信建设。

加强诚信建设是企业实践科学发展观的出发点，是企业增强自主创新能力的增长点，是企业加快建设社会信用体系的支撑点。

②继承和发展优秀传统诚信思想。

我国传统诚信思想与商业信用之间既有相似的特点，又有符合现代市场规律的一面。要继承和发展优秀的传统诚信思想，服务于企业诚信建设。

③不断深化对诚信理念的认识。

在经济全球化背景下，新经济伦理运动、企业社会责任运动对企业诚信建设产生了积极影响，企业诚信管理理念也形成了三个递进的层面，包括生产经营、生产要素、社会和环境。因此，在推动企业诚信建设过程中，应兼顾信用管理、职业道德管理和社会责任履行。

### 2. 建立现代企业的诚信管理制度

紧密结合建立社会信用体系的需要，从管理入手，管理要诚信。

①按照现代企业制度要求，实施信用管理。

积极推进各项信用管理制度建设。主要包括：建立客户资信管理制度；建立内部授信制度；建立债权保障制度；建立应收账款管理制度，实施有效商账追收；建立合约管理制度，提高合同履约率等。

②建设新经济伦理，推进职业道德管理。

经济伦理指的是直接调节和规范人们从事经济活动的伦理原则和道德规范，和人们的经济活动紧密地结合在一起，并内在于人们经济活动中的伦理道德规范。新经济伦理就是在新的全球化市场经济条件下的行为规范、伦理原则和道德规范。倡导制订职业道德行为准则；建立有效的利益冲突处理机制和道德问题解决机制；进行持久、全面的职业道德教育。明确对企业利益相关各方的责任和职责，包括：对顾客和用户提供优质的产品和服务；对员工尽到应有的责任；对股东、投资人进行客观严谨的信息沟通；对行业及业务伙伴保持平等、正当的竞争行为；不断推进企业内部反商业贿赂制度建设。

③适应全球企业发展趋势，履行企业社会责任。

倡导企业发布社会责任报告，注重履行社会责任的内容和影响，力争达到表里如一。社会责任内容应包括：改善维护职工权益、保护资源环境、促进社区发展、消除贫困以及其他公益事业等。

3. 进一步完善市场竞争机制

通过行业的市场竞争，逐渐淘汰无诚信企业。要形成良好的竞争氛围，就必须建立一个完善的竞争市场；国内水利建设基本上在大中型项目上处于垄断经营或流域垄断经营，几家大的开发公司已经把流域开发范围划定，要想在大的流域开发上在形成竞争市场已经不太可能。但小水电的开发还远远没有完成，小型水电开发的投资、设计、施工的市场前景仍然非常广阔，希望能在这一领域进一步完善投资、设计、施工的竞争机制，创造良好的竞争市场。

全面推进企业诚信建设是要让企业做到“五信”：即想诚信、会诚信、用诚信、促共信、不失信。围绕现代市场经济体系，结合我国诚信文化传统，吸取国际先进经验，不断推进企业诚信管理实践创新，弘扬诚实守信的良好风尚，促进我国经济和社会的和谐发展。

## （五）以法治为基础、进一步创建诚信社会

近日，国家发展和改革委员会主任张平在第二届中国招投标高层论坛上说，我国将以统一完善的法规政策为基础，以体制改革和制度创新为动力，以开展工程建设领域突出问题专项治理为契机，深入贯彻《招标投标法》，努力构建统一开放、竞争有序的招投标市场。回顾《招标投标法》颁布10年来，招投标制度在国民经济和社会发展各个领域得到广泛应用，对发挥市场配置资源基础性作用、深化投资体制改革等方面起到了不可替代的重要作用。张平强调在招投标过程中也存在许多问题亟待解决，包括：市场主体不规范，围标串标、弄虚作假、转包和违法分包；部分招标代理机构恶性竞争，与招标人或业主串通；少数评标专家不独立、不公正履行职责；违法违纪案件时有发生。

产生问题的原因是多方面的。既有体制不健全、国有投资主体缺位、利益约束机制不健全的问题，也有市场发育不够成熟、信用体系有待完善的问题，以及法制不尽完备、执法力度不够的问题。

政府是企业搞工程建设的依靠，国家和地方政府在法制和诚信建建设上要下大力气，集中开展工程建设领域突出问题专项治理工作，从推进体制改革、健全法规制度、构筑公共平台、加强监督执法四个方面入手，构建统一开放、竞争有序的招投标市场。

## （六）稳定提升国企管理水平、严格建筑市场的民营企业管理

国有企业一直是我国国民经济发展的主体，肩负着经济快速稳定发展的重任，改革开放三十年的成果已经证明了国有企业的实力和作用；在国内，大中型水利工程建设的参见各方均是一级资质或特一级资质的国企，这些具有国际水准的国企技术力量雄厚、水利建设经验丰富、经济基础坚实、管理水平较高，是中国水利建设的中流砥柱。

但是，在市场竞争日益激烈的水利建设市场中，盈利早已成为企业生存和发展的头等大事，降低管理成本是盈利的最直接的办法，这些国企在考虑企业经济效益的基础上，大大缩减了产业工人的后续培养工作，更多的一级或特级企业需要社会资源的补充，使得水利建设市场出现大量合作的民营企业，或工序分包、工程转包、工程分包、中介回扣等；这些民营企业鱼目混珠，管理混乱。简单地说，利益的驱动是根本原因，混乱的合作扰乱了水利工程建设市场，也使得工程建设中进度管理和控制更加困难。所以，在水利工程建设的市场管理中，稳定提升国企管理水平、严格建筑市场的民营企业管理工作已经迫在眉睫，必须进行强有力的管理和规范。

# 第十二章　价值工程在水利项目管理中的应用

## 第一节　价值工程基本理论及方法

价值工程（VE，Valu　ngineering）是以提高产品或作业价值为目的，通过有组织的创造性工作，寻求用最低的寿命周期成本，可靠地实现使用者所需功能的一种管理技术。

### 一、价值工程及其工作程序

#### （一）价值工程的基本原理

1. 价值工程及其特点

价值工程数学表达式为：

V=F/C

式中：V——研究对象的价值；F——研究对象的功能；C——研究对象的成本，即寿命周期成本。

由此可见，价值工程涉及价值、功能和寿命周期成本三个基本要素，其具有以下特点：

①价值工程的目标，是以最低的寿命周期成本，使产品具备它所必须具备的功能。产品的寿命周期成本由生产成本（C1）和使用及维护成本（C2）组成。在一定范围内，产品的生产成本和使用成本存在此消彼长的关系，在寿命周期成本为最小值 Cmin 时所对应的功能水平 F，产品功能既能满足用户的需求，又使得寿命周期成本比较低，体现了比较理想的功能与成本的关系。

②价值工程的核心，是对产品进行功能分析。功能是指对象能够满足某种要求的一种属性。企业生产的目的，也是通过生产获得用户所期望的功能，而结构、材质等是实现这些功能的手段。目的是主要的，手段可以广泛地选择。因此，价值工程分析产品，首先不是分析其结构，而是分析其功能，在分析功能的基础之上，再去研究结构、

材质等问题。

③价值工程将产品价值、功能和成本作为一个整体来考虑。是在确保产品功能的基础上综合考虑生产成本和使用成本，兼顾生产者和用户的利益，从而创造出总体价值最高的产品。

④价值工程强调不断改革和创新，开拓新构思和新途径，获得新方案创造新功能载体，从而简化产品结构，节约原材料，提高产品的技术经济效益。

⑤价值工程要求将功能定量化，即将功能转化为能够与成本直接相比的量化值。

⑥价值工程是以集体智慧开展的有计划、有组织的管理活动。价值工程研究的问题涉及产品的整个寿命周期，涉及面广，研究过程复杂。因此，企业在开展价值工程活动时，必须集中人才，包括：技术人员、经济管理人员、有经验的工作人员，甚至用户，以适当的组织形式组织起来，共同研究，依靠集体的智慧和力量，发挥各方面、各环节人员的知识、经验和积极性，有计划、有领导、有组织地开展活动，才能达到既定的目标。

为了便于在具体工作中使用价值工程，价值工程也可按下式表达：

$$V=C_1/C_2$$

式中：V——研究对象的价值；$C_1$——研究对象的功能评价值或目标成本；$C_2$——研究对象现实成本或寿命周期成本。

**2. 提高产品价值的途径**

价值工程的基本原理公式 V=F/C，不仅深刻反映出产品价值与产品功能和实现此功能所耗成本之间的关系，而且为如何提高价值提供了有效途径。提高产品价值的途径有以下五种：

①在提高产品功能的同时，又降低了产品成本，这是提高价值最为理想的途径。

②在产品成本不变的条件下，通过提高产品的功能，达到提高产品价值的目的。

③保持产品功能不变的前提下，通过降低成本达到提高产品价值的目的。

④产品功能有较大幅提高，产品成本有较少提高。

⑤在产品功能略有下降、产品成本大幅降低的情况下，也可以达到提高产品价值的目的。

### （二）价值工程的基本工作程序

价值工程的工作过程，实质是针对产品的功能和成本提出问题、分析问题、解决问题的过程。针对价值工程的研究对象，整个活动是围绕着七个基本问题的明确和解决而系统地展开的。这七个基本问题是：价值工程的研究对象是什么？这是干什么用的？其成本是多少？其价值是多少？有其他的方案能实现这个功能吗？新方案的成本是多少？新方案能否满足要求？这七个问题决定了价值工程的一般工作程序。

## 二、对象选择及信息资料收集

价值工程的对象选择过程就是逐步收缩研究范围、寻找目标、确定主攻方向的过程，生产建设中的技术经济问题很多，涉及的范围也很广，为了节省资金、提高效率，只能精选其中的一部分来实施，并非企业生产的全部产品，也不一定是构成产品的全部零部件。因此，能否正确选择对象是价值工程收效大小与成败的关键。

### （一）对象选择的一般原则

价值工程的目的在于提高产品价值，研究对象的选择要从市场需要出发，结合企业实力，系统考虑。一般来说，对象选择的原则有以下几个方面：

①从设计方面看，对产品结构复杂、性能和技术指标差距大、体积大、重量大的产品进行价值工程活动，可使产品结构、性能、技术水平得到优化，从而提高产品价值。

②从生产方面看，对量多面广、关键部位、工艺复杂、原材料消耗高和废品率高的产品或零部件，特别是对量多、产值比重大的产品，只要成本下降，所取得的经济效果就大。

③从市场销售方面看，选择用户意见多、系统配套差、维修能力低、竞争力差、利润率低的；选择生命周期较长的；选择市场上畅销但竞争激烈的；选择新产品、新工艺等。

④从成本方面看，选择成本高于同类产品、成本比重大的，如材料费、管理费、人工费等。推行价值工程就是要降低成本，以最低的寿命周期成本可靠地实现必要功能。

根据以上原则，对生产企业，有以下情况之一者，优先选择为价值工程的对象：

①结构复杂或落后的产品。

②制造工序多或制造方法落后及手工劳动较多的产品。

③原材料种类繁多和互换材料较多的产品。

④在总成本中所占比重大的产品。

对由各组成部分组成的产品，应优先选择以下部分作为价值工程的对象：

①造价高的组成部分。

②占产品成本比重大的组成部分。

③数量多的组成部分。

④体积或重量大的组成部分。

⑤加工工序多的组成部分。

⑥废品率高和关键性的组成部分。

## （二）对象选择的方法

价值工程对象选择往往要兼顾定性分析和定量分析，因此对象选择的方法有多种，不同方法适宜于不同的价值工程对象。应根据具体情况选用适当的方法，以取得较好的效果。常用的方法如下：

### 1. 因素分析法

因素分析法又称经验分析法，是指根据价值工程对象选择应考虑的各种因素，凭借分析人员经验，集体研究确定选择对象的一种方法。是一种定性分析方法，特别是在被研究对象彼此相差比较大以及时间紧迫的情况下比较适用。缺点是缺乏定量依据，准确性较差，对象选择的正确与否主要决定于价值工程活动人员的经验及工作态度，有时难以保证分析质量。

### 2.ABC 分析法

ABC 分析法又称重点选择法或不均匀分布定律法，是应用数理统计分析的方法来选择对象，基本原理为“关键的少数和次要的多数”，抓住关键的少数可以解决问题的大部分。在价值工程中，这种方法的基本思路是：把一个产品的各种部件（或企业各种产品）按成本的大小由高到低排列起来，绘成费用累计分布图，然后将占总成本 70% ~ 80% 而占零部件总数 10% ~ 20% 的零部件划分为 A 类部件；将占总成本 5% ~ 10% 而占零部件总数 60% ~ 80% 的零部件划分为 C 类部件；其余为 B 类。其中 A 类零部件是价值工程主要研究对象。

ABC 分析法抓住成本比重大的零部件或工序作为研究对象，有利于集中精力，重点突破，取得较大效果，简便易行，因此广泛为人们所采用。但在实际工作中，有时由于成本分配不合理，造成成本比重不大但用户认为功能重要的对象可能被漏选或排序推后，而这种情况应列为价值工程研究对象的重点。ABC 分析法的这一缺点可以通过经验分析法、强制确定法等来补充修正。

### 3. 强制确定法

强制确定法是以功能重要程度作为选择价值工程对象的一种分析方法。具体做法：先求出分析对象的成本系数、功能系数，然后求出价值系数，以揭示出分析对象的功能与成本之间是否相符。如果不相符，价值低的则被选为价值工程的研究对象。这种方法在功能评价和方案评价中也有应用。

强制确定法从功能与成本两方面综合考虑，比较适用、简便，不仅能明确揭示出价值工程的研究对象所在，而且具有数量概念。但这种方法是人为打分，不能准确地反映出功能差距的大小，只适用于部件间功能差别不大且比较均匀的对象，而且一次分析的部件数目也不能太多，以不超过 10 个为宜。在零部件很多时，可以先用 ABC 法、经验分析法选出重点部件，然后再用强制确定法细选；也可以用逐层分析法，从部件选起，然后在重点部件中选出重点零件。

4. 百分比分析法

这是一种通过分析某种费用或资源对企业的某个技术经济指标的影响程度的大小，（百分比）来选择价值工程对象的方法。

5. 价值指数法

这是通过比较各个对象（或零部件）之间的功能水平位次和成本位次，寻找价值较低对象（零部件），并将其作为价值工程研究对象的一种方法。

### （三）信息资料收集

当价值工程活动的对象选定以后，就要进一步开展情报收集工作，这是价值工程不可缺少的重要环节。通过信息收集，可以得到价值工程活动的依据、标准和对比的对象；通过对比又可以受到启发，打开思路，发现问题，找到差距，以明确解决问题的方向、方针和方法。价值工程所需的信息资料，应视具体情况而定，对于产品分析来说，一般应收集以下几方面的资料：

1. 用户方面的信息资料

收集这方面的信息资料是为了充分了解用户对象产品的期待、要求。包括：用户使用目的、使用环境和使用条件，以及用户对产品性能方面的要求，操作、维护和保养条件，对价格、配套零部件和服务方面的要求。

2. 市场销售方面的信息资料

市场销售方面的信息资料包括：产品市场销售变化情况，市场容量，同行业竞争对手的规模、经营特点、管理水平，产品的产量、质量、售价、市场占有率、技术服务、用户反映等。

3. 技术方面的信息资料

技术方面的信息资料包括产品的各种功能，水平高低，实现功能的方式和方法。企业产品设计、工艺、制造等技术档案，企业内外、国内外同类产品的技术资料，如同类产品的设计方案、设计特点、产品结构、加工工艺、设备、材料、标准、新技术、新工艺、新材料、能源及三废处理等情况。

4. 经济方面的信息资料

成本是计算价值的必要依据，是功能成本分析的主要内容。应了解同类产品的价格、成本及构成（包括生产费、销售费、运输费、零部件成本、外构件、三废处理等）。

5. 本企业的基本资料

本企业的基本资料包括：企业的经营方针，内部供应、生产、组织，生产能力及限制条件，销售情况以及产品成本等。

6. 环境保护方面的信息资料

环境保护方面的信息资料包括环境保护的现状，“三废”状况，处理方法和国家法规标准。

7. 外协方面的信息资料

外协方面的信息资料包括：外协单位状况，外协件的品种、数量、质量、价格、交货期等。

8. 政府和社会有关部门的法规、条例等方面的信息资料

政府和社会有关部门的法规、条例等方面的信息资料包括：国家有关法规、条例、政策，以及环境保护、公害等有关影响产品的资料。

收集的资料及信息一般需加以分析、整理，剔除无效资料，使用有效资料，以利于价值工程活动的分析研究。

## 三、功能的系统分析

功能分析是价值工程活动的核心和基本内容。它通过分析信息资料，用动词+名词组合的方式简明、正确地表达各对象的功能，明确功能特性要求，并绘制功能系统图，从而弄清楚产品各功能之间的关系，以便于去掉不合理的功能，调整功能间的比重，使产品的功能结构更合理。通过功能分析，回答对象“是干什么用的”提问，从而准确地掌握用户的功能要求。

1. 功能分类

①按功能的重要程度分类：可分为基本功能和辅助功能。

②按功能的性质分类：可分为使用功能和美学功能。

③按用户的需求分类：可分为必要功能和不必要功能。

④按功能的量化标准分类：可分为过剩功能和不足功能。

价值工程中的功能，一般是指必要功能。价值工程对产品的分析，首先是对其功能的分析，通过功能分析，弄清哪些功能是必要的，哪些功能是不必要的，从而在创新方案中去掉不必要的功能，补充不足的功能，使产品的功能结构更加合理，达到可靠地实现使用者所需功能的目的。

2. 功能定义

功能定义就是以简洁的语言对产品的功能加以描述。因此，功能第一的过程就是解剖分析的过程。

功能定义通常用一个动词和一个名词来描述，不宜太长，以简洁为好。动词是功能承担体发生的动作，而动作的对象就是作为宾语的名词。例如，基础的功能是“承受荷载”，这里，基础是功能、是承担体，“承受”是表示功能承担的基础，是发生动作的动词，“荷载”则是作为动词宾语的名词。

3. 功能整理

功能整理是用系统的观点将已经定义了的功能加以系统化，找出各局部功能之间的逻辑关系，并用图表形式表达，以明确产品的功能系统，从而为功能评价和方案构思提供依据。通过功能整理，应满足明确功能范围、检查功能之间的准确程度以及明确功能之间上下位关系和并列关系等要求。

功能整理的主要任务就是建立功能系统图，因此，过程也就是绘制功能系统图的过程，工作程序如下：

①编制功能卡片。把功能定义写在卡片上，每条写一张卡片，这样便于排列、调整和修改。

②选出最基本的功能。从基本功能中挑选出一个最基本的功能，也就是最上位的功能（产品的目的），排列在左边。其他卡片按功能的性质，以树状结构的形式向右排列，并分列出上位功能和下位功能。

③明确各功能之间的关系。逐个功能之间的关系，也就是找出功能之间的上下位关系。

④对功能定义作必要的修改、补充和取消。

⑤把经过调整、修改和补充的功能，按上下位关系，排列成功能系统图。

4. 功能计量

功能计量是以功能系统图为基础，依据各个功能之间的逻辑关系，以对象整体功能的定量指标为出发点，从左向右地逐级测算、分析，确定出各级功能程度的数量指标，揭示出各级功能领域中有无功能不足或功能过剩，从而为保证必要功能、剔除过剩功能、补足不足功能的后续活动（功能评价、方案创新等）提供定性与定量相结合的依据，功能计量又分对整体功能的量化和对各级子功能的量化。

## 四、功能评价

功能评价，即评定功能的价值，是指找出实现功能的最低费用作为功能的目标成本（又称功能评价值），以功能目标成本为基准，通过与功能现实成本的比较，求出两者的比值（功能价值）和两者的差异值（改善期望值），然后选择功能价值低、改善期望值大的功能，作为价值工程活动的重点对象。功能评价工作可以更准确地选择价值工程的研究对象，同时，通过制定目标成本，有利于提高价值工程的工作效率，增加工作人员的信心。

## （一）功能现实成本 C 的计算

功能现实成本在成本费用的构成项目上和一般的传统成本核算是完全相同的，但功能现实成本的计算是以对象的功能为单位的，传统的成本核算是以产品或零部件为单位。因此，在计算功能现实成本时，就需要根据传统的成本核算资料，将产品或零部件的现实成本换算成功能的现实成本。具体地讲，当一个零部件只具有一个功能时，该零部件的成本就是它本身的功能成本；当一项功能要由多个零部件共同实现时，该功能的成本就等于这些零部件的功能成本之和。当一个零部件具有多项功能或同时与多项功能有关时，就需要将零部件成本根据具体情况分摊给各项有关功能。

成本指数是指评价对象的现实成本在全部成本中所占的比率。计算式如下：第 i 个评价对象的成本指数 Ci= 第 i 个评价对象的现实成本 Ci/ 全部成本

## （二）功能评价值 F 的计算

对象的功能评价值 F（目标成本）是指可靠地实现用户要求功能的最低成本，它可以理解为是企业有把握，或者说应该达到的实现用户要求功能的最低成本。从企业目标的角度来看，功能评价值可以看成是企业预期的、理想的成本目标值。功能评价值一般以功能货币价值形式表达。常用的求功能评价值的方法是功能重要系数评价法。

功能重要性系数评价法是一种根据功能重要性系数确定功能评价值的方法。这种方法是把功能划分为几个功能区（子系统），并根据功能区的重要程度和复杂程度，确定各个功能区在总功能所占的比重，即功能重要性系数。然后将产品的目标成本按功能重要性系数分配给各个功能区作为该功能区的目标成本，即功能评价值。确定功能重要性系数的关键是对功能进行打分，常用的打分方法有强制打分法（0 ~ 1 评分法或 0 ~ 4 评分法）、多比例评分法、逻辑评分法、环比评分法等。功能评价值的确定有以下两种情况：

①新产品评价设计。一般在产品设计之前，就已经根据市场供需情况、价格、企业利润与成本水平初步设计了目标成本。因此，在功能重要性系数确定之后，就可将新产品设定的目标成本按已有的功能重要性系数加以分配计算，求得各个功能区的功能评价值，并将此功能评价值作为功能的目标成本。

②既有产品的改进设计。既有产品应以现实成本为基础来求功能评价值，进而确定功能的目标成本。由于既有产品已有现实成本，就没有必要再假定目标成本。

但是，既有产品的现实成本原已分配到各功能区中去的比例不一定合理，这就需要根据改进设计中新确定的功能重要系数，重新分配既有产品的原有成本。从分配结果看，各功能区新分配成本与原分配成本之间有差异。正确处理这些差异，就能合理确定各功能区的功能评价值。

## （三）功能价值 F 的计算及分析

通过计算和分析对象的价值 V，可以分析成本功能的合理匹配程度。功能价值 V 的计算方法可分为两类：功能成本法和功能指数法。

1. 功能成本法

功能成本法又称绝对值法，其表达式如下：

$$第\ i\ 个评价对象的价值系\ V_i=\frac{第\ i\ 个评价对象的功能评价值\ F_i}{第\ i\ 个评价对象现实成本\ C_i}$$

根据该表达式，功能的价值系数计算结果有以下三种情况：

① $V_i=1$。即功能评价值等于功能现实成本。这表明评价对象的功能现实成本与实现功能所必需的最低成本大致相当。此时，说明评价对象的价值为最佳，一般无须改进。

② $V_i<1$。即功能现实成本大于功能评价值。表明评价对象的现实成本偏高，而功能要求不高。此时，一种可能是由于存在着过剩的功能，另一种可能是功能虽无过剩，但实现功能的条件或方法不佳，以致使实现功能的成本大于功能的实际需要。这两种情况都应列入功能改进的范围，并且以剔除过剩功能及降低现实成本为改进方向，使成本与功能比例趋于合理。

③ $V_i>1$。即功能现实成本低于功能评价值，表明该部件功能比较重要，但分配的成本较少。此时，应进行具体分析，功能与成本的分配可能已较理想，或者有不必要的功能，或者应该提高成本。

应注意一个情况，即 $V_i=0$ 时，要进一步分析。如果是不必要的功能，该部件应取消；但如果是最不重要的必要功能，则要根据实际情况处理。

2. 功能指数法

功能指数法又称相对值法，其表达式如下：

$$第\ i\ 个评价对象的价值系\ V_i=\frac{第\ i\ 个评价对象的功能评价值\ F_i}{第\ i\ 个评价对象现实成本\ C_i}$$

价值指数的计算结果有以下三种情况：

① $V_i=1$。此时评价对象的功能比重与成本比重大致平衡，合理匹配，可以认为功能的现实成本是比较合理的。

② $V_i<1$。此时评价对象的成本比重大于其功能比重，表明相对于系统内的其他对象而言，目前所占的成本偏高，从而会导致该对象的功能过剩。应将评价对象列为改进对象，改善方向主要是降低成本。

③ $V_i>1$。此时评价对象的成本比重小于其功能比重，出现这种结果的原因可能

有三种：第一，由于现实成本偏低，不能满足评价对象实现其应具有的功能要求，致使对象功能偏低，这种情况应列为改进对象，改善方向是增加成本；第二，对象目前具有的功能已经超过其应该具有的水平，也即存在过剩功能，这种情况也应列为改进对象，改善方向是降低功能水平；第三，对象在技术、经济等方面具有某些特征，在客观上存在着功能很重要而需要消耗的成本却很少的情况，这种情况一般不列为改进对象。

### （四）确定 VE 对象的改进范围

对产品部件进行价值分析，就是使每个部件的价值系数（或价值指数）尽可能趋近于 1。根据此标准，就明确了改进的方向、目标和具体范围。确定对象改进范围的原则如下：

1.F/C 值低的功能区域

计算出来的 V < 1 的功能区域，基本上都应进行改进，特别是 V 值比 1 小得多的功能区域，应力求使 V=1。

2.C−F 值大的功能区域

通过核算和确定对象的实际成本和功能评价值，分析、测算成本改善期望值，从而排列出改进对象的重点及优先次序。成本改善期望值的表达式为：

$$\Delta C=C-F$$

式中 ΔC——为成本改善期望值，即成本降低幅度。

当 n 个功能区域的价值系数同样低时，就要优先选择 ΔC 数值大的功能区域作为重点对象。一般情况下，当 ΔC 大于零时，ΔC 大者，为优先改进对象。

3. 复杂的功能区域

复杂的功能区域，说明其功能是通过采用很多零件来实现的。一般地，复杂的功能区域其价值系数（或价值指数）也较低。

## 五、方案创造及评价

### （一）方案创造

方案创造是从提高对象的功能价值出发，在正确的功能分析和评价的基础上，针对应改进的具体目标，通过创造性的思维活动，提出能够可靠地实现必要功能的新方案。从价值工程技术实践来看，方案创造是决定价值工程成败的关键阶段。因为前面所论述的一些问题，如选择对象、收集资料、功能成本分析、功能评价等，虽然都很重要，但都是为方案创造服务的。前面的工作做得再好，如果不能创造出高价值的创新方案，也就不会产生好的效果。

方案创造的理论依据是功能载体具有替代性。这种功能载体替代的重点应放在以功能创新的新产品替代原有产品和以功能创新的结构替代原有结构方案。而方案创造的过程是思想高度活跃、进行创造性开发的过程。为了引导和启发创造性的思考，可以采取各种方法，比较常用的方法有：头脑风暴法（BS.Brai　torming）、歌顿（Gorden）法、专家意见法（又称德尔菲法—Delphi）、专家检查法等。

## （二）方案评价

在方案创造阶段提出的设想和方案是多种多样的，能否付诸实施，必须对各个方案的优缺点和可行性进行分析、比较、论证和评价，并在评价过程中进一步完善有希望的方案。方案评价包括概略评价和详细评价两个阶段。其评价内容包括技术评价、经济评价、社会评价以及综合评价。

在对方案进行评价时，无论是概略评价还是详细评价，一般可先做技术评价，再分别进行经济评价和社会评价，最后进行综合评价。

### 1. 概略评价

概略评价是方案创新阶段对提出的各个方案设想进行初步评价，目的是淘汰那些明显不可行的方案，筛选出少数几个价值较高的方案，以供详细评价作进一步的分析。概略评价的内容包括以下几个方面：

①技术可行性方面，应分析和研究创新方案能否满足所要求的功能及其在技术上能否实现。

②经济可行性方面，应分析和研究产品成本能否降低和降低的幅度，以及实现目标成本的可能性。

③社会评价方面，应分析研究创新方案对社会利害影响的大小。

④综合评价方面，应分析和研究创新方案能否使价值工程活动对象的功能和价值有所提高。

### 2. 详细评价

详细评价是在掌握大量数据资料的基础上，对通过概略评价的少数方案，从技术、经济、社会三个方面进行详尽的评价分析，为提案的编写和审批提供依据。

详细评价的内容包括以下几个方面：

①技术可行性方面，主要以用户需要的功能为依据，对创新方案的必要功能条件实现的程度作出分析评价。特别对产品或零部件，一般要对功能的实现程度（包括性能、质量、寿命等）、可靠性、维修性、操作性、安全性以及系统的协调性等进行评价。

②经济可行性方面，主要考虑成本、利润、企业经营的要求；创新方案的适用期

限与数量；实施方案所需费用、节约额与投资回收期以及实现方案所需的生产条件等。

③社会评价方面，主要研究和分析创新方案给国家和社会带来的影响（如环境污染、生态平衡、国民经济效益等）。

④综合评价方面，是在上述三种评价的基础上，对整个创新方案的因素作出全面系统的评价。为此，首先要明确规定评价项目的范围，即确定评价所需的各种指标和因素；然后分析各个方案对每一评价项目的满足程度；最后再根据方案对各评价项目的满足程度来权衡利弊，判断各方案的总体价值，从而选出总体价值最大的方案，即技术上先进、经济上合理和社会上有利的最优方案。

**3. 方案综合评价方法**

用于方案综合评价的方法有很多，常用的定性方法有德尔菲法、优缺点列举法等；常用的定量方法有直接评分法、加权平均法、比较价值评分法、环比评分法、强制评分法、几何平均值评分法等。

①优缺点列举法。把每一个方案在技术上、经济上的优缺点详细列出，进行综合分析，并对优缺点作进一步调查，用淘汰法逐步缩小考虑范围，从范围不断缩小的过程中，找出最后的结论。

②直接评分法。根据各种方案能够达到各项功能要求的程度，按 10 分制（或 100 分制）评分，然后算出每个方案达到功能要求的总分，比较各方案总分，作出采纳、保留、舍弃的决定，再对采纳、保留的方案进行成本比较，最后确定最优方案。

③加权平均法。又称矩阵评分法。这种方法是将功能、成本等因素，根据要求的不同进行加权计算，权数大小应根据它在产品中所处的地位而定，算出综合分数，最后与各方案寿命周期成本进行综合分析，选择最优方案。加权平均法主要包括以下四个步骤：

①确定评价项目及其权重系数。

②根据各方案对各评价项目的满足程度进行评分。

③计算各方案的评分权数和。

④计算各方案的价值系数，以较大的为优。

方案经过评价，不能满足要求的就淘汰，有价值的就保留。

## 六、方案实施的检查验收

在方案实施过程中，应该对方案的实施情况进行检查，发现问题及时解决。方案实施完成后，要进行总结评价和验收。

# 第二节　价值工程在施工组织设计的应用

施工组织设计的主要任务是根据工程地区的自然、经济和社会条件制订工程的合理组织，包括：合理的施工导流方案；合理的施工工期和进度计划；合理的施工场地组织和布置；适宜的内外交通运输方式；切实、先进、保证质量的施工工艺；合适的施工场地临时设施与施工工厂规模，以及合理的生产工艺与结构物形式；合理的投资计划、劳动组织和技术供应计划，为确定工程概算、确定工期、合理组织施工、进行科学管理、保证工程质量、降低工程造价、缩短建设周期提供切实可行和可靠的依据。

## 一、在施工组织设计中应用价值工程的意义

施工组织设计是指导施工企业进行工程投标、签订承包合同、施工准备和施工全过程的技术经济文件，作为项目管理的规划性文件，提出了工程施工中的进度控制、质量控制、成本控制、安全控制、现场管理、各项生产要素管理的目标及技术组织措施，它既要解决施工技术问题、指导施工全过程，又要考虑到经济效果。它不断在施工管理中发挥作用，而且在经营管理和提高经济效益上发挥着作用。每一项施工组织设计，都是保证工程顺利进行、确保工程质量、有效地控制工程造价的重要工具。

具体来说，在施工组织设计中应用价值工程的重要意义，表现在以下几个方面：

①可以有效合理地降低投标报价、增加施工企业中标的概率，有利于占有市场。

②有利于节约使用人力、物力，能够更好地控制项目成本。

③有利于确定先进合理的施工方案，保证工程项目如期竣工并发挥效益。

④有利于采用科技新成果，能够更好地实现工程项目的功能要求。

⑤有利于提高企业的技术素质，增加企业的核心竞争力。

## 二、在施工组织设计中应用价值工程的特点

施工组织设计的编制是实现投资费用价值形态向工程项目实物形态转化的重要过程，虽然在施工组织设计中应用价值工程，与工业产品制造下应用价值工程有许多共同之处，但是由于施工组织所研究的对象——水利工程，具有自己的特点，所以一方面增加了施工组织设计应用价值工程的难度，另一方面形成了有别于工业产品制造应用价值工程的特点。

### 1. 水利工程功能具有相对确定性和相对灵活性

功能的相对确定性是指：按照水利工程的建设模式和传统的项目管理模式，水利

工程的功能一般在勘测设计阶段由勘测设计单位已基本确定，作为施工阶段进入的施工企业的主要任务是考虑怎样实现设计人员已设计出的产品，也就是说，采用什么样的施工方法和技术组织措施来保质保量完成工程施工。而功能的相对灵活性是指：为保证主体工程的顺利施工，需要大量的临建工程和辅企，临建工程和辅企是为主体工程施工服务的，它们的功能也是由主体工程分解和派生下来的，其功能是相对灵活的，如拌和系统不仅要拌制出满足设计规范要求的混凝土，也要满足施工强度要求，而施工强度要求根据不同的施工方案和不同工期安排而不同。在采用多方案报价法投标时，可在主体工程某些方面适当提高或降低主体工程的功能，如提高质量等级和加快工期或降低某些方面的标准等。因而施工组织设计应用价值工程提高价值的模式相对单一，常用的是在满足主体工程的必要功能的前提下，降低工程的施工成本，以使项目的利益最大化。

2. 研究对象及功能、成本、目的等内容含义不同于产品制造应用价值工程

一般来说，产品制造中价值工程的研究对象是产品，功能是指用户要求的产品功用，成本是指产品生产成本和使用成本，目的在于以最低寿命周期成本可靠地实现用户要求的功能。而在施工组织设计中，研究对象是工程项目或工程项目的某一部分，功能是指国家对项目的使用要求如规范、规程及国家强制性规定等和用户对项目的使用要求如发电量、灌溉量等指标。同时，还有项目交付使用的时间要求。成本是指整个工程项目或项目的某个部分的建造费，目的是指力图以最低的成本，实现国家和用户对工程项目的要求，实现企业的利益最大化。

3. 成本目标制订不同于产品制造应用价值

工业产品的价格，一般由国家统一规定，从既定价格出发，扣除税金、利润和某些流通费用，就可计算出某种产品的社会成本，根据上述资料和企业的具体情况，应用适当的方法制订成本目标，从而指导和控制产品的方案。而水利工程具有单一性，生产地点不固定和生产过程长、环节多等特点，这决定水利工程的价格无法统一定价，在投标阶段，施工企业只能根据自身情况确定价格，为增大中标机会，还应综合分析当地所有的材料价格、设备价格、前期已开标标段中标单价或业主其他工程中标单价以及其他类似工程中标单价等资料来预测建设方可能接受的价格，最终确定投标价格，再扣除税金、利润和一些间接费用，作为成本目标；在中标后情况相对简单，可直将合同价格扣除税金、利润和一些间接费用后作为成本目标，也可直接根据企业水平单独制订低于合同价格的成本目标。

4. 施工组织设计应用价值工程需要各专业公众统筹兼顾，力争全局协调一致

工程施工涉及多部门多专业工种。如某碾压混凝土重力坝的浇筑施工方案就要涉及模板设计、入仓方案设计、运输设备选择、拌和系统设计，而拌和系统设计又包括

土建设计、机械设计等，需要土建工程师和机械工程师全力配合，若各个专业各自独立设计，势必造成从局部看是合理优良方案，但从全局看未必是合理优良方案的问题。施工组织设计价值工程的任务不仅要保证每个工种专业的设计符合工程要求，做到成本低质量好，还要保证各个专业工种的设计相互配合，在满足工程要求的基础上，使整个工程项目的成本最低、质量最好。

5. 施工组织设计中应用价值工程需要工程建设相关方密切配合，共同完成

建设方作为工程的直接用户，在施工中对工程的优化，必然要征得建设方和设计方的同意。而当采用一项新技术或新材料时，要求不仅要征求建设各方的同意，还要与材料供应商、实验机构密切配合。同时价值工程强调对工程建设应以系统的观点对待，在满足功能的前提下，应以工程寿命周期费用最低为追求目标。

6. 施工组织设计一次性比重大，效益体现在单件产品上

在制造工业中，价值改革的成果可在数万件产品中反复使用。通过价值工程活动，如果一件产品节约一元钱，那么数万件产品就可以节约数万元。而水利工程具有的单件性，施工组织设计往往也是一次性，生产活动不重复进行。虽然施工组织设计价值工程所取得的经济效益局限地反映在本次工程建设中，但由于水利工程建设规模大，少则几千万元，多则几十亿元，因而价值工程效益非常可观。对于量大面广的一般项目，在某一项目上应用价值工程，取得的成功，往往具有辐射全局的作用。

## 三、施工组织设计应用价值工程的一般要求

在工程施工中应用价值工程，同一般产品制造过程中应用价值工程有很多相似之处，但是，工程施工与制造产业又有独到之处。因此，在施工组织设计中应用价值工程，还应充分注意工程施工的特点。

### （一）为做好施工组织设计的价值工程活动，在编制施工组织设计前应做的工作

1. 施工现场考察

①发包工程的性质、范围，以及与其他工程之间的关系。

②发包工程与其他承包人或分包人在施工中的关系。

③工程地貌、地质、交通、电力、水源等情况，有无阻碍物等。

④工地附近的住宿条件、料场开采条件、其他加工条件、设备维修条件等。

⑤工地附近治安情况等。

2. 设计文件

①熟悉各种设计图纸、施工文件。

②熟悉与设计文件相关的规范、规程及国家强制性规定等。

3. 外部环境考察

①当地气象资料。

②工地位于偏远地区时的铁路、公路运输能力，需要转运时有无转运的仓储条件。

③跨地域承包时，了解有关的地方法规，如环保规定、地税政策等。

④当地的风土人情、环境等。

4. 市场价格调查

①劳动力资源的水平和价格。

②可以在当地租赁设备的型号、数量和价格。

③施工材料的供应能力和价格。

④当地的生活物价水平等。

5. 其他

①同地域同类型工程发包价格。

②发包方其他工程的发包价格。

③其他承包商类似工程的中标价。

④同类型或相似类型工程的最新技术。

### （二）注意分析工程特点，围绕着项目的功用和指标要求，合理制订施工方案。

在保证设计要求的前提下，应尽可能采用工期短、费用低的施工方案。要敢于对多年形成的施工程序和方法质疑，敢于分析现行的施工方案，并提出改进方案。充分发挥工程技术和经济管理人员的聪明才智，创造更多更好的施工方案，从中比较评价，选择最优方案应用。

### （三）注意从工程项目的功能要求出发，合理分配资源

分配资源应以满足工程项目功能要求为原则。应用功能分析的原理方法，以功能系统图的形式揭示施工内容，采取剔除、合并、简化等措施使功能系统图合理化，并结合具体施工方式，依据施工企业能力估算完成必要功能的工程量，相应地组织材料供应，配备设备、工具、安排人员施工。

### （四）在施工组织设计应用价值工程，注意采用新的科技成果

尽量采用新材料、新技术、新结构、新标准，在满足设计文件、设计图纸要求达到的功用、参数水平的情况下，尽可能地降低成本。

### （五）要注意临建工程和施工辅企的功能分析

临建工程和施工辅企是为主体工程施工服务的，临建工程和辅企不仅自身需要一

定的费用，而且决定了风、水、电、砂石骨料等基础单价，对主体工程的造价影响较大，因此，临建工程和辅企也应进行价值工程活动进行优化，并尤其注意功能分析。临建工程的功能是由主体工程的功能所派生、分解出来的，不仅需要满足主体工程的质量功能，还需满足其他社会功能的要求，如砂石加工系统不仅需要生产出满足规范要求的砂石骨料，其工艺还需要满足环境保护的要求，以及其生产能力也要满足混凝土浇筑强度要求，而混凝土的浇筑强度是由施工方案和施工进度安排决定的。

### （六）在对施工方案进行价值分析时，为进一步改善施工方案而提出的问题

①方案最大限度地利用环境资源了吗？它考虑环境效益，社会效益了吗？

②方案能够实现工期、质量、成本的整体化吗？

③方案的局部或全部还能进一步完善吗？

④已定方案可能带来的效果如何？

⑤方案的可操作性如何？

## 四、施工组织设计价值工程的对象选取

水利工程施工的技术经济问题很多，涉及的范围也很广，为了节省资金，提高效率，只能精选其中一部分来实施，因此，能否正常选择对象是价值工程收效大小和成败的关键。根据对象选择的一般原则和水利施工项目的特点，一般主要通过以下几个方面对施工组织设计进行价值分析：

#### 1. 施工方案

通过价值工程活动，进行技术经济分析，确定最佳施工方案。

#### 2. 施工总体布置

通过价值工程活动，结合工程所在地的自然地理条件，确定最合理的施工布置，可以明显降低风、水、电、砂石骨料等基础单价，同时，可以确定最节约的场内二次转运费用等。

#### 3. 工期安排

通过价值工程活动，确定合理的施工程序和工期安排，尽量做到均衡施工，合理配置资源。尤其在招标文件明确规定工期提前或延后的奖罚条款时，可以明确分析增加赶工措施的经济合理性。

## 五、价值工程在施工组织设计中的具体应用

为了进一步说明价值工程在施工组织设计中的应用程序和方法，本书将以价值工

程在贵州省格里桥水电站大坝工程施工方案和四川省武都水库大坝工程施工布置优化的实际应用为例加以阐释。

## （一）价值工程在施工方案选择的具体运用

贵州省格里桥水电站工程碾压混凝土重力坝施工中，大坝温控为总价包干项目，在合同谈判时，业主强行压价，合同价由投标报价的 390 万元降至仅 150 万元，若按原投标施工方案实施，将造成严重亏损的问题，为减少亏损，施工企业技术、经济人员决定应用价值工程的原理和方法对温控措施进行优化。在项目立项后，经过课题准备、功能价值分析、方案创新、方案实施以及方案实施效果评价等活动，历时两年基本完成了全部课题活动。经评审验证，完全达到了预期目标，节约工程费用 92 万元，减少亏损 92 万元，经济效益明显。

### 1. 对象选择

大坝温控项目为总价包干项目，合同价低，若按原投标方案实施，将造成严重亏损，因此技术经济人员将大坝温控措施作为价值工程活动对象，期望减少亏损。

### 2. 功能分析

大坝温控的功能是降低大坝混凝土的温度，使其最高温度控制在设计规定的温度以下，以防止大坝混凝土产生裂缝，影响大坝的正常运行。技术经济人员通过对比本工程与类似气候条件下同类型大坝的温控标准及实施情况，并经过计算后确定，本工程温控标准过高，存在功能过剩的情况，经过多次沟通，并经过咨询专家的方式，得到建设单位和设计单位认可，适当地降低了温控标准。

### 3. 方案创造

借鉴其他碾压混凝土工程温度控制经验及影响混凝土内部最高温度的关键因素，提出了预冷混凝土、防晒、冷却通水、流水养护几种方案作技术经济分析评价，在实施过程采取一种或几种组合的方式以满足温控标准。具体方案如下：

①预冷混凝土：通过二次风冷等措施，降低粗骨料温度，控制水泥入罐温度，加制冷水或冰拌和，以降低混凝土出机温度，达到降低混凝土浇筑温度的目的。

②防晒：在混凝土运输和浇筑过程中采取用保温被覆盖，防止太阳辐射产生热量和气温倒灌混凝土温度回升。

③冷却通水：在坝体内埋冷却水管，在高温时段通制冷水，低温时段通自然水以达到冷却混凝土，削减混凝土温升的目的。

④流水养护：在混凝土浇筑完成后，表面采用流水养护，改善混凝土外部散热条件，以达到散发混凝土内部热量降低混凝土温度的目的。

4. 施工方案评价

对施工方案进行评价的目的是发挥优势，克服和消除劣势，做出正确的选择。首先，工程技术人员进行了大坝温度仿真计算，计算单独采用某种措施时平均降温幅度，以此计算各方案的功能指数。

计算结果表明采用预冷混凝土效果最好，其次是通冷却水、控制浇筑层厚和流水养护方案，最差为防晒方案，但单独采用任何一个方案都不能满足温控要求，必须得多种方案组合才能满足温控要求。为选取合理的组合方案，需进一步确定各方案的价值指数，选取几种价值高的方案予以组合，方能取得最优方案。为此，需先计算出各方案的成本指数。

通过计算可以看出，流水养护价值指数最高，防晒和冷却通水次之，预冷混凝土最低，考虑到流水养护对相邻仓面施工干扰大，对施工进度影响大，不能作为主要措施，只能在部分有条件的部位采用，因此，选定温控方案为防晒+冷却通水，辅以流水养护，并再次作大坝温度仿真计算，论证采取这种方案可以满足修改后的温控要求。

5. 效果评价

通过运用价值工程，使该工程大坝温控方案逐步完善，大坝温度得到了有效控制，大坝没有产生一条温度裂缝，取得了良好的效果，得到建设单位、监理单位及设计单位的一致好评。从降低成本方面看，大坝温控实际费用为 298 万元，与原投标方案相比节约 92 万元，与原定预算费用相比，降低 23 万元，减少亏损 92 万元。

## （二）价值工程在施工布置的具体运用

在四川省武都水库大坝碾压混凝土大坝工程施工中，工程技术人员针对临建设施施工布置进行了价值工程活动，也取得了优良的经济效果。根据合同文件，临建工程属于总价包干项目，合同金额较大，采用价值工程优化，可以取得可观的经济效益。

1. 对象选择

根据对象选择的一般性规则，优先选取合同金额大的项目进行价值分析。拌和系统总价为 728 万元，占临建工程总价的 40%，因此选取拌和系统布置作为价值工程活动对象。

根据投标方案，在坝址下游左右岸各布置一个拌和系统。左岸拌和系统位于坝址下游 0.55 千米处，设计生产能力为：四级配常态混凝土 240 每小时 × 立方米，三级配碾压混凝土 200 每小时 × 立方米，混凝土 10.5 万每月 × 立方米，负责大坝基坑及左岸共 100 万立方米混凝土生产任务；右岸拌和系统位于坝址下游 1km 处，是本工程的辅助生产系统，设计生产能力为：四级配常态混凝土 150 每小时 × 立方米，三级配碾压混凝土 200 每小时 × 立方米、混凝土 7 万每月 × 立方米，负责大坝基坑及右岸

63 万米，混凝土生产任务；又因砂石系统位于左岸拌和系统旁，右岸拌和系统砂石骨料需通过跨江运输砂石料，需增加两座临时交通桥，总价约 200 万元。混凝土水平运输采用自卸汽车。

根据施工方案大坝浇筑最大仓面面积和最大月浇筑强度，拌和系统生产能力达到 300 每小时 × 立方米，12 万每月 × 立方米即可满足，说明拌和系统的配置有较大的富余，进行价值工程活动的意义很大。

2. 功能分析

拌和系统的基本功能有两个，一是拌制出满足设计要求和施工要求的混凝土，二是生产能力需满足施工强度要求，辅助功能为方便使用和外形美观。

3. 方案创造

价值工程人员经过集思广益，提出了分别在左岸集中布置和右岸集中布置两种方案，与原投标方案进行对比，对三种方案作技术经济分析评价。

4. 施工方案评价

价值工程人员根据一般情况下拌和系统布置对成本、工期、质量影响较大的因素运用给分定量法进行方案评价。

价值工程人员又通过计算各方案的预算成本和确定拌和系统布置方案的目标成本，进而确定各方案的价值指数，以价值指数高低为判别标准来选择最优布置方案。因拌和系统的布置对混凝土成本构成中的措施费用影响，预算成本均应包含拌和系统本身建设费用和增加混凝土措施费用，否则将造成虽然拌和系统本身费用减少，其他费用增加较多，最终费用增加，而得出错误的结论。

计算结果表明，左岸集中布置方案最优，原投标方案次之，右岸集中布置方案最差。左岸集中布置方案虽然增加了混凝土运距，但其本身费用降低较多，同时节省了部分砂石骨料运输费用，而且取消了下游临时桥，经济效益显著；而右岸集中布置方案虽然减少了本身建设费用，但混凝土运距和砂石骨料运输费用显著增加，因此最终成本增加较多。

5. 效果评价

通过运用价值工程，优化了拌和系统的布置，同时由局部牵动全局，对其他布置也进行了一定优化，施工单位成本大大降低。左岸集中布置方案自身建设费用仅为 500 万元，较原投标方案节省 228 万元，取消了下游临时施工桥，节省费用 200 万元，同时在进行系统设计时，使拌和系统骨料仓紧邻砂石系统骨料仓，仅用一条不足 100 米长的胶带机实现了全部砂石骨料的输送，虽然混凝土平均运距有所增加，但最终混凝土措施费用减少 136 万元，成效显著。

# 第三节　价值工程在施工管理中的应用

施工是一个综合应用各种资源、各种技术进行有组织有活动的过程，施工管理是施工企业项目管理系统中的一个子系统，具体工作内容包括：施工项目目标管理、项目组织机构的选择、分包方式的选择、内部分配方法选择等。

## 一、价值工程在施工管理中应用的意义

施工管理是项目施工日常管理，是对管理制度的管理，施工管理水平的高低往往决定着施工项目管理的成败，因此在施工管理中应用价值工程具有重要的意义。具体表现在：

①可以提高项目决策的正确率，有利于提高项目决策水平。

②可以提高项目管理的效率，尽量少走弯路。

③可以充分发挥集体智慧，使项目员工可以更好地参考与项目管理。

④可以使项目树立“用户第一”的观念，有助于施工企业适应买方市场。

## 二、价值工程在施工目标管理的应用研究

明确而合理的施工目标对施工项目的成功非常重要，它明确了项目及项目组成员共同努力的方向，可以使有关人员清楚项目是否处在通向成功的路上，使个人目标与项目整体目标相联系。

### （一）施工项目目标的确定

在我国经济发展过程中，施工项目目标形成经历了两个阶段：

1. 传统的施工项目目标

在计划经济时代，工程项目的施工过程中，管理的主要任务是通过科学的组织和安排人员、材料、机械、资金和方法这五个要素，来达到工期短、质量好、成本低的三大目标。与三大目标直接相关的是计划进度管理、质量管理、成本管理。虽然这三项管理内容各有各明确的目标，但它们并不是孤立的，而是互相密切联系的：若一味强调质量越高越好，则成本将大大提高，工期也会延长；一味的强调进度越快越好，成本会大大提高，也容易忽视工程质量；只要求降低成本，容易忽视工程质量，投入少了，工期也会延长。而过于忽视质量，可能会造成返工，反而会延长工期，增加成本。

可以看出，传统的三大目标具有相互对立而又相互统一的辩证关系。如何合理处理三者的关系，一直是困扰项目管理人员的难题。

2. 战略上的施工项目目标

施工项目是施工企业进行生产和营销等活动的载体，是施工企业生存的基础，是施工企业战略的具体实施单位。项目的目标与企业战略目标必然有着十分密切的联系，项目目标的实现是为实现企业战略目标而服务的，它们之间的关系可以用一个金字塔结构来说明。

根据平衡计分卡理论，施工企业战略可以从以下四个视角来识别：

①客户视角（客户如何看待我们）：客户关心的问题可以分为四类：时间（工期）、质量、性能和服务、成本，此处的成本是指业主的发包价格和最终结算价格。

②内部视角（我们必须在何处追求卓越）：管理者需要把注意力放在那些能够确保满足客户需要的关键内部经营活动上。内部衡量指标应当来自对客户满意度最大的业务流程。

③创新与学习视角（我们能否提高并创造价值）：企业创新、提高和学习的能力直接关系到企业的价值。因为只有通过推出新产品，为客户创造更多价值，并不断提高经营效率，这样企业才能发展壮大。

④财务视角：财务评价指标显示了企业战略及实施是否促进了利润的增加。

财务、客户、内部和创新学习四个方面的因果关系是：员工的素质决定产品质量、销售渠道等，产品、服务质量决定顾客满意度和忠诚度，顾客满意度和忠诚度及产品、服务质量等决定财务状况和市场份额。

项目目标也可以通过这四个视角来判断是否符合企业战略目标，同样，项目的目标也可以根据项目在企业中的战略定位通过这四个视角来确定，即在不同战略定位的项目，这四个视角的指标所占比重各有不同。如某施工企业为了在新的地区拓展市场，在投标过程中，对项目目标制订时，一般应首先考虑客户视角，保证工期，甚至提前工期，保证质量，并降低报价，那么必然会牺牲部分利润；为了提高在某类型工程的领先水平，那就必然要求重视创新与学习视角。

传统的三大目标单纯地重视质量、进度、成本，没有与企业的持续发展联系在一起，它的目标具有片面性，甚至在某些时候与企业战略是相悖的。而通过战略上确定的施工项目目标更符合企业长远发展的需要，体系更完善。

## （二）施工项目目标权重的确定方法

根据平衡计分卡理论，项目目标从战略角度可以大致分为质量、进度、服务、创新、学习、成本，其中质量、进度、服务是为了满足客户需求的，而创新、学习、成本是为了满足企业自身成长、持续发展需要。确定目标权重的目的是正确确立各目标之间的关系，用于指导日常施工管理。从价值工程的角度解释，各目标即是项目的功能区，确定项目各目标权重即是对项目进行功能分析，确定各功能区的功能指数或功能评价值。因为对项目目标分析是为了节约成本，成本目标不作为分析对象，只作为评价依据。

因此，确定项目各目标权重的步骤和方法是：

①应根据企业战略确定项目所处的地位，明确项目的具体任务。一般应在投标时项目策划阶段或项目初始阶段完成。

②根据项目在企业战略中的定位和具体任务，采用环比评分法、多比伊断分法、逻辑评分法、强制打分法（0 ~ 1 评分法或 0 ~ 4 评分法），确定各目标的功能指数。

③根据各目标的功能指数大小，确定项目各目标的权重，功能指数越大的，项目目标越重要，就越需要全力去实现。

## （三）施工项目目标价值分析

当项目各目标权重确定后，为便于指导具体管理工作，应进一步对各目标作价值分析。

对施工各目标作价值分析前，应先计算出为实现各目标的现实成本，以计算各目标的成本指数。计算现实成本应列举出为实现该目标而采取的措施，以及该措施所需的费用。然后，用该目标的功能指数与该目标的成本指数相比较，得出该评价对象的价值指数。再根据价值指数进行分析：

①当价值指数等于 1，说明该目标的功能成本与现实成本大致相当，合理匹配，可以认为该目标的现实成本是合理的。

②当价值指数小于 1，说明实现该目标的现实成本大于其功能成本，目前所占的成本偏高，应将该目标列为改进对象。

③当价值指数大于 1，说明实现该目标的现实成本小于其功能成本。出现这种情况的原因可能有三种：

由于现实成本偏低，不能满足该目标的要求，这种情况应列为改进对象，改善方向是增加成本。

该目标提得过高，超过了应该具有的水平，也即存在过剩功能，也应列为改进对象，改善方向是降低目标。

该目标在客观上存在功能很重要而实现其目标的成本却很少的情况，这种情况一般不应列为改进对象。

## （四）应用实例

某施工企业为了打进四川省雅碧江流域梯级电站开发市场中，经过多方努力，成功承接了该流域官地水电站拦河坝施工任务，拦河坝为百米级碾压混凝土重力拱坝，该施工企业在国内碾压混凝土筑坝技术处于领先地位，决定利用官地工程作为进军该流域梯级电站开发市场的桥头堡，同时通过该工程进一步提高碾压混凝土筑坝技术水平。在中标后，立即采用价值工程对项目目标进行了策划。

价值工程人员同企业战略管理人员一起，首先采用强制评分法中 0~4 法计算各目标的功能指数。

实现各目标的措施主要如下：

①质量：加强辅料、碾压等工艺的现场控制，采用进口维萨板作为模板面板，以做到大坝外光内实。

②工期：采用斜层碾压技术，以减小坝基固结灌浆对大坝混凝土施工的干扰。

③服务：加强同业主、监理、设计等单位的沟通，积极响应、满足各方对工程的具体要求，同时加强竣工后保修的保障。

④创新：引进、消化满管溜筒输送混凝土、大倾角胶带机输送砂石骨料等新技术。

⑤学习：加强对员工对新技术的培训，组织到类似工地参观学习，邀请国内知名专家到工地进行指导。

计算结果表明，质量目标的价值指数远小于 1，现实成本偏大，应列为改进对象，进度目标、服务目标、创新目标的价值指数均略大于 1，其现实成本与其功能成本大致相当，可不必改进，学习目标远大于 1，主要是因为该企业在碾压混凝土筑坝技术优势明显，有着一大批熟练、高素质的管理人员、技术人员和施工人员，对新技术接受快，使得客观上其现实成本较低，因此也不需要改进。

工程技术人员通过对实现质量目标的措施分析发现，采用国外进口的维萨板价格较高，是现实成本过高的主要因素，经过对国外进口维萨板和国内生产价格较低的维萨板对比试验，国产维萨板上涂刷专门的脱模剂可以达到与进口维萨板同等效果，因此采用国产维萨板作为模板面板，节约成本约 100 万元，经济效益明显。

官地大坝工程目前已完成二枯施工，工程形象面貌满足节点工期要求，外观质量好，混凝土质量据检测结果分析，一致认为达到了国内领先水平，得到了国内外专家、业主、监理、设计等单位的一致好评，为该企业树立了光辉形象。同时，熟练掌握了满管溜筒输送混凝土技术和大倾角胶带机输送砂石骨料技术，取得了良好的技术经济效益，总体达到了预定目标。

## 三、价值工程在组织设计中的应用研究

组织是施工项目管理的工具，合适的组织是施工项目高效运行的前提。这里所说的组织设计，是指当组织机构运行了一段时间后，因施工项目所承担施工任务的改变、环境改变，为适应新的需要而对组织机构进行的一种调整和重新设计。

### （一）在组织设计中开展价值工程的必要性和可行性

组织是项目功能实现的首要保证，而组织设计是组织能够精简高效运行的前提。国内外大量的研究和实践证明，价值工程在提高对象价值方面效果显著，所以把价值工程的管理思想和技术引入组织改进设计中应该是非常有意义和必要的。

组织机构设立的过程，实际上是一个功能与成本转换的过程，在这个转换过程中，功能的实现与成本的支出是动态相关，而又对立统一的两个方面，而功能与成本的确定是在组织设计中进行的。组织设计的基本目标是要设立一个精简高效的组织，以更低的成本实现更高或基本的功能，与价值工程的基本原理是基本一致的。组织机构设计的基本目标，从价值工程的角度来说就是设计一个价值最高的组织机构体系。这种内在的一致性，决定了在组织设计中开展价值工程活动和进行相应的研究是完全可行的。

### （二）应用价值工程进行组织设计的程序

#### 1. 组织的功能与成本

应用价值工程进行组织设计，就是实现组织功能与组织成本的转换过程。如前所述，施工项目是施工企业进行生产和营销等活动的载体，其目标的实现是通过向买方（业主）提供某种或几种产品和服务，这是施工项目作为一个组织的基本功能，或称之为整体功能。项目的整体功能可以再分为基本功能和专业功能，基础功能一般是许多项目共有的，对完成整体功能起支持作用的，如财务、人力资源、技术等；而专业功能是为项目提供特色产品和服务起支持作用的，根据项目所承担施工任务及合同条件有所差别。

项目的组织成本是指项目的人力资源成本，即项目所需付给项目员工的所有报酬及根据企业规定需缴纳的相关费用。而项目其他方面的成本与组织设计关系不大，如项目财务成本、采购成本、制造成本等，并不会因为组织机构设置的改变而改变，所以在此不必考虑。另外需要注意的是，价值工程只是组织设计的一种方法和手段，不能代替组织设置的原则和部门化原则，所以在组织设计中实施价值工程时，还需作一个假定：组织机构设计是按其原则进行的一种相对最优设计，故组织的制度成本在此也不予考虑。

#### 2. 对象选择

在组织设计中实施价值工程，其对象选择，一般以整个项目组织为对象，也可以选择其中的一部分为对象。当选择组织的一部分为对象时，对象选择的一般原则是：在经营上迫切需要改进的部门；功能改进和成本降低潜力比较大的部门。

#### 3. 功能分析

在分析信息和资料的基础上，简明准确地描述组织功能、明确功能特性并绘制功能系统图，通过功能分析，明确该组织的主要作用。

#### 4. 功能评价

水利工程施工项目一般时间跨度大，往往由多个不同阶段组成，每一个阶段项目施工的重点不一样，组织设计的目的就是调整组织，以满足不同阶段的施工任务要求，如果采用功能成本法对某一阶段的组织功能进行评价，需将组织的总成本按不同阶段进行分解，时间较长，工作量较大，不便于项目在组织中开展价值工程活动；而采用功能指数法，只需求出本阶段功能指数阶段成本指数比值，即为价值指数，根据指数大小即可确定改进对象，功能指数是相对指数，根据本阶段施工任务确定本阶段各功能的相对权重即可，简单易操作，工作量小。因此，这里推荐在阶段性的组织设计中采用功能指数法进行功能评价。

5. 选择改进对象

选择改进对象时，考虑的因素主要是价值系数的大小，以价值系数判断是否要进行改进，改进的幅度以成本改善期望值为标准。即：

①当价值系数等于或趋近于1时，功能现实成本等于或趋近于功能目标成本，说明功能现实成本是合理的，价值比较合理，无须在组织中增加或减少人员。

②当价值系数小于1时，表明功能现实成本大于功能评价值，说明该功能现实成本偏高，应考虑在组织减少人员，以降低成本、提高效率。

③当价值系数大于1时，表明功能现实成本小于功能评价成本，说明功能现实成本偏低。原因可能是组织人员满足不了要求，则应增加人员，更好地实现组织要求的功能；还有一种可能是功能评价值确定不准确，而以现实成本就能够实现所要求的功能，现实成本是比较先进的，此时无须再增加或减少人员。

## （三）组织的功能指数和现实成本指数的计算方法

1. 组织功能现实成本的计算

组织的成本是以部门为对象进行计算的，功能的现实成本的计算则与此不同，它是以功能为单位进行计算的。在组织中部门与功能之间一般呈现一种相互交叉的复杂情况，一个部门往往具有几种功能，一种功能也往往通过多个部门才能实现。因此计算功能现实成本，就是采用适当的方法将部门成本分解到功能中去，分解的方法如下：

①当一个部门只实现一项功能，且这项功能只由这个部门实现时，部门的成本就是功能的现实成本。

②当一项功能由多个部门实现，且这多个部门只为实现这项功能服务时，这多个部门的成本之和就是该功能的现实成本。

③当一部门实现多项功能，且这多项功能只由该部门实现时，则按该部门实现各功能所起作用的比重将成本分配给各项功能，即为各功能现实成本。

④更普遍的情况是多个部门交叉实现多项功能，且这多项功能只能由这多个部门交叉地实现。计算各功能的现实成本，可通过先分解再合并的方法进行。首先将各部门成本按部门对实现各项功能所起作用的比重，分解到各项功能上去，然后将各项功

能从有关部门分配到的成本相加，便可得出各功能的现实成本。

⑤确定部门对实现功能所起作用的比重，可通过头脑风暴法、哥顿法、德尔菲法或评分法等方法确定。

⑥将各功能的现实成本计算出来，再求出各功能成本占功能总成本的比值，即为该功能的现实成本指数。

2. 功能指数的计算

功能指数即为功能重要性系数，是指所评价功能在整体功能中所占的比率。确定功能指数的关键是对功能进行打分，常用的打分方法有强制打分法（0 ~ 1 评分法或 0 ~ 4 评分法）、多比例评分法、逻辑评分法、环比评分法等，常用的是强制打分法。

## （四）应用实例

贵州省格里桥水电站大坝工程项目于 2007 年 5 月开始施工，该项目合同工作内容为挡水大坝土建及安装工程，包括：大坝坝基开挖、大坝混凝土浇筑、溢流表孔闸门安装等内容。在工程开工之初，主要以大坝坝基开挖为主，还有拌和系统等主要临建工程设计与施工。项目设置有合同部、财务部、安全部、技术部、质量部、施工部、开挖部、机电物资部、综合部九个部门，以及机电工段、拌和工段、机械工段三个作业工段。其组织机构设置能满足工程施工需要，但到 2008 年 1 月，开挖施工进入尾声，临建工程全部完成，项目工作任务重心进入混凝土浇筑，部分部门设置不再满足工程施工需要，为保证项目运作的稳定性，提高效率，项目领导决定采用价值工程活动对组织机构进行调整。

1. 功能整理

企业原组织机构设置与部门实现功能。

2. 功能评价

价值工程小组根据项目的历史数据进行统计、分解、计算，得出各部门的现实成本，除物资部仅对应一个功能，其部门的成本就为各功能的现实成本外，其余部门均对应着多项功能，需作分解摊派，另行政、人事统称行政。

功能评价值采用功能重要程度评价法。首先根据确定的施工项目目标的权重确定现阶段各功能重要性系数，功能重要性系数采用强制评分法中 0 ~ 4 法计算各功能重要性系数。

3. 确定组织改进方案

有关资料表明，成本、财务、进度、安全、行政几项功能价值系数均略大于 1，说明功能成本大致与现实成本相当，因此可认为目前功能成本是比较合理的，无须列为改进对象；而质量功能价值系数远大于 1，根据具体分析，是由于目前成本偏低，不能满足其应有的功能要求，故应考虑增加投入，即增加人员；而技术和开挖价值指数远低于1，说明其现实成本远大于功能成本，也需要改进，即减少人员。

据此，项目领导决定撤销开挖部，除了将开挖部并入工程部以满足日常工作需要外，其余人员分流至其他需要的项目，并将技术部和质量部合并为技术质量部，在不增加人员的前提下，很好地满足了质量功能。

4. 实施效果评价

目前，格里桥水电站大坝工程已完成大部分施工任务，根据改进后的项目组织，能很好满足施工需要。

# 第四节　价值工程在工程材料选择中的应用

工程材料是指施工过程中耗费的构成工程实体的原材料、辅助材料、构配件、零件、半成品等，材料费是工程成本的重要组成部分，一般情况，材料费要占工程成本的50% ~ 70%。因此，工程材料的选择直接关系到工程质量的好坏和工程造价的高低，而部分辅助材料的选择更是关系到施工项目成本的高低。

## 一、在工程材料选择中应用价值工程的意义

在工程材料选择中应用价值工程的意义，主要体现在以下几方面：

1. 有利于在保证工程质量情况下降低工程造价

如前所述，工程材料是构成建筑物的物质基础，材料费又在工程成本中占着很大比重，同时，工程材料的质量直接影响着工程质量。因此正确的选择工程材料是保证工程质量和降低工程造价的重要途径。

但在人们的普遍观念中，人们往往把高质量建筑产品与高造价等价起来，以至于在工程设计和施工中，主要选用质量好价格高的材料，阻碍了在工程项目中进行科学合理的材料选择，同时也造成一定的浪费。价值工程认为，满足一定的工程功能要求的材料是有多种替代方案。在众多方案的比较中，一定可以得到一种既可以满足功能要求又能使费用较小的方案。因此，在工程材料选择中应用价值工程分析技术，可以根据研究对象的功能要求，科学合理地选择既能满足功能要求费用又相对低廉的材料，大幅提高工程价值，使工程质量的保证和工程造价的降低有机地结合起来。

2. 可以增强工程技术人员的经济观念，提高施工企业的经营管理水平

受计划经济体制的影响，仍有很多工程技术人员存在着重技术轻经济的思想，在工程施工中往往片面强调技术的适用性、安全性，而不考虑或很少考虑企业的经济性，或者忽视用户的利益不愿意做深入细致的调查研究工作，不愿意多提出工程材料选择

的方案进行比较，导致工程的功能过剩，造价过高。通过在工程材料的选择中应用价值工程，能够使工程技术人员从功能和成本两个方面去分析评价工程材料，根据具体的工程功能要求，优先选用价值较高的材料。工程技术人员通过在应用价值工程的实践中，逐步增强经济观念，在客观上起到了促进施工企业经营管理水平提高的作用。

**3. 有利于促进工程建筑材料生产现代化，为工程材料选择创造了更加丰富的物质条件**

在工程材料选择中应用价值工程，施工企业根据具体研究对象的功能分析，可以进一步优化工程材料的技术经济结构，并且把这种优化结果通过市场机制反作用于建筑材料的生产过程，影响到建筑材料的生产结构和方向，促进建筑材料行业加快革新和科技成果转化的步伐。价值工程在工程材料选择中的应用客观地为建筑材料的科技成果与工程项目相结合架设了沟通的桥梁，促进了新型材料和构件等的科研、生产与实际应用的联系机制，促进了我国建筑材料生产的现代化。建筑材料生产的现代化，又为下一轮工程选材中应用价值工程创造了丰富的物质条件，提供了更大的选择范围，形成建筑材料的生产发展与工程选材的良好循环。

## 二、在工程材料选择中应用价值工程的一般要求

对于施工企业来说，在工程施工中应用价值工程对材料选择进行价值优化有如下一些要求：

①施工人员必须与建设各方进行沟通，尤其是建设方（业主）和设计单位进行沟通，充分领会工程设计中建筑结构功能对材料的功能要求，并根据材料功能要求选用符合功能要求的材料，否则应用价值工程进行材料选择优化将无从谈起。在工程施工中施工企业进行材料选择必须满足建设各方对材料的功能要求，同时不能随意地提高其功能。

②施工人员必须熟悉各种材料的不同性能、特点。在材料功能得到满足的前提下，应尽量考虑有无可代用材料。材料工业的高速发展，为在工程中进行材料优选提供了更广阔的空间，实现一种功能可以有多种材料。这就需要施工工程技术人员掌握信息技术，熟悉各种材料的性能和优缺点，根据工程结构要求的材料功能进行科学合理的选择。

③在进行材料选择时应注意对材料供应过程的影响。建筑材料的选择要尽量选择本地产品，尽量选用国内产品，要尽量选用易储存保管的产品。

④在工程材料选择中应用价值工程，施工企业还应注意材料信息收集和积累，可根据企业的自身情况建立材料信息库，并不断进行材料信息的更新，以保证信息具有及时性、高效性、准确性、广泛性，以便于工程技术人员随时查阅。施工人员应利用

各种渠道进行信息的收集和积累，进行材料信息收集主要有以下途径：

a. 各种报刊和专业商业情报所刊载的资料。

b. 有关学术、技术交流会提供资料。

c. 各种供货会、展销会、交流会提供的资料。

d. 广告资料。

e. 各政府发布的计划、通报及情况报告。

f. 采购人员提供的资料及自先调查取得的信息资料。

g. 充分利用网络信息技术。网络具有大容量、高速、快捷、更新速度快、成本低等特点。有效地利用网络技术可以使我们方便、快捷地了解到国内甚至国外建筑行业最新的发展信息，为价值工程的应用创造更好的条件。

## 三、在工程材料选择中应用价值工程的实例

为了进一步说明价值工程在工程材料选择中的应用程序和方法，本书以价值工程在四川省武都水库大坝工程选择混凝土减水剂的实际应用为例，加以阐释。

该施工项目合同工作内容为武都大型水库碾压混凝土挡水坝施工，坝型为重力坝，坝高为110米，碾压混凝土方量为142万$m^3$，常态混凝土方量为25万$m^3$。施工技术人员在进行混凝土配合比设计时，应用价值工程原理和方法选择混凝土减水剂，大大减少了胶凝材料用量，降低了混凝土材料费用在总成本中的比重，有效地降低了成本。

### （一）对象选择

专混凝土配合比设计时除了应保证在规定的龄期达到设计规定的强度和耐久性指标，还应保证混凝土拌和物具有一定的和易性，便于施工时能碾压或振捣密实，以及经济合理尽量降低成本。

混凝土基本构成为水泥、粉煤灰、水、沙及石子，为节约胶凝材料（水泥＋粉煤灰）和改善混凝土的某些性能，需要添加一些外加剂和掺和物，一般情况下，胶凝材料占碾压混凝土材料费的50%～55%，占常态混凝土材料费的60%～70%。

根据本工程合同条件，水泥、粉煤灰和砂石骨料等主材均由业主以固定价格统供，其他材料由承包商自行购买，根据设计要求，本工程所需的外加剂主要有减水剂、引气剂、缓凝剂等。减水剂的作用是在保证强度和和易性不变的前提下，显著减少水和胶凝材料用量；引气剂的主要作用是提高混凝土的耐久性，提高混凝土的和易性；缓凝剂的作用是延长混凝土的凝结时间。由于主材由业主统一提供，能显著降低胶凝材料用量，降低混凝土成本的是减水剂，因此工程技术人员选定减水剂为价值工程活动对象。

## （二）功能分析

减水剂的主要功能是在保证强度和和易性不变（或提高）的前提下，显著减少水和胶凝材料的用量，不但可以节约成本，还可以减少混凝土内部的发热量，简化温控措施，经济效果明显。

虽然减水剂在混凝土内掺量极小，但对混凝土成本影响大，仅将减水剂本身费用作用功能评价值和现实成本本身意义不大，甚至还可能造成虽然减水剂的费用降低，而混凝土成本降低不多，未达到预期效果。因此，这里取混凝土材料费用计算减水剂功能评价值和现实成本。

## （三）功能评价

### 1. 计算功能现实成本和目标成本

经过对减水剂厂家质量、信誉和价格等方面考察，初步选定甲、乙、丙三家生产不同减水剂的厂家，要求这三家厂家分别提供样品，以供承包商进行混凝土配合比试验，以便最终确定采购减水剂品种和厂家。甲、乙减水剂为缓凝高效减水剂，丙减水剂为高效减水剂，供货价分别为每吨 7200 元、6400 元、5800 元。

承包商根据甲、乙、丙三个厂家提供的减水剂分别做出碾压混凝土和常态混凝土配合比，根据该配合比计算出各种配合比情况的单位方量材料费作为功能的现实成本。

根据合同文件中的招、投标文件，将碾压混凝土和常态混凝土中标单价分解，取其材料费作为功能的目标成本，碾压混凝土目标成本为每立方米 68.37 元，常态凝土目标成本为每立方米 80.92 元。

### 2. 计算功能价值指数

根据已计算出的减水剂现实成本和目标成本，直接应用公式来计算各种减水剂的价值指数：

碾压混凝土：

$V_{甲}$ = 碾压混凝土目标成本 / 甲减水剂现实成本 =68.37/64.47=1.06

$V_{乙}$ = 碾压混凝土目标成本 / 乙减水剂现实成本 =68.37/67.23=1.02

$V_{丙}$ = 碾压混凝土目标成本 / 丙减水剂现实成本 =68.37/70.15=0.97

常态混凝土：

$V_{甲}$ = 常态混凝土目标成本 / 甲减水剂现实成本 =80.92/79.89=1.03

$V_{乙}$ = 常态混凝土目标成本 / 乙减水剂现实成本 =80.92/80.15=1.01

$V_{丙}$ = 常态混凝土目标成本 / 丙减水剂现实成本 =80.92/74.77=1.08

### 3. 选择确定采购品种

根据计算出的价值指数，在碾压混凝土中，$V_{甲} > V_{乙} > V_{丙}$；在常态混凝土中，

$V_{丙} > V_{甲} > V_{乙}$。因此，决定采购甲减水剂作为碾压混凝土的外加剂，采购丙减水剂作为常态混凝土的外加剂。

### （四）效果评价

采用甲减水剂作为碾压混凝土的外加剂，虽然供应价格最高，但其具有缓凝效果，可以满足碾压混凝土覆盖时间长的要求，不用像丙减水剂需要另添加缓凝剂，同时，在满足混凝土同样的要求前提下，甲减水剂的掺量仅为减水剂的2/3，因此，具有显著的经济效益。

而采用丙减水剂作为常态混凝土的外加剂，是因为根据试验结果，丙减水剂更适合常态混凝土，不仅供货价格最低，而且掺量也略低于甲、乙两种减水剂，因此也具有显著的经济效益。

根据理论计算，本工程可节省材料费用707.55万元，经济效益显著，实际节省材料费用600余万元，主要是由于碾压混凝土施工强度大，业主提供的砂石骨料质量不稳定，砂子的石粉含量经常低于规范允许范围，同时沙子偏粗，为保证碾压混凝土的和易性，承包商不得不采用粉煤灰部分替代沙子，导致实际节省费用偏小。

## 第五节　价值工程在施工机械设备管理中的应用

设备是企业生产的重要物质技术基础，是生产力的重要标志之一。现代化企业设备水平日趋大型化、自动化、连续化和高效化。连续的流水生产过程生产环节多，前后工序复杂，任何一个环节的设备发生故障，都会打乱生产节奏，使整个企业生产发生波动。因此，企业设备运行的技术状态直接影响到企业产品产量、质量、成本和企业的综合经济效益，还危及企业的安全和环保工作。把握现代企业的发展趋势，结合具体情况探索加强企业设备管理的有效方法，对提升企业设备管理水平，增强企业竞争能力，提高企业经济效益具有重要作用。企业设备管理的基本任务是在保证企业最佳综合经济效益的前提下提供优良的技术装备，对设备进行全过程综合管理，使企业的生产活动建立在最佳的物质技术基础上。因此，合理地选择、经济地使用、及时地维修设备，适时进行技术改造和设备更新，成为企业设备管理中十分重要的问题。

### 一、在施工机械设备管理中应用价值工程的意义

在施工机械设备管理中应用价值工程的意义，主要体现在以下几方面：

1. 有利于项目合理选择施工机械设备

市场和企业所拥有的各种类型的施工机械设备具有各种不同的功能，项目需要采

取切实可靠的方法进行选择。价值工程作为一种系统的功能分析方法，它分析施工机械设备的功能状况，比较施工机械设备的生产率、可靠性、安全性、耐用性、维修性、节能性等方面，是一种简单易行、科学高效的手段。同时，通过价值工程的功能分析方法，项目可以更好地系统分析本工程生产对施工机械设备的具体功能要求，寻求最适合本项目实际情况的施工机械设备，科学合理地选择施工机械。

**2. 有利于节约投资，提高其投资效果，大幅提高企业技术装备的整体价值**

在对具体的施工机械设备投资进行分析研究中，施工企业可以应用价值工程的功能成本分析方法，从功能和成本两个方面的相互作用、相互联系中寻求最合理的投资方案，可以避免片面追求高功能施工机械设备而带来的不必要浪费，同时克服过分强调低成本，盲目减少施工机械设备投资而导致施工机械设备功能不足，从而造成一系列相关的经济损失。由于价值工程强调在可靠实现施工机械设备功能基础上达到施工机械设备的投资最小的目标，所以通过应用价值工程，施工企业可以节约施工机械设备投资，提高施工机械设备投资效果，使施工企业拥有的施工机械设备在功能和成本上达到较为完美的匹配，从而大幅提高施工企业技术装备的整体价值。

**3. 有利于提高施工机械设备的利用效率，降低其费用在工程成本中的比重，从而降低施工企业成本**

一般，在水利工程施工中，施工机械设备投资占到了施工总成本的60% ~ 70%。通过应用价值工程系统地分析企业对施工机械设备的功能要求，比较市场上的各种功能水平的施工机械设备，选择最适合本企业和本工程情况的施工机械设备，可大大提高施工机械设备的利用效率，降低机械设备的寿命周期成本，那么机械费在工程成本中的比重也会随之减小，即降低施工机械设备费用在单位建筑安装工程量的分摊额，从而降低施工企业的施工成本，使施工企业获得良好的经济效益。

**4. 有利于加强施工项目的施工机械设备的有效管理，提高管理水平，促进施工企业发展壮大**

在施工机械设备管理中，应用价值工程有助于实施优良的项目内部管理、生产经营活动以及提高经济效益。机械设备是企业从事生产活动三个基本要素之一，是生产力的重要组成部分，也是企业重要的物质财富。有效的设备管理不仅有助于产品的生产，而且与项目内部的其他各项管理活动有着重要的联系。项目的生产经营活动首先要建立在产品的生产上，产品的生产要以优良而又经济的机械设备为基础，机械设备的有效运行要以管理为保障。管理能够使项目的生产经营活动建立在最佳的物质技术基础上，保证生产设备的正常运行，保证生产出符合质量要求的产品，帮助减少生产消耗、降低生产成本，能够提高资源的利用率和劳动效率，降低生产成本，提高项目的经济效益。

## 二、在施工机械设备管理中应用价值工程的一般方法

### （一）价值工程在施工机械设备管理具有的特点

①价值工程的目标是以最低的寿命周期成本，使设备具备所必需的功能，通过降低成本来提高价值的活动应贯穿于设备采购、维修、更新的全过程。

②价值工程的核心，是对设备进行功能分析。

③价值工程将设备价值、功能和成本作为一个整体来考虑，不能片面、孤立地只追求设备的功能，而忽略了设备的价值和成本。

④价值工程强调不断改革和创新，企业只有通过不断开拓新构思和新途径，才能提高设备的综合经济效益。

### （二）提高施工机械设备价值的途径

从价值工程的定义，可以得到提高施工机械设备价值的五种典型途径：

①功能不变，降低成本（节约型）。

②成本不变，提高功能（改进型）。

③提高功能，降低成本（改进、节约双向型）。

④功能略降，成本有更大幅的下降（牺牲型）。

⑤增加较少成本，促使功能有更大的提高（投资型）。

就整个施工企业管理来讲，可将价值工程的定义分解为：价值（企业综合效益）=功能/成本=（设备功能+经营管理功能+劳动智力功能）/（设备成本+劳动生产成本+原材料辅料成本）。

### （三）施工机械设备的功能分析

功能分析是价值工程的核心。企业对设备的采购、维修、更新是通过购买设备获得所期望的功能，应用价值工程理论分析设备功能的意义在于：准确评价设备的功能和价值，为合理选购设备和维修、改造、更新设备提供科学的依据。从而提高设备的功能，降低成本，达到提高价值即企业的经济效益的目的。

①生产性。指设备的生产率，一般以设备在单位时间内的产品出产量来表示。成本相同，生产性好的设备，价值就高，反之就低。

②可靠性。从广义上讲，可靠性就是精度、准确度的保持性与零部件的耐用、安全、可靠性等。指在规定的时间内和使用条件下，确保质量并完成规定的任务，无故障地发挥机能的概率。优良的可靠性保证了设备的正常使用寿命和所产产品的质量，因而有利于价值的较大提高。

③灵活性。指设备在不同工作条件下，生产加工不同产品的适应性。灵活性强的设备，其价值就高。

④维修性。指设备维修的难易程度。维修性的好与差直接影响设备维护保养及修理的劳动量和费用。维修性好，一般指结构较为简单，零部件组合合理，维修时容易拆卸，易于检查，通用化和标准化程度高，有互换性等。

⑤安全性。指设备对生产安全的保障性能。如安装自动控制装置，以提高设备操作失误后防止事故、排除故障及降低损耗的能力，达到降低成本、提高价值的目的。

⑥节能性。指设备节约能源的性能。能源消耗一般用设备在单位开动时间内的能源消耗量来表示，如每小时的耗电量、耗油量等，也可以用单位产品的能源消耗量来评价。

⑦节料性。指设备节约原、材、辅料的性能。节料性好的设备生产成本低，价值高。

⑧配套性。指设备的配套性能。设备要有较广泛的配套性。配套大致分为单机、机组、项目配套三类。配套性好的设备其使用价值就高。

⑨环保性。指设备对于环境保护的性能。环保性的优劣决定设备综合价值的优劣。

⑩自动性。指设备运转的自动化水平。设备运转自动化水平越高，其功能价值越高。

## （四）价值工程在施工机械设备选购中的应用

设备采购是设备管理的一项重要工作。选购设备必须对设备全寿命周期成本进行经济分析，通过全寿命周期成本的研究对所有费用单元进行分解、估算。用最小的总成本获得最合理的效能，提高设备的价值，是选购设备的原则。在选购设备时应用价值工程理论主要应把握好以下三点：

### 1. 性能好，技术先进，维修便利

对可供选择的各种设备进行全面、认真的功能分析，互相比较，尽可能选购功能好、多、高、技术先进、产品质量好、维修便利的设备。

### 2. 适用性强，效率高

切勿贪大求洋，盲目追求设备的先进性和自动化水平。最先进的设备所具备的高、多功能不一定适合本企业。自动化水平特别高的先进设备还易因受到企业投资规模、经济环境、市场、原材辅料供应、配套能力、职工素质及管理水平等因素的制约，发挥不出其先进的功能，甚至使企业背上沉重的经济包袱，严重影响企业的发展。因此，选购的设备不仅要功能好、技术先进，还要适用性强，符合本地区、本项目的客观实际，才能够充分发挥其功能，为企业创造出理想的经济效益。

### 3. 经济上合理，成本低

选择设备时，应进行经济评价，通过几种方案的对比分析，选购价值较高的设备，以降低成本，用较小的投入获得最合理的效益。当然价值较高不一定最便宜，多数情况下，设备功能的高低与相对成本的大小成正比。

## （五）价值工程在施工机械设备维修中的应用

设备管理的社会化、专业化、网络化以及设备生产的规模化、集成化使得设备系统越来越复杂，技术含量也越来越高，维修保养需要各类专业技术和建立高效的维护保养体系才能保证设备的有效进行。在各种情况出现可能下，如何提高设备维修工作的价值？设备维修工作的功能是使设备的技术状态适应生产活动的需要，同时，尽可能缩短维修时间，提高设备利用率。在设备维修工作中开展价值工程的目的，是以尽可能少的维修费用和设备使用费用来实现设备维修工作的功能。要想提高设备维修工作的价值，必须根据不同设备的使用要求和技术现状，合理确定设备的维修方式，如确定应实行大修、项修还是改良性修理，力争以最低的寿命周期费用，使设备的技术状态符合生产活动的需要。在设备维修中开展价值工程，主要有以下几种途径：

①对原出厂时设备的性能、精度、效率等不能满足生产需要的设备，结合技术改造进行改善修理。

②对生产活动中长期不使用某些功能的设备，侧重进行项修，替代设备的大修，则可节约维修费用，缩短维修时间，提高设备利用率。

③对设备实行项修所需要的维修时间、维修费用都接近大修时，对设备进行全面修理，即大修。通过大修可以全面恢复设备的出厂功能，有利于在生产条件发生变化时发挥设备的适应性。

设备是采用改善修理、维修或大修，这需要通过实践去积累经验，并通过技术进行分析、比较，逐步探索出合理划分改善修理、项修、大修界限的定量的参考数据。

## （六）价值工程在施工机械设备更新中的应用

设备的磨损是设备维修、改造、更新的重要依据。设备磨损有两类，一是有形磨损，造成设备技术性陈旧，使得设备的运行费用和维修费用增加，效率降低，反映设备的使用价值降低；二是无形磨损，包括由于技术进步，社会劳动生产水平的提高，同类设备的再生产价值降低，致使原设备相对贬值；由于科学技术进步，不断创新出性能更完美、效率更高的设备，使原有设备相对陈旧落后，其经济效益相对降低而发生贬值。

设备更新是对旧设备的整体更换，也就是用原型新设备或结构更合理、技术更加完善、性能和生产率更高、比较经济的新设备，更换已经陈旧了的，在技术上不能继续使用，或在经济上不宜继续使用的旧设备。就实物形态而言，设备更新是用新的设备替代陈旧落后的设备，就价值形态而言，设备更新是设备在运动中消耗掉的价值的重补偿。设备更新是消除设备有形磨损和无形磨损的重要手段，是为了提高企业生产的现代化水平，尽快形成新的生产能力。

当设备因磨损价值降低到一定水平时，就应考虑及时更新。特别是对那些效率极低、消耗极大，确无修复价值的陈旧设备，应予以淘汰，确保企业设备的优化组合，进行设备更新时应考虑以下几点：

①不考虑沉没成本，即已经发生的成本。不管企业对该设备投入多少、产出多少，这项成本都不可避免地发生了，因而决策对它不起作用。

②不能简单地按照新、旧设备方案的直接现金流进行比较，而应立于一个客观的立场，同时对原设备目前的价值应考虑双方及机会成本并使之实现均衡。

③逐年滚动比较。是指确定最佳更新时机时，应首先计算、比较现有设备的剩余经济寿命和新设备的经济寿命，然后利用逐年滚动计算方法进行比较。

# 参考文献

[1] 刘圣桥 . 水利工程项目档案规范管理实务 [M]. 济南：山东科学技术出版社，2022（10）

[2] 屈凤臣，王安，赵树 . 水利工程设计与施工 [M]. 长春：吉林科学技术出版社，2022（8）

[3] 宋宏鹏，陈庆峰，崔新栋 . 水利工程项目施工技术 [M]. 长春：吉林科学技术出版社，2022（8）

[4] 赵黎霞，许晓春，黄辉 . 水利工程与施工管理研究 [M]. 长春：吉林科学技术出版社，2022（8）

[5] 丁亮，谢琳琳，卢超 . 水利工程建设与施工技术 [M]. 长春：吉林科学技术出版社，2022（8）

[6] 褚峰，刘罡，傅正 . 水文与水利工程运行管理研究 [M]. 长春：吉林科学技术出版社，2022（8）

[7] 田茂志，周红霞，于树霞 . 水利工程施工技术与管理研究 [M]. 长春：吉林科学技术出版社，2022（8）

[8] 杨念江，朱东新，叶留根 . 水利工程生态环境效应研究 [M]. 长春：吉林科学技术出版社，2022（8）

[9] 张晓涛，高国芳，陈道宇 . 水利工程与施工管理应用实践 [M]. 长春：吉林科学技术出版社，2022（8）

[10] 孙翀，王晓东，张泽玉，庄志凤，张振海 . 大中型水利工程标准化工地建设实务 [M]. 济南：山东大学出版社，2022（5）

[11] 陈功磊，张蕾，王善慈 . 水利工程运行安全管理 [M]. 长春：吉林科学技术出版社，2022（4）

[12] 王建海，孟延奎，姬广旭 . 水利工程施工现场管理与 BIM 应用 [M]. 郑州：黄河水利出版社，2022（1）

[13] 赵静，盖海英，杨琳 . 水利工程施工与生态环境 [M]. 长春：吉林科学技术出版社，2021（7）

[14] 夏祖伟，王俊，油俊巧 . 水利工程设计 [M]. 长春：吉林科学技术出版社，2021（6）

[15] 魏永强 . 现代水利工程项目管理 [M]. 长春：吉林科学技术出版社，2021（6）.

[16] 张燕明 . 水利工程施工与安全管理研究 [M]. 长春：吉林科学技术出版社，2021（6）

[17] 宋秋英，李永敏，胡玉海 . 水文与水利工程规划建设及运行管理研究 [M]. 长春：吉林科学技术出版社，2021（6）

[18] 张长忠，邓会杰，李强 . 水利工程建设与水利工程管理研究 [M]. 长春：吉林科学技术出版社，2021.

[19] 樊平 . 农田水利工程设计中的渠道设计与施工管理 [J]. 江西农业，2023（8）65-67.

[20] 王珣 . 施工规划设计在水利水电工程建设管理中的应用分析 [J]. 建材与装饰，2023（16）142-144.

[21] 徐运德 . 农田水利工程渠道设计与施工管理关键点探讨 [J]. 南方农业，2021（5）220-221.

[22] 刘飞帆 . 施工规划设计在水利水电工程建设管理中的应用研究 [J]. 经济技术协作信息，2022（17）152-154.

[23] 孙鹏 . 水利水电泵站工程的规划设计及其施工管理研究 [J]. 中国房地产业，2020（14）224.

[24] 丁庆龄 . 论农田水利工程中的渠道设计与施工管理 [J]. 建材发展导向，2020（1）35-36.

[25] 李晓东 . 水利水电工程建设管理中施工规划设计研究 [J]. 水利技术监督，2020（2）203-206，257.

[26] 杨崧 . 浅谈水利工程管理范围划界工作的设计与施工 [J]. 江苏水利，2020（7）69-72.

[27] 孙怀平 . 水利水电工程建设管理中施工规划设计的价值探究 [J]. 商品与质量，2021（37）383.

[28] 朱江 . 农田水利工程设计中的渠道设计与施工管理 [J]. 珠江水运，2019（17）108-109.

[29] 韦玉根 . 施工规划设计在水利水电工程建设管理中的作用浅述 [J]. 商品与质量，2021（6）398.

[30] 胡敏，朱世永 . 施工规划设计在水利水电工程建设管理中的作用 [J]. 门窗，2021（1）73-74.

[31] 刘彩云 . 施工规划设计在水利水电工程建设管理中的作用 [J]. 大科技，2020（39）119-120.

[32] 马艳丽，李宁，张学林 . 施工规划设计在水利水电工程建设管理中的作用 [J]. 现代农村科技，2020（12）47.

[33] 卓传洁 . 水利施工工程设计变更的特点及管理现状 [J]. 科技创新与生产力，2018（3）40-41.